高等学校电子信息类专业"十二五"规划教材

MATLAB程序设计基础教程

主 编　刘国良　杨成慧
副主编　白旭灿　庄淑君　邵麦顿

西安电子科技大学出版社

内 容 简 介

本书以 MATLAB R2010a 为基础，较全面、系统地介绍了 MATLAB 的理论和应用，内容包括 MATLAB 的基本知识和基本程序设计、数值分析、科学计算、符号运算和图形绘制等。

本书理论充实，实例丰富，编排适当，图文并茂。本书可作为电子信息类专业的本科、专科和高职教材，也可供需要学习 MATLAB 语言的读者、其他专业(如软件专业)的学生以及有关专业技术人员使用。

图书在版编目(CIP)数据

MATLAB 程序设计基础教程/刘国良，杨成慧主编.
—西安：西安电子科技大学出版社，2012.8(2017.4 重印)
高等学校电子信息类专业"十二五"规划教材
ISBN 978-7-5606-2812-7

Ⅰ.① M… Ⅱ.① 刘… ② 杨… Ⅲ.① MATLAB 软件—程序设计—高等学校—教材
Ⅳ.① TP317

中国版本图书馆 CIP 数据核字(2012)第 111579 号

策　　划	云立实	
责任编辑	任倍萱　云立实	
出版发行	西安电子科技大学出版社(西安市太白南路 2 号)	
电　　话	(029)88242885　88201467	邮　编　710071
网　　址	www.xduph.com	电子邮箱　xdupfxb001@163.com
经　　销	新华书店	
印刷单位	陕西华沐印刷科技有限责任公司	
版　　次	2012 年 8 月第 1 版　2017 年 4 月第 3 次印刷	
开　　本	787 毫米×1092 毫米　1/16　印张 25	
字　　数	592 千字	
印　　数	5001～8000 册	
定　　价	43.00 元	

ISBN 978-7-5606-2812-7/TP · 1340

XDUP 3104001-3

如有印装问题可调换

本社图书封面为激光防伪覆膜，谨防盗版。

前 言

MATLAB R2010a 是美国 MathWorks 公司开发的计算软件 MATLAB 的一个较新版本。MATLAB 自 20 世纪 80 年代面世以来，以其强大的数值计算能力、优秀的绘图功能以及与其他软件良好的交互功能，在众多的数学计算、仿真软件中独领风骚，目前已经成为许多领域首选的仿真工具之一。

本书理论充实，实例丰富，编排适当，图文并茂。本书可作为电子信息类专业的本科、专科和高职教材，也可供需要学习 MATLAB 语言的读者、其他专业(如软件专业)的学生以及有关专业技术人员使用。

本书的宗旨是把 MATLAB 作为解决实际问题的一种有用工具，立足于"实用"与"精选"，其特点是：

- 由浅入深、从点到面介绍了 MATLAB 的基础知识、理论实质和应用，结合章节内容介绍了大量的 MATLAB 函数。并且根据理论、定义和概念，介绍了许多自定义函数，以提高学生的编程能力。
- 面向电子信息类专业课，精心筛选了有代表性的例程，有助于读者加深对理论的理解和提高其实际动手能力。
- 遵循学习规律，采用图、表、例等多种形式搭配的实例讲解，摒除学习和理解死角。所有实例程序均经过实际运算，结果可靠、代码完整，读者可以完全准确地重现本书所提供的算例结果，举一反三，提高读者兴趣和阅读成就感。
- 精心选择、编排各章节内容，使其更合理、更科学、更紧凑。
- 为了便于读者的学习，本书还在每章后面列出了部分思考与练习题，供学生上机实习。

本书的主编为刘国良、杨成慧，副主编为白旭灿、庄淑君、邵麦顿。参编人员有张果、姬宣德、康莉等。其中，刘国良编写第 1 章、第 3 章，杨成慧编写第 9 章，白旭灿编写第 5 章，庄淑君编写第 8 章，邵麦顿编写第 7 章，张果编写第 2 章，姬宣德编写第 4 章，康莉编写第 6 章。全书由刘国良、杨成慧统稿。

本书的顺利出版得到了西安电子科技大学出版社的大力支持，以及云立实老师的热情帮助，在此表示衷心的感谢！

由于本书内容涉及面广且有一定深度，加上作者水平有限，错误和不足之处在所难免，敬请广大读者和同行批评指正、共同提高，并表示衷心感谢。

本书主编之一刘国良的 E-mail 为 MRLGL@163.com。

作　者
2012 年 2 月

目 录

第 1 章 MATLAB 基础 1
1.1 MATLAB 概论 1
- 1.1.1 MATLAB 概述 1
- 1.1.2 MATLAB 用户界面 2
- 1.1.3 MATLAB 基本用法 4
- 1.1.4 MATLAB 工具箱 5

1.2 MATLAB 的基本特性 5
- 1.2.1 数字运算 5
- 1.2.2 关系运算 6
- 1.2.3 逻辑运算 7
- 1.2.4 标量关系表达式的避绕式操作 9
- 1.2.5 运算符的优先级 9
- 1.2.6 关系与逻辑函数 10
- 1.2.7 标点符号的使用 11
- 1.2.8 常用的操作命令和快捷键 12
- 1.2.9 简单的计算器使用法 13
- 1.2.10 MATLAB 支持的数据结构与数据类型 14

1.3 数据类型 16
- 1.3.1 整数 16
- 1.3.2 浮点数与精度函数 18
- 1.3.3 数字数据类型操作函数 21
- 1.3.4 变量和常量 22
- 1.3.5 逻辑数据 23

1.4 复数 24
- 1.4.1 复数的创建 24
- 1.4.2 复数运算 26
- 1.4.3 欧拉恒等式的转换 27

思考与练习 28

第 2 章 向量、数组和矩阵 31
2.1 向量、数组与矩阵的创建 31
- 2.1.1 向量的创建 31
- 2.1.2 向量的转置与操作 33
- 2.1.3 向量的点乘、叉乘和混合积 34
- 2.1.4 二维数组与多维数组 36
- 2.1.5 矩阵的创建方法 37

2.2 向量、数组和矩阵的寻址与赋值 38
- 2.2.1 向量的寻址与赋值 38
- 2.2.2 矩阵(数组)的下标索引 39
- 2.2.3 矩阵元素的赋值 43

2.3 标准矩阵与特殊矩阵 44
- 2.3.1 标准矩阵 45
- 2.3.2 特殊矩阵 47

2.4 基本的四则运算 49
- 2.4.1 向量、数组与数的四则运算 50
- 2.4.2 向量、数组之间的四则运算 51
- 2.4.3 矩阵加减运算 53
- 2.4.4 矩阵的乘法 53
- 2.4.5 矩阵的除法 57

2.5 向量、数组和矩阵的其他运算 57
- 2.5.1 乘方、开方运算 57
- 2.5.2 指数、对数运算 59
- 2.5.3 funm()函数求估值 60
- 2.5.4 求极小值与极大值 61
- 2.5.5 mean()函数求平均值 62
- 2.5.6 求和、求累加和 63
- 2.5.7 求积、求累加积 64
- 2.5.8 矩阵的 SVD 算法 66

2.6 矩阵的特征参数运算 66
- 2.6.1 矩阵的秩与 rank()函数 67
- 2.6.2 矩阵的转置 67
- 2.6.3 矩阵的逆与迹 68
- 2.6.4 矩阵的特征值、特征向量与 eig()函数 69

- 2.6.5 矩阵的范围空间与 null 空间 70
- 2.6.6 矩阵的行列式与 det() 函数 71
- 2.7 矩阵的操作 72
  - 2.7.1 矩阵的变维 72
  - 2.7.2 矩阵的抽取 72
  - 2.7.3 repmat() 函数与矩阵的复制 73
  - 2.7.4 矩阵元素的反褶与变向 74
- 2.8 单元数组 75
  - 2.8.1 生成单元数组 76
  - 2.8.2 单元数组的赋值 77
  - 2.8.3 单元数组的内容显示 78
  - 2.8.4 单元数组的内容获取 79
  - 2.8.5 单元数组元素的删除 80
  - 2.8.6 单元数组的变维处理 80
- 2.9 结构体 80
  - 2.9.1 结构体的生成 81
  - 2.9.2 成员变量的操作 81
- 思考与练习 83

第 3 章 MATLAB 程序设计 86
- 3.1 概述 86
  - 3.1.1 MATLAB 程序设计方法 86
  - 3.1.2 MATLAB 程序结构 86
- 3.2 循环程序 88
  - 3.2.1 for 循环 88
  - 3.2.2 while 循环 91
  - 3.2.3 break 语句 92
  - 3.2.4 continue 语句 92
  - 3.2.5 end 语句 92
- 3.3 分支结构 92
  - 3.3.1 条件转移结构 92
  - 3.3.2 switch 开关结构 95
  - 3.3.3 try-catch 试探结构 96
- 3.4 人机交互语句 97
  - 3.4.1 echo 命令 97
  - 3.4.2 用户输入提示命令 input 97
  - 3.4.3 等待用户反应命令 pause 97
- 3.5 程序的常见错误处理 98
  - 3.5.1 错误的产生 98
  - 3.5.2 NaNs 错误、除数为 0 的处理 98
- 3.5.3 关系运算符容易出现的错误 99
- 思考与练习 100

第 4 章 M 脚本与 M 函数 103
- 4.1 使用 M 文件编程 103
  - 4.1.1 M 文件的结构 103
  - 4.1.2 M 文件的建立、运行与命名规则 104
  - 4.1.3 程序的调试 105
  - 4.1.4 程序错误的检测和处理 107
  - 4.1.5 程序的分析与优化 111
- 4.2 M 函数 112
  - 4.2.1 函数 M 文件 113
  - 4.2.2 函数 M 文件的结构、规则和属性 113
  - 4.2.3 函数变量 114
  - 4.2.4 函数的分类 115
  - 4.2.5 内联函数与匿名函数 117
- 4.3 函数的调用与函数句柄 118
  - 4.3.1 函数参数与函数的调用 118
  - 4.3.2 函数句柄 125
- 4.4 函数编程的实例 128
  - 4.4.1 函数编程 128
  - 4.4.2 类的建立与函数重载 129
- 思考与练习 133

第 5 章 图形绘制 135
- 5.1 绘制二维图 135
  - 5.1.1 绘制二维线性图 135
  - 5.1.2 stem() 绘制离散图形 138
  - 5.1.3 对数图 139
  - 5.1.4 polar() 绘制极坐标图 140
- 5.2 常用图形的绘制 141
  - 5.2.1 绘制直线、矩形、圆和椭圆 141
  - 5.2.2 绘制偏差条图形 145
  - 5.2.3 绘制直方图与其正态分布曲线 146
  - 5.2.4 填充图与面积图 148
- 5.3 三维图形绘制 150
  - 5.3.1 plot3() 函数 151
  - 5.3.2 mesh() 和 surf() 函数 151
  - 5.3.3 meshgrid() 函数 153
  - 5.3.4 meshc() 和 meshz() 函数 153
  - 5.3.5 sphere() 函数 154

5.3.6 彗星图 155
　5.4 绘图控制 156
　　5.4.1 图形窗口的创建、控制与
　　　　　figure 命令 156
　　5.4.2 图形保持与多重线绘制 159
　　5.4.3 子图控制与 subplot()函数 160
　　5.4.4 图形的注释和标记 161
　　5.4.5 线型和颜色的控制 165
　　5.4.6 坐标轴控制 166
　5.5 图形的高级控制 168
　　5.5.1 colormap()函数与颜色映像 ... 168
　　5.5.2 光照控制 171
　　5.5.3 视点控制和图形的旋转 173
　　5.5.4 使用绘图工具绘制 174
　5.6 特殊图形的绘制 177
　　5.6.1 使用 bar()函数绘制柱状图 ... 177
　　5.6.2 使用 stairs()绘制阶梯图形 179
　　5.6.3 方向和速度矢量图形 179
　　5.6.4 等值线的绘制 182
　　5.6.5 饼形图 183
　思考与练习 185
第 6 章　MATLAB 字符串与文件操作 186
　6.1 字符串与字符串矩阵 186
　　6.1.1 字符串的生成 186
　　6.1.2 字符串矩阵 188
　6.2 字符串运算 190
　　6.2.1 abs()函数取数组的绝对值 190
　　6.2.2 字符串逆转换与 setstr()函数 ... 190
　　6.2.3 字符的加法运算 190
　6.3 字符串操作 191
　　6.3.1 字符串寻址、编址与子字符串 ... 191
　　6.3.2 字符串转置 192
　　6.3.3 字符串的连接 192
　6.4 字符串显示、打印与格式转换 ... 193
　　6.4.1 disp()函数 193
　　6.4.2 fprintf()函数 194
　　6.4.3 sprintf()函数 196
　6.5 字符串转换 197
　　6.5.1 数字转换成字符串 198

　　6.5.2 字符串转换成数字 199
　　6.5.3 字符的大小写转换 199
　6.6 字符串的搜索与替换 200
　　6.6.1 strtok()函数 200
　　6.6.2 strfind()和 findstr()函数 201
　　6.6.3 字符串的替换 202
　6.7 字符串的比较与判断 202
　　6.7.1 字符串的比较 202
　　6.7.2 字符串判断 205
　6.8 字符串执行与宏 205
　　6.8.1 eval()函数与字符串求值 205
　　6.8.2 feval()函数 206
　6.9 文件操作 207
　　6.9.1 文件、数据的存储 207
　　6.9.2 数据导入 208
　　6.9.3 文件的打开 209
　　6.9.4 文本文件的读/写 209
　　6.9.5 低层文件 I/O 操作 211
　　6.9.6 串口设备文件操作 213
　思考与练习 216
第 7 章　数值计算与分析 218
　7.1 MATLAB 多项式 218
　　7.1.1 概述 218
　　7.1.2 多项式与根 219
　　7.1.3 卷积运算与多项式乘法 220
　　7.1.4 反卷积运算与多项式除法 221
　　7.1.5 多项式加法 222
　　7.1.6 多项式求导数 222
　7.2 有理多项式的运算 223
　　7.2.1 使用 residue()函数展开部分分式 ... 223
　　7.2.2 residue()函数的逆运算 225
　　7.2.3 polyder()函数对有理多项式的
　　　　　求导 226
　7.3 多项式估值与拟合 226
　　7.3.1 多项式拟合的估值与 polyval()
　　　　　函数 226
　　7.3.2 曲线拟合与 polyfit()函数 227
　7.4 数据插值 230
　　7.4.1 一维插值与 interp1()函数 230

7.4.2 二维插值与 interp2()函数 234
7.4.3 抽样插值与 interp()函数 237
7.4.4 三次样条与 spline()函数 238
7.5 数值分析 242
    7.5.1 求极值 242
    7.5.2 求零点 245
    7.5.3 数值积分 246
    7.5.4 数值微分 249
    7.5.5 等差数列的求和、求累加和 250
    7.5.6 数列求积、求累加积 251
    7.5.7 factorial()函数与阶乘 251
    7.5.8 取整函数 252
7.6 代数方程组求解 252
    7.6.1 恰定方程组的解 253
    7.6.2 超定方程组的解 254
    7.6.3 欠定方程组的解 255
    7.6.4 普通线性方程组的求解与 linsolve()
         函数 256
7.7 微分方程的数值解 257
    7.7.1 微分方程的数值解法 257
    7.7.2 MATLAB 求解微分方程的数值解 ... 258
思考与练习 260

第8章 符号运算 262

8.1 符号对象 262
    8.1.1 符号运算的特点 262
    8.1.2 符号变量及符号变量确定原则 264
    8.1.3 建立符号表达式和求值 266
    8.1.4 符号阶跃函数与冲激函数 267
8.2 数值与符号变量的相互转换 268
    8.2.1 符号转换为数值 268
    8.2.2 数值转换为符号 269
    8.2.3 poly2sym()函数与多项式的符号
         表达式 270
8.3 符号矩阵与运算 270
    8.3.1 符号矩阵的生成 270
    8.3.2 符号矩阵的索引和修改 272
    8.3.3 符号矩阵的四则运算 273
8.4 符号表达式的化简 274
    8.4.1 合并多项式 274
    8.4.2 展开多项式 275
    8.4.3 转换多项式 275
    8.4.4 简化多项式 275
    8.4.5 因式分解与 factor()函数 277
    8.4.6 分式通分 277
    8.4.7 符号替换 277
8.5 符号微积分 279
    8.5.1 符号表达式求极限 279
    8.5.2 符号导数、微分和偏微分 280
    8.5.3 多元函数的导数与 jacobian()函数.... 281
    8.5.4 计算不定积分、定积分 282
8.6 符号级数与求和 283
    8.6.1 symsum()函数与级数的求和 283
    8.6.2 泰勒级数与 taylor()函数 283
    8.6.3 傅里叶级数 285
8.7 符号矩阵的代数运算 285
    8.7.1 符号矩阵的代数运算 285
    8.7.2 符号矩阵的特征值、奇异值分解.... 287
8.8 符号方程与求解 288
    8.8.1 创建符号方程 288
    8.8.2 符号代数方程求解 288
    8.8.3 非线性代数方程组的符号解法 291
    8.8.4 常微分方程的解析解 293
    8.8.5 复合函数方程 297
    8.8.6 反函数方程 298
8.9 符号积分变换 298
    8.9.1 符号傅里叶变换 298
    8.9.2 符号拉普拉斯变换 300
    8.9.3 符号 Z 变换 304
8.10 符号函数图形绘制 305
    8.10.1 符号函数二维绘图函数 ezplot() 305
    8.10.2 符号函数三维绘图函数 ezplot3() ... 306
    8.10.3 符号函数曲面网格图及
          表面图的绘制 307
    8.10.4 等值线的绘制 308
思考与练习 309

第9章 句柄图形与GUI设计 311

9.1 句柄图形对象 311
    9.1.1 图形对象属性的获取和设置 312

  9.1.2 图形对象句柄的访问 313
  9.1.3 图形对象的复制与删除 314
 9.2 GUI 的设计 314
  9.2.1 启动 GUI 开发环境 315
  9.2.2 GUI 的可选控件和模板 316
  9.2.3 GUI 窗口的布局与 Layout 编辑器 ... 317
  9.2.4 GUI 控件的属性控制 318
 9.3 编写响应函数 321
  9.3.1 响应函数的定义及类型 321
  9.3.2 响应函数的语法、参数与关联 323
  9.3.3 初始化响应函数 324
  9.3.4 添加响应函数 326
  9.3.5 运行 GUI 327
  9.3.6 创建菜单栏 328
  9.3.7 创建右键弹出式菜单 329
  9.3.8 创建工具条 330
 9.4 编程创建 GUI 331
  9.4.1 定义 GUI 332
  9.4.2 创建 GUI 主界面 333
  9.4.3 添加控件 334
  9.4.4 设置 GUI 可视 335
  9.4.5 初始化 GUI 336
  9.4.6 弹出菜单的响应程序 337
  9.4.7 按钮的响应程序 338
  9.4.8 控件与 Callbacks 函数关联 338
 9.5 标准对话框 339
  9.5.1 输入对话框 inputdlg() 339
  9.5.2 打开文件 340
  9.5.3 保存文件 342
  9.5.4 其他对话框 342
  9.5.5 uicontrol()函数与 GUI 控件对象 344
 9.6 菜单设计 348
  9.6.1 标准主菜单与自定义菜单 348
  9.6.2 工具条菜单与 uitoolbar()函数 351
 思考与练习 352
部分习题参考答案 356

第 1 章 MATLAB 基础

MATLAB 语言简洁紧凑，使用方便灵活，库函数极其丰富；MATLAB 既具有结构化的控制语句，又有面向对象编程的特性，程序的可移植性好。MATLAB 因其强大的功能和诸多优点，在各个学科和领域得到了广泛的应用。

本章主要讨论 MATLAB 的基础知识，包括 MATLAB 概论、基本特性、基本操作和基本的数据类型等。

1.1 MATLAB 概论

1.1.1 MATLAB 概述

1. MATLAB 的由来和发展

MATLAB 是矩阵实验室(Matrix Laboratory)之意，其名字由 Matrix 和 Laboratory 两词的前三个字母组合而成。除具备卓越的数值计算能力外，MATLAB 还提供了具有专业水平的符号计算、文字处理、可视化建模仿真和实时控制等功能。

MATLAB 因其具有强大的数学运算能力、方便实用的绘图功能，以及语言的高度集成性，在其他科学与工程领域的应用越来越广。到目前为止，MATLAB 已发展成为国际上最优秀的科技应用软件之一，其强大的科学计算与可视化功能、简单易用的开放式可扩展环境，以及多个面向不同领域而扩展的工具箱(Toolbox)支持，使得它在许多学科领域成为计算机辅助设计与分析、算法研究和应用开发的基本工具和首选平台。

MATLAB 目前主要应用于信号处理、控制系统、神经网络、模糊逻辑、小波分析和系统仿真等方面，可利用 MATLAB 进行数值分析、数值和符号计算、工程与科学绘图、控制系统的设计与仿真、通信系统的设计与仿真、数字(音频、视频)信号处理、数字图像处理、财务与金融工程计算等。

2. MATLAB 的优、缺点

MATLAB 具有以下优点：

(1) 容易使用。MATLAB 是 MathWorks 公司用 C 语言开发的，其与 C 语言的语法结构、流程控制等有许多相似之处，有些几乎完全一致，具有 C 语言基础的读者能够很容易地掌握 MATLAB。

(2) 可以支持多种操作系统，如 Windows、UNIX 等。

(3) 丰富的内部函数和工具箱。

(4) 强大的图形和符号功能。MATLAB 本身带有强大的绘图库函数，可绘制 2D 和 3D 图形。

(5) 可以自动选择算法。许多 MATLAB 函数都带有算法的自适应能力，可根据情况自动选择最合适的算法，减少和避免死循环或其他由于算法不当引起的错误。

(6) 与其他软件和语言有良好的对接性，如与 Maple、C、Basic、Fortran 等软件可以实现很方便的连接，能够充分利用各种资源提高编程效率。

MATLAB 具有以下缺点：

(1) 运行效率较低。由于 MATLAB 是一种合成语言，因此与一般的高级语言相比，用它编写的程序其运行时间往往要长一些。

(2) 价格昂贵。

3. 应用程序接口

由于 MATLAB 的代码编译器采用伪编译的方式，因此在 MATLAB 中编写的程序无法脱离 MATLAB 的工作环境而独立运行。针对这个问题，MATLAB 提供了应用程序接口，允许 MATLAB 与其他应用程序进行数据交换，一般来说，按目的可将它们分为以下三种：

(1) MEX 文件。MEX 文件作为一种动态链接库文件，必须通过在 MATLAB 的工作环境内调用才能运行。

(2) MAT 文件。MAT 文件用于数据交换，不能利用 MATLAB 提供的功能来完成计算任务。MAT 文件由 SAVE 命令生成，由 LOAD 命令调用。

(3) 拓广 MATLAB 的应用范围和应用手段的开发应用程序。这是 MATLAB 引擎应用程序，是一种可以独立执行的应用程序，但在应用程序执行时，将在后台启动一个 MATLAB 进程，用于接收从应用程序发送来的指令并执行，然后按照要求返回计算结果。

1.1.2 MATLAB 用户界面

MATLAB R2010a 的用户界面如图 1-1 所示，其中主要包括主菜单、工具栏和默认

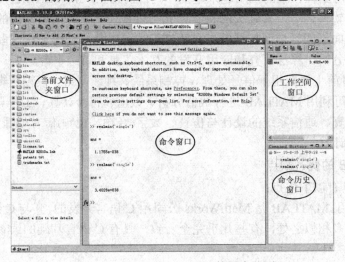

图 1-1　MATLAB　R2010a 的用户界面

设置下打开的窗口。这些默认窗口包括命令(Command)窗口、命令历史(Command History)窗口、工作空间(Workspace)窗口、当前路径(Current Directory)窗口。此外还有编译窗口、图形窗口和帮助窗口等其他窗口。

1．命令(Command)窗口

在默认设置下，命令窗口自动显示于 MATLAB 界面中，如果用户只想调出命令窗口，也可以选择 "Desktop|Desktop Layout|Command Window Only" 命令。MATLAB R2010a 用户界面的中间窗口默认为命令窗口。

命令窗口中除了执行 MATLAB 命令外，还支持下列一些通用命令：

cd dir type clear clf pack clc echo hold disp path save load diary quit !(调用 DOS 命令)

2．命令历史(Command History)窗口

命令历史窗口显示用户在命令窗口中所输入的每条命令，并标明了使用时间，这样可以方便用户的查询。

如果用户想再次执行某条已经执行过的命令，只需在命令历史窗口中双击该命令。

3．工作空间(Workspace)窗口

工作空间窗口用来显示当前计算机内存中 MATLAB 变量的名称、数据结构、字节数及其类型。

默认设置下，工作空间窗口自动显示于 MATLAB 界面中。在工作空间窗口可以查询以前出现的变量值、变量名和变量的详细信息。

如果要查看以前的变量值，只需输入该变量名即可，如：

>> grade4

grade4 =

128

如果要查看以前的变量值，但忘记了该变量名，则输入 who 即可查看曾经使用过的变量名，如：

>> who

Your variables are:

grade1   grade2   grade3   grade4   total

如果要查看以前变量值的详细信息，输入 whos 即可。

4．当前文件夹(Current Folder)窗口

当前文件夹窗口会显示当前用户工作的文件夹所在的路径。如果用户改变文件的路径或所在文件夹，则当前文件夹窗口会显示新的路径和文件夹。

在命令窗口中输入 cd 命令，并按 Enter 键确认，即显示当前 MATLAB 工作所在目录：

>> cd

D:\My Documents\MATLAB

在命令窗口中输入 dir 命令，并按 Enter 键确认，即显示当前 MATLAB 工作所在目录中的内容。

5. 帮助系统

在 MATLAB 中有以下几种获得帮助的途径。

1) 联机帮助系统
- 在主菜单中，选择"help"下拉菜单进入联机帮助系统，打开"帮助"浏览器。
- 在命令窗口中输入命令 helpwin、helpdesk、doc，可进入联机帮助系统。
- 进入"help"窗口后，按菜单和控件操作。

2) 在命令窗口查询帮助

(1) help 命令：
- 在命令窗口键入 help 命令可以列出帮助主题；
- 键入"help 函数名"可以得到指定函数的在线帮助信息。

(2) lookfor 命令：

在命令窗口键入"lookfor 关键词"，即可根据关键词进行查找(扫描命令第一注释行)搜索出一系列与给定关键词相关的命令和函数。

(3) 其他帮助命令：exist、what、who、whos、which。

3) 模糊查询

输入命令的前几个字母，然后按 Tab 键，就可以列出所有以这几个字母开始的命令和函数。

注意：lookfor 和模糊查询查到的不是详细信息，通常还需要在确定了具体函数名称后用 help 命令显示与之相关的详细信息。

1.1.3 MATLAB 基本用法

1. 命令行交互应用

在 Windows 桌面上双击 MATLAB 图标，启动 MATLAB 程序，在一段提示信息后，会出现 MATLAB 命令窗口(Command Window)，以及系统提示符">>"。

MATLAB 是个交互系统，用户可以在提示符后键入各种命令，通过移动上、下箭头可以调出以前输入的命令，拖动滚动条还可以查看以前的命令及其输出信息。

可通过键入 quit 或 exit 或选择相应的菜单来退出 MATLAB。终止 MATLAB 运行会引起工作空间中变量的丢失，因此在退出前，应先键入 save 命令，保存工作空间中的变量以便以后使用。

键入 save 命令即将所有变量作为文件存入磁盘 MATLAB.mat 中，在下次启动 MATLAB 时，键入 load 命令，则将变量从 MATLAB.mat 中重新调出。

save 和 load 命令后可以跟文件名或指定的变量名，如仅有 save，则只能将变量存入 MATLAB.mat 中；如输入 save temp 命令，则表示将当前系统中的变量存入 temp.mat 中，其命令格式如下：

- save temp x：仅仅存入 x 变量。
- save temp X Y Z：存入 X、Y、Z 变量。
- load temp：重新从 temp.mat 文件中提出变量，load 也可读 ASCII 数据文件。

2. 编程应用

与 C 语言等编程软件一样，在 MATLAB 中建立一个程序文件的方法为：单击菜单命令"New | Script(以前版本为 M_file)"，建立一个新的 MATLAB 程序文件(.M 文件)，之后即可进行编译、调试和运行等操作。

1.1.4 MATLAB 工具箱

MATLAB 的另一强大功能是提供了一系列工具箱，这些工具箱可广泛用于各领域的计算与仿真，包括主工具箱(MATLAB Main Toolbox)和各种工具箱(toolbox)。按工具箱的使用领域分类，可将其分为通用型和专用型。

(1) 功能型工具箱(通用型)主要用来扩充 MATLAB 的数值计算、符号运算、图形建模仿真、文字处理以及与硬件实时交互等功能，能够用于多种学科。

(2) 领域型工具箱(专用型)是学科专用工具箱，其专业性很强，包括控制系统工具箱(Control System Toolbox)、信号处理工具箱(Signal Processing Toolbox)、财政金融工具箱(Financial Toolbox)等。

1.2 MATLAB 的基本特性

1.2.1 数学运算

MATLAB 的数学运算包括四则运算和乘方等运算，用于数学计算的数学运算符如表 1-1 所示。

表 1-1 数学运算符号

符 号	功 能	实 例
+	加法	3+5=8
−	减法	3−5=−2
*	矩阵乘法	3*5=15
.*	点乘，即数组乘法	
/	右除	3/5 =0.6000
./	数组右除	
\	左除	3\5=1.6667
.\	数组左除	
^	乘方	3^5=243
.^	数组乘方	
'	矩阵共轭转置	
.'	矩阵转置	
sqrt、sqrtm	平方根、矩阵平方根	sqrt(16)=4

1.2.2 关系运算

MATLAB 的关系运算符包括了所有常用的比较运算,如表 1-2 所示。两个数通常可以用六种关系来进行描述:小于(<)、小于或等于(< =)、大于(>)、大于或等于(> =)、等于(= =)和不等于(~ =)。

表 1-2 关系运算符

运算符	说 明	运算符	说 明
<	小于	<=	小于或等于
>	大于	>=	大于或等于
==	等于	~=	不等于

MATLAB 的关系运算符可以用来比较两个维数相同的数组(矩阵),或用来把一个数组中的每个元素与一个标量比较,结果都返回一个与原来数组同维数的数组。比较两个元素的大小时,如果关系式为"真",则结果为 1;如果关系式为"假",则结果为 0。例如关系式 4+3<=6(数学语言表示 4 与 3 的和小于等于 6),通过上面的叙述可知,此关系式的结果为 0,标明关系式为假。

关系运算符的运算法则为:

(1) 当两个比较量是标量时,直接比较两数的大小。若关系成立,关系表达式为"真",结果为 1;否则为 0。

(2) 当参与比较的两个量是维数相同的数组(矩阵)时,比较是对两数组(矩阵)相同位置的元素按标量关系运算规则逐个进行,并给出元素比较结果。最终的关系运算的结果是一个维数与原数组(矩阵)相同的数组(矩阵),它的元素由 0 或 1 组成。

(3) 当参与比较的一个是标量,而另一个是数组(矩阵)时,则把标量与数组(矩阵)的每一个元素按标量关系运算规则逐个比较,并给出元素比较结果。最终的关系运算的结果是一个维数与原数组(矩阵)相同的数组(矩阵),它的元素由 0 或 1 组成。

注意:编程中很容易混淆等于关系运算符(==)和赋值运算符(=)。

1. 数组与一个标量比较

当一个数组与一个标量比较时,首先将标量扩展成与数组同维数的数组,然后进行逐元素比较,结果返回一个与原来数组同维数的数组。例如:

```
>> m=1:9
m =
     1     2     3     4     5     6     7     8     9
>> bj=m>5
bj =
     0     0     0     0     0     1     1     1     1
```

从以上运行结果可以看到,在数组 m 中,凡是大于 5 的对应的结果都为"真",返回 1;其他为"假",返回 0。

2. 数组(矩阵)间的比较

数组(矩阵)间的比较,也是对应元素逐个进行比较,结果返回一个与原来数组同维数的数组(矩阵)。例如：

>> n=9-m

n =

  8 7 6 5 4 3 2 1 0

>> tf=(m==n)

tf =

  0 0 0 0 0 0 0 0 0

由上述可知，由于两个数组的对应元素都不相等，结果是返回一个全"假"的数组。

>> df=(m>n)

df =

  0 0 0 0 0 1 1 1 1

满足条件的元素位置返回"真"，不满足条件的元素位置返回"假"。

注意：如果数组具有不同的大小，那么运行时将会产生错误。

3．关系表达式与数学运算表达式的混合运算

关系表达式可以与数学运算表达式进行混合运算。数组中满足条件的元素位置(即为"真")返回1，为"假"返回0，然后进行运算。例如：

>> gh=n- (m>4)

gh =

  8 7 6 5 3 2 1 0 -1

1.2.3 逻辑运算

在MATLAB中，有三类基本逻辑运算："与"、"或"和"非"，包含&、&&、|、‖和~共五种，如表1-3所示。

表1-3 逻辑运算符

运算符	描　　述
&	与
&&	标量关系表达式的避绕式(Short-Circuiting) "与"操作，只适用于标量 a && b，当 a 的值为假时，则忽略 b 的值
|	或
‖	标量关系表达式的避绕式(Short-Circuiting) "或"操作，只适用于标量。a‖b，当 a 的值为真时，则忽略 b 的值
~	非
xor	异或，两元素不同时，返回1；相同时，返回0

使用逻辑运算符可以将多个表达式组合在一起，或者对关系表达式取反。在MATLAB中，逻辑运算通常可以用来生成只含有元素0和1的矩阵。

逻辑运算的运算法则为：

(1) 在逻辑运算中，确认非零元素为真，用1表示；零元素为假，用0表示。当运算结果为真时，返回值为1；当运算结果为假时，返回值为0。

(2) "与"、"或"操作符号可以比较两个标量或者两个通解数组(或矩阵)。设参与逻辑运算的是 a 和 b 两个标量,那么当 a、b 全为非零时,a&b 的运算结果为 1,否则为 0;a、b 中只要有一个非零,a|b 的运算结果都为 1。

(3) 若参与逻辑运算的一个是标量、一个是矩阵,那么运算将在标量与矩阵中的每个元素之间按标量规则逐个进行。最终运算结果是一个与矩阵同维的矩阵,其元素由 1 或 0 组成。

(4) 若参与逻辑运算的是两个同维矩阵,那么运算将对矩阵相同位置上的元素按标量规则逐个进行。最终运算结果是一个与原矩阵同维的矩阵,其元素由 1 或 0 组成。

(5) 逻辑"非"是一元操作符(或叫单目运算符),也服从矩阵运算规则。但是,对于数组(矩阵),逻辑"非"运算是针对于数组(矩阵)中每个元素的。同样,当逻辑为真时,返回值为 1;当逻辑为假时,返回值为 0。例如,当 a 是零时,~a 运算结果为 1;当 a 非零时,运算结果为 0。

(6) 在算术、关系、逻辑运算中,算术运算优先级最高,逻辑运算优先级最低。

1. 逻辑"与"

逻辑"与",在数组之间进行逐元素的"与"操作。例如:

```
>> a=1:6
a =
     1     2     3     4     5     6
>> b=5-a
b =
     4     3     2     1     0    -1
>> m=(a>2)&(a<5)
m =
     0     0     1     1     0     0
```

又如:

```
>> n=(a<2)&(a>5)
n =
     0     0     0     0     0     0
```

2. 逻辑"或"

逻辑"或",在数组之间进行逐元素的"或"操作。例如:

```
>> b=5-a
b =
     4     3     2     1     0    -1
>> n=(b>1)|(b<0)
n =
     1     1     1     0     0     1
```

前三个数字满足第一个条件(b>1),输出 1;最后一个数字满足第二个条件(b<0),输出 1。

3. 逻辑"非"

逻辑"非",即"NOT",是个一元操作符,对运算对象取反。凡是"真"的,在该位置输出结果就为0,其他为1。例如:

```
>> x= ~ (b>2)
x =
    0    0    1    1    1    1
```

1.2.4 标量关系表达式的避绕式操作

标量关系表达式的避绕式操作符(&&和||)只适用于标量关系表达式,"避绕式"(Short-Circuiting)是指 MALTAB 按顺序执行由这两个操作符连接的标量关系表达式,当执行到某一表达式时,就已经可以确定其结果,不再执行(绕过)后面的表达式,直接给出逻辑结果。例如:

```
>> a=0;b=pi;
>> a==0 || b~=1
ans =
     1
```

第一个表达式为"真",于是就绕过后面的表达式不再执行,直接给出逻辑结果为"真",输出1。

```
>> b==1&&a==0
ans =
     0
```

第一个表达式为"假",于是就直接给出逻辑结果为"假",输出0。

```
>> a==0||(1/a)<1
ans =
     1
```

由于第一个表达式已经为"真",整个操作结果必将为"真",于是直接给出逻辑结果为"真",输出1,绕过后面的表达式不再执行,否则将出现除数为0的警告。

1.2.5 运算符的优先级

MALTAB 中各运算符的优先级顺序如表 1-4 所示。MATLAB 在执行运算时,首先执行具有较高优先级的运算,然后执行具有较低优先级的运算。如果两个运算的优先级相同,则按从左到右的顺序执行。

在运算的过程中,关系运算是在所有数学运算之后进行的,所以下面两个表达式是等价的,均产生结果1。

```
>> 6 + 3 < 2 + 10
>> (6 + 3)<(2 + 10)
```

表 1-4 运算符的优先级

运 算 符	优先级
圆括号()	最高
转置(.')、共轭转置(')、乘方(.^)、矩阵乘方(^)	
标量加法(+)、减法(−)、取反(~)	
乘法(.*)、矩阵乘法(*)、右除(./)、左除(.\)、矩阵右除(/)、矩阵左除(\)	
加法(+)、减法(−)、逻辑非(~)	
冒号运算符(:)	
关系运算:小于(<)、小于等于(<=)、大于(>)、大于等于(>=)、等于(==)、不等于(~=)	
数组逻辑与(&)	
数组逻辑或(|)	
避绕式逻辑与(&&)	
避绕式逻辑或(||)	最低

1.2.6 关系与逻辑函数

除了关系运算符和逻辑运算符外,MATLAB 还提供了几个关系与逻辑函数。这些关系与逻辑函数及其功能如表 1-5 所示。

表 1-5 关系与逻辑函数及其功能

关系和逻辑函数	使用功能
xor(s, t)	异或运算,s 或 t 非零(真)返回 1,s 和 t 都是零(假)或都是非零(真)返回 0
any(x)	如果在一个向量 x 中,任何元素是非零,返回 1;矩阵 x 中的每一列有非零元素,返回 1
all(x)	如果在一个向量 x 中,所有元素非零,返回 1;矩阵 x 中的每一列所有元素非零,返回 1

MATLAB 还提供了一些函数,用于检验某个特定的值是否存在或者某一条件是否成立,并返回相应的逻辑结果。由于这些函数大多以"is"开头,因此称为"is 族"函数。

例 1-2-1 生成一个数组 $A = \begin{bmatrix} -4 & -2 & 0 & 2 & 5 \\ -2 & -1 & 1 & 3 & 5 \end{bmatrix}$,找出数组中所有绝对值大于 3 的元素。

解 (1) 预生成一个(2×5)全零数组。

```
>> A=zeros(2, 5)
A =
     0     0     0     0     0
     0     0     0     0     0
```

(2) 运用"全元素"赋值法获得 A。

```
>> A(:)=-4:5
A =
    -4    -2     0     2     4
    -3    -1     1     3     5
```

(3) 产生与 A 同维的"0、1"逻辑值数组。

```
>> L=abs(A)>3
L =
     1     0     0     0     1
     0     0     0     0     1
```

(4) 用 islogical()函数判断 L 是否为逻辑值数组。输出若为 1,则是。

```
>> islogical(L)
ans =
     1
```

(5) 把 L 中逻辑值 1 对应的 A 元素取出。

```
>> X=A(L)
X =
    -4
     4
     5
```

1.2.7 标点符号的使用

在 MATLAB 中,标点符号包含着特定的意义,如表 1-6 所示。

表 1-6 标点符号代表的意义

标点符号	定义	标点符号	定义
分号(;)	数组行分隔符;取消运行显示	点(.)	小数点;结构体成员访问
逗号(,)	数组列分隔符;函数参数分隔符	省略号(…)	续行符
冒号(:)	在数组中应用较多,如生成等差数列	单引号(')	定义字符串
圆括号(( ))	指定运算优先级;函数参数调用;数组索引	等号(=)	赋值语句
方括号([ ])	定义矩阵	感叹号(!)	调用操作系统运算
花括号({ })	定义单元数组	百分号(%)	注释语句的标识

1. 分号与逗号

(1) 分号(;)用于区分数组的行,或者用于一个语句的结尾处,表明命令行的结束,并取消运行结果的显示。

(2) 逗号(,)用作数组列分隔符,函数参数分隔符或用于分隔语句。

在一个语句行中,可以输入多个语句,语句之间用逗号或分号分隔,使用逗号时,运行结果将在窗口中显示;而使用分号时,运行结果将被隐藏。

2．百分号

百分号(%)用于在程序文本中添加注释，增加程序的可读性。百分号之后的文本都将视作注释，系统不对其进行编译。MATLAB 中的百分号类似于 C 语言的"//"符号。

3．括号

在 MATLAB 中只用小圆括号(())代表运算级别，方括号([])只用于生成向量和矩阵，花括号({})用于生成单元数组。

4．续行符号

3 个点组成的省略号(…)作为续行符号。在编写程序时，往往会遇到命令行很长或一行写不下的情况。为了阅读起来方便或使程序看起来更清晰，可以将程序分成多行分别书写，使用续行符号连接。例如：

```
>> x =5*6 ...
     +8-5
   x = 33
>> total= ...
     5*6+8-5
   total = 33
```

使用续行符号可将两行命令连接为一行，但使用续行符号的位置要周期，否则将会出错。例如：

```
>> total=...5*6+8-5
???
     |Error: Incomplete or misformed expression or statement.
>> value1=10;value2=9;
>> total=value1+value...2
??? Undefined function or variable 'value'.
>> total=value1+value...
2
??? 2
    |
Error: Missing MATLAB operator.
```

在上述语法中，续行符号紧跟在等号后面，没有用空格分隔，系统认为没有等号带省略号的运算符号而出错；续行符号插入到一个变量中间，则系统认为是新的变量或操作符。

1.2.8 常用的操作命令和快捷键

为方便用户操作，MATLAB 中定义了一些快捷键。在使用 MATLAB 语言编制程序时，掌握一些常用的操作命令和键盘操作技巧，可以提高编程效率，起到事半功倍的效果。

1．常用的操作命令

MATLAB 常用的操作命令如表 1-7 所示。

第 1 章 MATLAB 基础

表 1-7 常用的操作命令

命 令	功 能	命 令	功 能
cd	显示或改变工作目录	hold	图形保持命令
clc	清除工作窗口中的内容	load	加载指定文件的变量
clear	清除内存变量	pack	整理内存碎片
clf	清除图形窗口	path	显示搜索目录
diary	日志文件命令	quit	退出 MATLAB
dir	显示当前目录下文件	save	保存内存变量到指定文件
disp	显示变量或文字内容	type	显示文件内容
echo	工作窗信息显示开关		

2．常用的键盘操作和快捷键

MATLAB 常用的键盘操作和快捷键，如表 1-8 所示。

表 1-8 常用的键盘操作和快捷键

键盘按钮和快捷键	功 能	键盘按钮和快捷键	功 能
↑(Ctrl+p)	调用上一行	Home(Ctrl+a)	光标置于当前行开头
↓(Ctrl+n)	调用下一行	End(Ctrl+e)	光标置于当前行结尾
←(Ctrl+b)	光标左移一个字符	Esc(Ctrl+u)	清除当前输入行
→(Ctrl+f)	光标右移一个字符	Del(Ctrl+d)	删除光标处字符
Ctrl+←	光标左移一个单词	Backspace(Ctrl+h)	删除光标前字符
Ctrl+→	光标右移一个单词	Alt+BackSpace	恢复上一次删除

1.2.9 简单的计算器使用法

要在 MATLAB 下进行基本数学运算，用户可以像使用计算器一样，只需将运算式直接输入提示号"＞＞"之后，并按 Enter 键。例如：

>> (5*2+1.3-0.8)*10/25

ans =

    4.2000

MATLAB 会将运算结果直接存入变量 ans，代表 MATLAB 运算后的答案(Answer)并将其数值显示出来。

现举例说明：已知机电系一年级有 3 个班，每班 30 人；二年级有 3 个班，每班 35 人；三年级有 4 个班，每班 30 人；四年级有 4 个班，每班 32 人。求机电系一共有多少人？

在 MATLAB 中，该问题可以有多种方法解决，如可使用直接输入法、存储变量法和编程计算等。下面就前两种方法举例说明。

1．直接输入法

使用如表 1-1 所示的数值运算符号，直接在命令窗口输入表达式进行计算。表达式的书写规则如下：

(1) 在大多数情况下，MATLAB 对命令行中的空格不予处理，因此在书写表达式时，可以利用空格调整表达式的格式，使表达式更易于阅读。

(2) MATLAB 的表达式遵守四则运算法则，即运算从左到右进行，乘法和除法优先于加减法，指数运算优先于乘除法，括号的运算级别最高。在有多重括号存在的情况下，从括号的最里边向最外边逐渐扩展。

例如，在命令窗口输入：

>> 3*30+3*35+4*30+4*32

ans =

　　　443

由于没有指定输出结果的名称，MATLAB 默认将运算结果命名为 ans，它是 answe 的缩写。

(3) 需要注意的是，右除和左除的意义并不相同。右除为常规的除法，其意义为

>> 6/3

ans = 2

而左除的意义为

>> 6\3

ans = 0.5000

2. 存储变量法

直接在命令窗口输入变量、表达式进行计算：

>> grade1=3*30;

>> grade2=3*35;

>> grade3=4*30;

>> grade4=4*32;

>> total=grade1+grade2+ grade3+grade4

total = 443

由于 MATLAB 具有记忆功能，因此先前的运算信息都被保存起来，可供以后的运算使用。例如，求每个年级的平均人数：

>> total/4

ans =

　　　110.7500

1.2.10　MATLAB 支持的数据结构与数据类型

1. 矩阵

MATLAB 最基本的数据结构是复数矩阵，在命令窗口输入一个复数矩阵非常简单，例如下面的语句：

>> B=[1+9i,2+8i,3+7j; 4+6j 5+5i,6+4i; 7+3i,8+2j 1i]

可输入一个矩阵 B，矩阵 B 的各行元素由分号分隔，而同行中不同列元素由逗号或空格分隔，回车后显示的结果如下：

B =

　　1.0000 + 9.0000i　2.0000 + 8.0000i　3.0000 + 7.0000i

```
        4.0000 + 6.0000i    5.0000 + 5.0000i    6.0000 + 4.0000i
        7.0000 + 3.0000i    8.0000 + 2.0000i         0 + 1.0000i
```

其中，元素 1+9i 表示复数项，实矩阵、向量或标量均可更容易地以这样的表述方法输入。如果赋值表达式末尾有分号，则其结构将不显示，否则将显示出全部结果。

2．多维数组

在 MATLAB 中数组、向量和矩阵的概念是经常混用的，事实上数组、向量和二维矩阵在本质上没有任何区别，都是以矩阵的形式保存的。MATLAB 的数据结构只有矩阵一种形式(可细分为普通矩阵和稀疏矩阵)，但是数组与矩阵的某些运算方法是不同的。

3．字符串与字符串矩阵

MATLAB 的字符串是由单引号括起来的。如可以使用下面命令赋值：

```
>> strA='This is a string.'
```

多个字符串可以用 str2mat()函数构造出字符串矩阵。

4．单元数组结构

用类似矩阵的记号将给复杂的数据结构纳入一个变量之下，与矩阵中的圆括号表示下标类似，单元数组由大括号表示下标。

```
>> B={1,'China',1949,[100, 80, 50; 45, 60, 66; 67, 12, 90; 10, 8, 44]}
B =
        [1]    'China'    [1949]    [4×3 double]
```

访问单元数组应该由大括号进行，如第 4 单元中的元素可以由下面的语句得出

```
>> B{4}
ans =
        100    80    50
         45    60    66
         67    12    90
         10     8    44

>> B{2}
ans =China
```

5．结构体

MATLAB 的结构体类似于 C 语言的结构体数据结构，结构体中的每个成员变量用点号表示。如用下面的语句可以建立一个小型的数据库：

```
>> student.number=122;
>> student.name='李宏';
>> student.height=183;
>> student.test=[100, 85, 88; 77, 68, 95; 67, 66, 90; 90, 90, 78];
```

其中，test 成员为单元型数据。删除成员变量可以由 rmfield()函数完成，添加成员变量可以直接由赋值语句完成。另外，数据读取还可以由 setfield()和 getfield()函数完成，所显示数据库结构如下：

```
>> student
student =
    number: 122
    name: '李宏'
    height: 183
    test: [4x3 double]
```

student.name 表示变量 student 的 name 成员变量。而获得该成员则比 C 语言更直观，即用"."访问，而不用"->"。

```
>> student.name
ans = 李宏
```

6．类与对象

类与对象是 MATLAB R5.0 开始引入的数据结构。在实际工具箱的设计中使用了很多的类，例如在控制系统工具箱中定义了 LTI(线性时不变系统)类，并在此基础上定义了其子类，即传递函数类 TF、状态方程类 SS、零极点类 ZPK 和频率响应类 FR。

1.3 数据类型

MATLAB 支持的数据类型有数值类型和逻辑类型，其中数值类型包括整数、浮点数及复数。

1.3.1 整数

1．整数数据类型

MATLAB R2010a 支持 8 位、16 位、32 位和 64 位的有符号和无符号整数数据类型，如表 1-9 所示。

表 1-9　整数数据类型

数据类型	描述
uint8	8 位无符号整数，范围为 0～255(即 0～2^8-1)
int8	8 位有符号整数，范围为 −128～127(即 -2^7～2^7-1)
uint16	16 位无符号整数，范围为 0～65 535(即 0～$2^{16}-1$)
int16	16 位有符号整数，范围为 −32 768～32 767(即 -2^{15}～$2^{15}-1$)
uint32	32 位无符号整数，范围为 0～4 294 967 295(即 0～$2^{32}-1$)
int32	32 位有符号整数，范围为 −2 147 483 648～2 147 483 647(即 -2^{31}～$2^{31}-1$)
uint64	64 位无符号整数，范围为 0～18 446 744 073 709 551 615(即 0～$2^{64}-1$)
int64	64 位有符号整数，范围为 −9 223 372 036 854 775 808～9 223 372 036 854 775 807(即 -2^{63}～$2^{63}-1$)

不同的整数数据类型除了定义范围不同外，其性质都相同。

由于 MATLAB 默认的数据类型为双精度型的浮点数，因此要使用整型变量时，需明确地将其定义为整数数据类型。

2. 常用的整数函数

常用的整数函数如表 1-10 所示。

表 1-10 常用的整数函数

函　　数	功　　能
mod (a, b)	返回 a、b 相除后的余数
factor (a)	返回 a 的素数因数
primes (a)	返回一个由不大于 a 的素数组成的行向量
isprimes (a)	如果 a 是一个素数，则返回 1
nextpow2 (a)	返回最小的整数 n，满足条件 $2^n>a$
perms (c)	返回向量 c 的所有可能的排列
nchoosek (A,k)	返回一个每行有 k 个元素的矩阵，并列出了矩阵 A 中 k 个元素的可能每种组合

由于函数 perms() 和 nchoosek() 返回的结果会变得很多，因此可能需要较长的时间来计算。

3. 整数运算

类型相同的整数之间可以进行运算，返回相同类型的结果。进行加、减和乘法运算比较简单，而进行除法运算稍微复杂一些，这是因为在多精度情况下，整数的除法不一定能得到整数的结果。当进行除法时，MATLAB 首先将两个数视为双精度类型进行运算，然后将结果转化为相应的整型数据。MATLAB 中不允许进行不同整数类型之间的运算。由于每种整数数据类型都有相应的取值范围，因此数学运算有可能产生结果溢出。MATLAB 利用饱和处理处理此类问题，即当运算结果超出了此类数据类型的上限或下限时，系统将结果设置为该上限或下限。

例 1-3-1 在整数运算中的数据溢出问题。

解 语法如下：

```
>> x=int8(100);
>> y=int8(90);
>> z=x+y
z =
    127
```

结果(190)溢出上限，因此输出结果为上限(127)。

```
>> x-3*y
ans =
    -27
```

3*y 结果为(270)溢出上限，结果为 127，继续计算(100-127)，得到最后结果 -27。

```
>> x-y-y-y
ans =
    -128
```

MATLAB 程序设计基础教程

计算 x-y-y-y 时，从左到右进行计算，结果溢出下限，因此结果为-128。

1.3.2 浮点数与精度函数

MATLAB 的默认数据类型是双精度数值类型(double)。

1. 单精度和双精度数据类型的取值范围

在不同计算机系统上运行的 MATLAB 中，其单精度与双精度数据类型与取值范围会有所不同，这与硬件有关。具体的单精度和双精度数据类型的取值范围和精度，可以通过 realmin()、realmax()、eps()函数进行查看。

(1) realmin()函数。该函数返回 MATLAB 语言能够表示的最小的归一化正浮点数，任何小于该数的都不是规范的 IEEE 标准，都会发生溢出。

(2) realmax()函数。该函数返回 MATLAB 语言中能够表示的最大的归一化正浮点数，任何大于该数的数都不是规范的 IEEE 标准，都会发生溢出。

类似的函数还有 intmarx()和 intmin()：intmax()表示返回指定的整数数据类型能表示的最大的正整数；intmin()表示返回指定的整数数据类型能表示的最小的正整数。

例 1-3-2 举例说明在 MATLAB 中单精度浮点数和双精度浮点数数据类型的取值范围和精度的规定。

解 (1) 函数：

```
>> intmax('int32')
ans = 2147483647
>> intmin('int32')
ans = -2147483648
```

(2) 单精度浮点数：

```
>> realmin ('single')
ans = 1.1755e-038
>> realmax('single')
ans = 3.4028e+038
```

(3) 双精度浮点数：

```
>> format long
>> n = realmin
n = 2.2251e-308
>> realmax
ans = 1.7977e+308
```

2. 单、双数据类型之间的转换

几乎在所有的情况下，MATLAB 的数据都是以双精度来表示的，为了节省存储空间，MATLAB 也支持单精度数据类型的数组。单精度数据类型的定义和操作与整型数据类型基本相同。

创建单精度类型的变量时与创建整型变量类似，需要声明变量类型。例如：

```
>> a1=zeros(1,5,'single')
a1 =
    0    0    0    0    0
>> b1=eye(3,'single')
b1 =
    1    0    0
    0    1    0
    0    0    1
```

最后一个参数指定数据类型为 single。

使用 class()函数可查询一个数据的类型。例如：

```
>> class(a1)
    ans =single
```

在 MATLAB 中，各种数据类型之间可以互相转换，转换方式如下：

(1) datatype(variable)，其中，datatype 为目标数据类型，variable 为待转换的变量。例如：

```
>> c=single(1:7)
c =
    1    2    3    4    5    6    7
```

表示将默认的双精度类型转换为单精度类型。

(2) 使用 cast()函数转换。cast(x, 'type')，表示将 x 的类型转换为'type'指定的类型。例如：

```
>> d=cast(6:-1:0,'single')
d =
    6    5    4    3    2    1    0
```

转换时，如果由高精确度数据类型转换为低精确度数据类型，则对数据进行四舍五入；如果由定义范围大的数据类型转换为定义范围小的数据类型，则返回目标数据类型的上限或下限。

3．单精度数据类型的运算

单精度数据类型的数据进行运算时，返回值为单精度，即单精度之间或单精度与双精度数据之间进行运算时，返回值都为单精度。例如：

```
>> c.^d
ans =
    1    32    81    64    25    6    1
>> class(ans)
ans =
single
```

c、d 都是单精度，运算结果 ans 仍为单精度。

单精度数据(c)与双精度数据(pi)进行运算时，返回值仍为单精度。例如：

```
>> c*pi
ans =
    3.1416    6.2832    9.4248    12.5664    15.7080    18.8496    21.9911
```

```
>> class(ans)
ans =
single
>> class(pi)
ans =
double
```

4．eps()函数

MATLAB 中还存在一个用双精度表示的浮点相对误差限 eps，定义为 1 与大于 1 的最小数之间的步进距离，用 eps 获得。

(1) eps：返回从 1.0 到下一个最大的双精度数的距离，eps = 2^(-52)。例如：

```
>> eps
ans =
    2.2204e-016
```

(2) eps('double')：等同于 eps 或 eps(1.0)。例如：

```
>> eps('double')
ans =
    2.2204e-016
```

(3) eps('single')：等同于 eps(single(1.0))或 single(2^-23)。例如：

```
>> eps('single')
ans =
    1.1921e-007
```

(4) d = eps(X)：d 是从 abs(X) 到下一个与 X 精度相同的较大浮点数的正距离，X 可以是单精度或双精度。对于所有的 X，都有 eps(X) = eps(-X) = eps(abs(X))。

5．有限精度产生的结果

MATLAB 的有限精度的局限性往往会产生不寻常的结果。例如：

```
>> 0.42-0.5+0.08
ans =
    -1.387778780781446e-017
>> 0.08-0.5+0.42
ans =
     0
>> 0.08+0.42-0.5
ans =
     0
```

从数学角度来讲，上述三个式子的结果都应该是 0，但实际计算结果并非如此。这是因为，并不是所有的数字都可以用双精度数精确地表示。当出现这种情况时，MATLAB 会用一个尽可能精确的数字表示，这将会出现误差。实际上，这种误差常常是很小的，并且通常是在比较两个数是否相等时才会出现。

MATLAB 有限精度局限性的第二个后果出现在函数运算中。例如：

>> sin(0)

ans =

0

>> sin(pi)

ans =

1.224646799147353e−016

从数学角度来讲，上述两个式子的结果都应该是 0，但实际计算结果并非如此，sin(pi) 并不为 0。

综上所述，上述两种情况出现的误差都是很小的，都小于 eps。

6. 数字的输入/输出格式

数字的默认格式为实数，保留小数点后 4 位浮点数，其他形式可通过相应的命令得到。无论何种形式，数值的存储值和内部运算值都是双精度的，数值范围为 $10^{-308} \sim 10^{308}$。

1.3.3 数字数据类型操作函数

在表 1-11 中，列出了 MATLAB 支持的数字数据类型操作函数，其中，"type"包括"numeric"、"integer"、"float"和所有的数据类型。

例如：使用 isa() 函数判断π。

>> isa(pi,'single')

ans = 0

>> isa(pi,'double')

ans = 1

表 1-11 MATLAB 支持的数字数据类型操作函数

函　　数	描　　述
double	创建或转化为双精度类型
single	创建或转化为单精度类型
int8、int16、int32、int64	创建或转化为相应的有符号整数类型
uint8、uint16、uint32、uint64	创建或转化为相应的无符号整数类型
isnumeric	判断是否为整数或浮点数，若是则返回 true(或者 1)
isinteger	判断是否为整数，若是则返回 true(或者 1)
isfloat	判断是否为浮点数，若是则返回 true(或者 1)
isa(x, 'type')	判断是否为'type'指定的类型，若是则返回 true(或者 1)
cast(x, 'type')	设置 x 的类型为'type'
intmax('type')	'type' 类型的最大整数值
intmin('type')	'type' 类型的最小整数值
realmax('type')	'type' 类型的最大浮点实数值
realmin('type')	'type' 类型的最小浮点实数值
eps('type')	'type' 类型 eps 值
eps('x')	变量 x 的 eps 值

1.3.4 变量和常量

1. 变量

变量是 MATLAB 的基本元素之一，变量命名规则与其他计算机语言类似。MATLAB 语言的赋值语句有以下两种：

变量名 = 运算表达式

[返回变量列表] = 函数名(输入变量列表)

MATLAB 不要求对所使用的变量进行事先说明，也不需要指定变量的类型，系统会根据该变量被赋予的值或对该变量所进行的操作来自动确定变量的类型。若变量名已存在，将由新值代替旧值，新类型代替旧类型。

MATLAB 的变量必须符合下列命名规则：

(1) 变量名区分大小写。如 pi 和 Pi 是两个不同的变量。

(2) 变量名长度不超过 31(这是对于 32 位计算机而言；如果是 64 位计算机，则长度应不超过 63)个字符，超过的部分将会被忽略不计。

(3) 变量名必须以字母开头，其后可以为字母、数字或者下划线。

(4) 变量名中的字母大小写有以下规定：

① 矩阵大写：A、B、C。

② 向量小写：u、v、w、x、y、z。

③ 函数小写：f、g、h、fun、f1、f2。

④ 常量小写：alpha、beta、a、b、c。

(5) 变量名中不允许出现标点符号，也不能包含空格。MATLAB 中的变量名不支持其他符号，因为其他符号在 MATLAB 中具有特殊意义。

局部(local)变量与全局(global)变量：前者在 M 文件内起作用，后者需要声明，在前面加 global，常用大写英文。

2. 常量

在 MATLAB 中有一些特定的量，它们已经被预定义为某个特定的值，因此这些量被称为常量，主要有 pi(圆周率π)、inf 和 eps 等。实际上，MATLAB 支持 IEEE 标准的运算符号，如 inf 表示无穷大，NaN (Not a Number)为 0/0、0*inf 或 inf/inf 等运算结果。MATLAB 中常用的常量如表 1-12 所示。

表 1-12 MATLAB 中常用的常量

常 量	常量的功能	常 量	常量的功能
ans	用作结果的默认变量名	nargin	函数的输入参数个数
beep	使计算机发出"嘟嘟"声	nargin	函数的输出参数个数
pi	圆周率	varagin	可变的函数输入参数个数
eps	浮点数相对误差	varagout	可变的函数输出参数个数
inf	无穷大	realmin	最小的正浮点数
NaN 或 nan	不定数	realmax	最大的正浮点数
i 或 j	复数单位	bitmax	最大的正整数

表中：pi：代表常量π。

inf：代表常量无穷大。MATLAB 允许的最大数是 2^{1024}，当超过该数时，将被认为是 inf。用 inf 代表常量无穷大，当出现此情况时，将会给出警告信息，但不会导致系统死机，这是 MATLAB 与其他软件相比，所具有的优点之一。

eps：eps 用于判断是否为 0 元素的误差限。一般情况，MATLAB 默认误差限为 eps，eps = 2.2204e–016。

i 或 j：表示纯虚数，即 sqrt(–1)。如果在程序中，没有对 i 或 j 专门定义，则默认为是纯虚数，可直接使用。如果在程序中，对 i 或 j 进行了重新定义，则保留新值。

1.3.5 逻辑数据

1. 逻辑数据类型

MATLAB 中用 1 和 0 分别表示逻辑"真"和逻辑"假"。一些 MATLAB 函数或操作符会返回逻辑"真"或逻辑"假"以表示条件是否满足，如表达式(5*10)>40 返回逻辑"真"。MATLAB 中返回逻辑值的函数和操作符如表 1-13 所示。

表 1-13　MATLAB 中返回逻辑值的函数和操作符

函　　数	说　　明
true、false	将输入参数转化为逻辑值
logical	将数值转化为逻辑值
&(and)、|(or)、~(not)、xor、any、all	逻辑操作符
&&、||	"并"和"或"的简写方式
==(eq：等于)、~=(ne：不等于)、<(lt：小于)、>(gt：大于)、<=(le：小于等于)、>=(ge：大于等于)	关系操作符
所有的 is*类型的函数，cellfun	判断函数
strcmp、strncmp、strcmpi、strncmpi	字符串比较

表 1-13 中逻辑操作符的意义如表 1-14 所示。

表 1-14　逻辑操作符

逻辑操作符	说　　明
Xor(x,y)	异或运算。x 或 y 非零(真)则返回 1，x 和 y 都是零(假)或都是非零(真)返回 0
any(x)	如果在一个向量 x 中，所有元素均非零，则返回 1；矩阵 x 中的每一列有非零元素，则返回 1
all(x)	如果在一个向量 x 中，所有元素非零，则返回 1；矩阵 x 中的每一列所有元素非零，则返回 1
&|~	与、或、非

2. 逻辑数组

在 MATLAB 中，也存在逻辑数组，如下面的表达式表示返回逻辑数组：

```
>> [30 40 50 60 70] > 40
ans =
     0     0     1     1     1
```

1) 逻辑数组的创建

(1) 创建逻辑数组最简单的方法为直接输入元素的值为 true 或者 false。

(2) 逻辑数组也可以通过逻辑表达式生成。

2) 逻辑数组的应用

(1) 用于条件表达式。如果仅当条件成立时执行某段代码，可以应用逻辑数组进行判断和控制。

(2) 用于数组索引。在 MATLAB 中支持通过一个数组对另一个数组进行索引。

3) 逻辑数组的判断

MATLAB 中提供了一组函数用于判断数组是否为逻辑数组，如表 1-15 所示。

表 1-15 判断逻辑数组的函数

函　数	功　能
whos(x)	显示数组 x 的元素值及数据类型
islogical(x)	判断数组 x 是否为逻辑数组，是则返回"真"
isa(x，'logical')	判断数组 x 是否为逻辑数组，是则返回"真"
class(x)	返回数组 x 的数据类型
cellfun('islogical'，x)	判断单元数组的每个单元是否为逻辑值

1.4 复　数

MATLAB 最强大的一个特性就是它无需做任何特殊操作，就可以对复数进行处理。

1.4.1 复数的创建

复数由实部和虚部两部分组成，基本虚数单位为 $\sqrt{-1}$ 在 MATLAB 中，虚数单位由 i 或者 j 表示，即 i=j=sqrt(-1)，其值在工作间中都显示为 0+1.0000i。

在 MATLAB 中，可以通过两种方法创建复数：一种是直接输入法；另一种是使用 complex()函数。

1. 直接输入法

直接输入法创建复数的示例如下：

```
>> c1=1-2i
c1 =
    1.0000-2.0000i
>> c2=1+2j
c2 =
    1.0000 + 2.0000i
>> c3=sqrt(-2)
c3 =
```

```
        0 + 1.4142i
```

注意：在 MATLAB 7.0 以前的版本中，只有数字才可以与 i 或者 j 连接，因此在使用表达式时，要乘以 1i 或 1j 来获得虚部。如：

```
>> c4=5+sin(.5)*1j
c4 =
    5.0000 + 0.4794i
```

而在 MATLAB 7.0 以后版本中，不需要乘以 1i 或 1j，可直接乘以 i 或 j 来获得虚部。如：

```
>> c4=5+sin(.5)*j
c4 =
    5.0000 + 0.4794i
```

2．使用 complex() 函数

complex() 函数的调用方法如下：

（1）c = complex(a, b)。返回结果 c 为复数，其实部为 a，虚部为 b。输入参数 a 和 b 可以是标量，或者是维数、大小相同的向量；也可以是矩阵或者多维数组。输出参数和输入参数的结构相同。a 和 b 可以有不同的数据类型，当 a 和 b 为各种不同的类型时，返回值分别如下：

- 当 a 和 b 中有一个为单精度时，返回结果为单精度；
- 如果 a 和 b 其中一个为整数类型，则另外一个必须有相同的整数类型，或者为双精度型，返回结果 c 为相同的整数类型。

```
>> c1=complex(1,2)
c1 =
    1.0000 + 2.0000i
>> c2=complex(1,−2)
c2 =
    1.0000 − 2.0000i
```

（2）c = complex(a)。只有一个输入参数，返回结果 c 为复数，其实部为 a，虚部为 0。但是此时 c 的数据类型为复数。

```
>> c1=complex(2)
c1 =
    2
```

3．复数的虚部和实部

imag()、real() 函数表示分别返回复数的虚部和实部，如：

```
>> real(c2)
ans =
    1
>> imag(c2)
ans =
    −2
>> c2r=real(c2)
```

```
c2r =
    1
>> c2i=imag(c2)
c2i =
    -2
```

4. 复数的模、辐角和共轭复数

(1) 求复数的模使用 abs()函数。abs()函数求复数虚部和实部的平方和再开平方的方式求出复数的模，其函数的 MATLAB 表达式为

abs(X)=sqrt(real(X).^2 + imag(X).^2)

例如：c1 = 1.0000 + 2.0000i

```
>> abs(c1)
ans =
    2.2361
```

(2) 求复数的辐角使用 angle ()函数。

例如：

```
>> angle(c1)
ans =
    1.1071
```

(3) 求共轭复数使用 conj ()函数。例如，复数 Z = real(Z) + i*imag(Z)，其共轭复数为

conj(Z) = real(Z) − i*imag(Z)

例如：

```
>> c2=conj(c1)
c2 = 1.0000−2.0000i
```

1.4.2 复数运算

在 MATLAB 中无需做任何特殊操作，就可以对复数进行处理，复数数学运算的表达式与实数数学运算的表达式相同。常用的复数运算函数总结如下：

- real(A)：求复数或复数矩阵 A 的实部；
- imag(A)：求复数或复数矩阵 A 的虚部；
- conj(A)：求复数或复数矩阵 A 的共轭；
- abs(A)：求复数或复数矩阵 A 的模；
- angle(A)：求复数或复数矩阵 A 的相角，单位为弧度。

例如，利用前面的结果计算：

```
>> c5=c2/c3
    c5 =
        −1.4142 − 0.7071i
```

复数的运算结果，仍然是复数，但是当运算的结果虚部为 0 时，MATLAB 会自动去掉该虚部。如：

```
>> c1+c2
ans =
     1
```

例 1-4-1 求下列复数的实部和虚部、共轭复数、模和辐角。

(1) $\dfrac{1}{3+2i}$ (2) $\dfrac{1}{i} - \dfrac{3i}{1-i}$

(3) $\dfrac{(3+4i)(2-5i)}{2i}$ (4) $i^8 - 4i^{21} + i$

解 在 MATLAB 命令窗口中输入：

```
>> a=[1/(3+2i),1/i-3i/(1-i), (3+4i)*(2-5i)/2i, i^9-4*i^21+i];
>> real(a)
ans = 0.2308     1.5000     -3.5000     0
>> imag(a)
ans = -0.1538    -2.5000    -13.0000    -2.0000
>> conj(a)
ans = 0.2308 + 0.1538i   1.5000 + 2.5000i   -3.5000 +13.0000i    0 + 2.0000i
>> abs(a)
ans = 0.2774     2.9155     13.4629     2.0000
>> angle(a)
ans = -0.5880    -1.0304    -1.8338    -1.5708
```

例 1-4-2 复数的指数和对数运算：

(1) log(–i) (2) log(–1+3i)

解 在 MATLAB 命令窗口中输入：

```
>>  log(-i)
ans = 0 - 1.5708i
>> log(-1+3i)
ans = 1.1513 + 1.8925i
```

1.4.3 欧拉恒等式的转换

欧拉恒等式把一个复数的极坐标形式和它的直角坐标形式联系起来，即

$$M\angle\theta = Me^{i\theta} = a + bi \qquad (1.4.1)$$

其中，极坐标表达式用极径 M 和极角 θ 表示，直角坐标形式用复数 a+bj 表示。这两种表达式的关系如下：

$$M = \sqrt{a^2 + b^2}$$
$$\theta = \arctan\dfrac{b}{a}$$
$$a = M\cos\theta$$
$$b = M\sin\theta$$

在 MATLAB 中，用 imag()、real()、abs()和 angle()函数来完成极坐标形式和直角坐标形式之间的转换。

(1) 极径 M 和极角 θ 用 abs()和 angle()函数来完成：

```
>> c6=1-2j
c6 =
      1.0000 - 2.0000i
>> M=abs(c6)
M =
      2.2361
>> angle_c6=angle(c6)
angle_c6 =
      -1.1071
```

此时的极角是弧度(radians)，如果用度数表示，要进行转换：

```
>> deg_c6=angle_c6*180/pi
deg_c6 =
      -63.4349
```

(2) 直角坐标形式的虚部和实部分别用 imag()、real()函数来表示。如：

```
>> a=real(c6)
a =
      1
>> b=imag(c6)
b =
      -2
```

思考与练习

1.1　与其他计算机语言相比较，MATLAB 语言的突出特点是什么？

1.2　MATLAB 系统由哪些部分组成？

1.3　MATLAB 操作桌面有几个窗口？如何使某个窗口脱离桌面成为独立窗口？又如何将脱离出去的窗口重新放置到桌面上？

1.4　存储在工作空间中的数组能编辑吗？如何操作？

1.5　命令历史窗口除了可以观察前面键入的命令外，还有什么用途？

1.6　如何设置当前目录和搜索路径，在当前目录上的文件和在搜索路径上的文件有什么区别？

1.7　在 MATLAB 中有几种获得帮助的途径？

(1) 用帮助窗口查找 plot()函数的帮助信息。

(2) 用 help()函数查找 plot3()函数的帮助信息。

(3) 用 lookfor()函数查找 gui()函数的帮助信息。

1.8 假设下面有三个变量：v1 = 1、v2 = 0、v3 = –10，求下列逻辑表达式的运算结果。

 (1) ~v1

 (2) v1 | v2

 (3) v1 & v2

 (4) v1 & v2 | v3

 (5) v1 & (v2 | v3)

 (6) ~(v1 & v3)

1.9 变量 a、b、c、d 的定义如下所示：

  a = 20; b = –2; c = 0; d = 1;

计算下面的表达式：

 (1) a > b   (2) b > d

 (3) a > b & c > d   (4) a == b

 (5) a & b > c   (6) ~~b

1.10 变量 a、b、c、d 的定义如下所示：

  a = 2; b = 3; c = 10; d = 0;

计算下面的表达式：

 (1) a*b^2 > a*c

 (2) d | b & b > a

 (3) (d | b) > a

1.11 变量 a、b、c、d 的定义如下所示：

  a = 20; b = –2; c = 0; d = 'Test';

计算下面的表达式：

 (1) isinf(a/b)

 (2) isinf(a/c)

 (3) a > b & ischar(d)

 (4) isempty(c)

1.12 创建 double 的变量，并计算：

 (1) a=87、b=190，计算 a+b、a–b、a*b；

(2) 创建 uint8 类型的变量，数值与(1)中的相同，进行相同的计算，并比较溢出情况。

1.13 计算如下表达式：

 (1) (3–6i)*(4+3i)   (2) sin(2–9i)

1.14 计算以下函数：

 (1) $\sin(60°)$ (2) e^3 (3) $\cos\left(\dfrac{3}{4}\pi\right)$

1.15 设 u = 2、v = 3，计算以下式子：

(1) $4\dfrac{uv}{\log(v)}$ (2) $\dfrac{(e^u+v)^2}{v^2-u}$ (3) $\dfrac{\sqrt{u-3v}}{uv}$

1.16 已知 $a=\begin{bmatrix}1&2&5\\3&6&-4\end{bmatrix}$，$b=\begin{bmatrix}8&-7&4\\3&6&2\end{bmatrix}$，观察 a 与 b 之间的六种关系运算的结果。

1.17 如图 1-2 所示，已知 $R_1=40\,\Omega$，$R_2=60\,\Omega$，$C_1=1\,\mu F$，$L_1=0.1\,mH$，$u_s(t)=40\cos 10^4 t$，求电压源的平均功率、无功功率和视在功率。

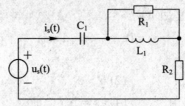

图 1-2 电路图

第 2 章　向量、数组和矩阵

在 MATLAB 中，数、向量、数组和矩阵的概念经常被混淆。对 MATLAB 来说，数组或向量与二维矩阵在本质上没有任何区别，都是以矩阵的形式保存的。一维数组相当于向量，二维数组相当于矩阵，所以矩阵是数组的子集。

MATLAB 的数据结构只有矩阵一种形式，单个的数就是 1×1 的矩阵，向量就是 1×n 或 n×1 的矩阵，但数、向量、数组与矩阵的某些运算方法是不同的。

本章主要介绍数组、向量和矩阵的概念、建立和运算方法。

2.1　向量、数组与矩阵的创建

2.1.1　向量的创建

1. 简单向量的创建

在 MATLAB 中，生成向量(一维数组)最简单的方法就是在命令窗口中按一定格式直接输入。输入的格式要求是：向量元素用"[ ]"括起来，元素之间用空格、逗号或者分号相隔。需要注意的是，用它们相隔生成的向量形式是不相同的。

(1) 用空格或逗号生成不同列的元素，即行向量。
(2) 用分号生成不同行的元素，即列向量。例如：

```
>> a1=[15;21;27;93;101];
>> a1
a1 =
    15
    21
    27
    93
   101
>> a2=[15,21,27,93,101];
>> a2
a2 =
```

```
          15       21       27       93      101
>> a3=[1 2 3 4]
a3 =
           1        2        3        4
```

2. 冒号表达式创建等差数组

当向量的元素过多，同时向量各元素有等差的规律时，采用直接输入法将显得过于繁琐。针对这种情况，可以使用冒号(:)和 linspace()函数来生成等差元素向量。

冒号表达式是 MATLAB 中最具特色的表示方法，其调用格式如下：

- a=j:i:k

这一语句可以生成一个行向量，其中，j 为向量的起始值，i 为增量步距，而 k 为向量的终止值。当 i == 0、i >0 且 j>k 或 i<0 且 j<k 时，返回一个空向量。例如：

```
>>   vec1=10:5:60
vec1 =
    10    15    20    25    30    35    40    45    50    55    60
```

- a=j:k

当冒号表达式用于整数,不指定步距时,默认步距为 1,步距可省略,等同于 [j,j+1,...,k]，而当 j > k 时，返回一个空向量。例如：

```
>> D = 1:4
D =
     1     2     3     4
```

冒号表达式也可用于实数。使用两个冒号生成一个实数向量。例如：

```
>> E = 0:.1:.5
E =
     0    0.1000    0.2000    0.3000    0.4000    0.5000
```

3. linspace()函数与等差数组的创建

linspace()函数类似于冒号操作符，生成以线性间隔分布的向量，相邻的两个数据的差保持不变，构成等差数列，其语法格式如下：

(1) y = linspace(a,b)。在 a、b 之间(包括 a、b)生成 100 点线性间隔分布的行向量 y，即向量 y 有 100 个元素，a 为起始元素，b 为结束元素。

(2) y = linspace(a,b,n)。在 a、b 之间(包括 a、b)生成 n 点线性间隔分布的行向量 y，即向量 y 有 n 个元素。如果 n 小于 2，linspace 返回 b。

例如：

```
>> vec2=linspace (10,60,11)
vec2 =
    10    15    20    25    30    35    40    45    50    55    60
>> vec3=linspace (10,60,10)
vec3 =
    10.0000    15.5556    21.1111    26.6667    32.2222    37.7778    43.3333    48.8889
    54.4444    60.0000
```

4. 等比数组的创建

冒号表达式能够直接指定数据间的增量,而不用指定数据点的个数。Linspace()函数能够直接指定数据点的个数,而不用指定数据间的增量。这两种方式产生的数据都是等间隔分布的,即等差向量。而实际中也需要使用等比数列向量。函数 logspace()用来生成等比形式排列的行向量。函数 logspace()的用法如下:

(1) X=logspace(a,b)。在 10^a 和 10^b 之间生成 50 个以对数间隔等分数据的行向量。构成等比数列,数列的第一项 X(1)=10^a,最后一项 X(50)=10^b。

(2) X=logspace(a,b,n)。在 a 和 b 之间生成 n 个对数间隔等分数据的行向量。构成等比数列,数列的第一项 X(1)=10^a,最后一项 X(n)=10^b。

(3) y = logspace(a,pi)。在 10^a 和 π 之间生成等比数列的点。用于数字信号处理,在单位圆上等间隔频率采样。

2.1.2 向量的转置与操作

1. 普通转置

使用分号可以生成列向量;使用冒号、linspace()和 logspace()函数可以生成行向量;使用转置符号(')可以将行向量转成列向量,b=a',即 b 是 a 的转置向量。例如:

```
>> f=1:4
f =
     1     2     3     4
>> F=f '
F =
     1
     2
     3
     4
```

再次使用转置符号(')可将列向量转回成行向量。

2. 点转置

MATLAB 还提供了点转置(.')符号。对实数而言,(.')与(')操作是等效的;对于复数,(')操作结果是复数共轭转置。也就是说,在转置过程中,虚部的符号也改变了,而(. ')操作只转置,不进行共轭操作。例如:

```
>> f=1:3
f =
     1     2     3
>> x=complex(f,f)
x =
   1.0000 + 1.0000i   2.0000 + 2.0000i   3.0000 + 3.0000i
>> y=x'
y =
```

```
        1.0000 – 1.0000i
        2.0000 – 2.0000i
        3.0000 – 3.0000i
>> z=x.'
z =
        1.0000 + 1.0000i
        2.0000 + 2.0000i
        3.0000 + 3.0000i
```

3．向量元素的操作或运算

MATLAB 亦可取出向量中的一个或一部分元素进行操作或运算。例如：

```
>> x(3) = 2   % 将向量 x 的第三个元素更改为 2
x = 10.0000    47.5000    2.0000    22.5000    60.0000
>> x(6) = 10   % 在向量 t 加入第六个元素，其值为 10
x = 10.0000    47.5000    2.0000    22.5000    60.0000    10.0000
>> x(4) = []   % 将向量 t 的第四个元素删除，[] 代表空集合
x = 10.0000    47.5000    2.0000    60.0000    10.0000
```

4．适用于向量的常用函数

适用于向量的常用函数有以下几种：

(1) min(x)、max(x)：向量 x 的元素的最小值、最大值。

(2) mean(x)：向量 x 的元素的平均值。

(3) median(x)：向量 x 的元素的中位数。

(4) std(x)：向量 x 的元素的标准差。

(5) diff(x)：向量 x 的相邻元素的差。

(6) sort(x)：对向量 x 的元素进行排序(Sorting)。

(7) length(x)：向量 x 的长度(元素个数)。

(8) norm(x)：向量 x 的欧氏(Euclidean)长度。

(9) sum(x)、prod(x)：向量 x 的元素总和、总乘积。

(10) cumsum(x)、cumprod(x)：向量 x 元素的累计总和、累计总乘积。

(11) dot(x, y)、cross(x, y)：向量 x 和 y 的内积、外积。

2.1.3 向量的点乘、叉乘和混合积

1．向量的点乘

向量的点乘又称为内积或数量积，顾名思义，它所得的结果是一个数。

(1) |a·b|=|a|*|b|*cos(a,b)，其结果是标量，(a,b)为两个向量的夹角。它的几何意义是两个向量的模和两个向量之间的夹角余弦三者的乘积。或者说是其中一个向量的模与另一个向量在这个向量的方向上的投影的乘积。

(2) 若向量 a=(a1,b1,c1)、向量 b=(a2,b2,c2)，则 a·b=a1a2+b1b2+c1c2，即点乘的运算是：

对应元素相乘后求和，相当于 sum(a.*b)。

(3) 在 MATLAB 中，实现点乘的函数是 dot()，该函数的用法：dot(A,B)，其中 A 和 B 的维数必须相同。例如：

```
>> x1=[11 22 33 44];x2=[1 2 3 4];
>> X=dot(x1,x2)
   X = 330
>> sum(x1.*x2)
   ans = 330
```

当 A 和 B 都是行向量时，dot(A, B) 与 A.*B' 相同，例如：

```
>> x1*x2'
   ans = 330
```

当 A 和 B 都是列向量时，dot(A, B) 与 A'*B 相同，例如：

```
>> y1=[1;2;3]
y1 =
    1
    2
    3
>> y2=[4;5;6]
y2 =
    4
    5
    6
>> y=dot(y1,y2)
y =
    32
>> y1'*y2
ans =
    32
```

2. 向量的叉乘

叉乘也叫向量的外积、向量积。顾名思义，它所得的结果是一个向量。

(1) |a×b|=|a|*|b|*sin(a,b)，其结果是矢量，(a,b) 为两个向量的夹角。两个向量叉积的几何意义是指以两个向量模的乘积为模，方向和两个向量构成右手坐标系(即过两个相交向量的交点，并与这两个向量所在平面垂直)的向量。

(2) 若向量 a=(a1,b1,c1)、向量 b=(a2,b2,c2)，则

$$a \times b = \begin{vmatrix} a1 & b1 & c1 \\ & \times & \\ a2 & b2 & c2 \end{vmatrix}$$

=[b1c2−b2c1,c1a2−a1c2,a1b2−a2b1]

(3) 向量的外积不遵守乘法交换率，因此向量的叉乘不可交换。
(4) 在 MATLAB 中，函数 cross()用于实现向量的叉乘。用法如下：
C = cross(A,B)

返回 A、B 向量的叉乘：C = A×B。A 和 B 必须是以上元素的向量。

```
>> z1=[1 2 3];z2=[5 6 7];
>> z3=cross(z1,z2)
z3 =
    -4    8   -4
```

3. 向量的混合积

向量的混合积的几何意义是：它的绝对值表示以三个向量为棱的平行六面体的体积，符号由右手法则确定。

向量的混合积由点乘和叉乘逐步实现：dot(A,cross(B,C))。

```
>> a=[1 2 3]
>> b=[4 5 6]
>> c=[2 5 1]
>> d=dot(a,cross(b,c))
d = 21
```

2.1.4 二维数组与多维数组

1. 二维数组的生成规则

生成数组同样遵循行向量和列向量的生成规则，即创建二维数组与创建一维数组的方式类似。在创建二维数组时，用逗号或者空格区分同一行中的不同列元素，用分号或者回车(Enter)区分不同行。

数组既包含行向量，也包含列向量，即数组可以以矩阵形式存在。例如：

```
>> s=[1 2 3;4 5 6]
s =
    1    2    3
    4    5    6
```

s 是一个 2 行 3 列的数组或矩阵。

对矩阵或多维数组 A 可以使用 size(A)来测其大小，也可以使用 reshape()函数重新按列排列。对向量来说，还可以用 length(A)来测其长度。

2. cat()函数与多维数组连接

对于多维数组，使用 cat()函数按其指定维数连接，用法如下：
C = cat(dim, A, B)

按其指定维数 dim 连接 A、B。cat(2, A, B)等同于[A, B]，即把矩阵 A 和 B 按行向量连接。cat(1, A, B)等同于[A; B]，即把矩阵 A 和 B 按列向量连接。例如：

```
>> A=[1  2;3  4]
>> B=[4  5;6  7]
```

则 cat(1, A, B)、cat(2, A, B)、cat(3, A, B)连接的结果如图 2-1 所示。

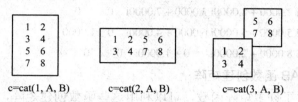

图 2-1 cat 函数连接的结果

2.1.5 矩阵的创建方法

在 MATLAB 中，矩阵是进行数据处理和运算的基本元素。如果数组可以既包含行向量，又包含列向量，则数组可以以矩阵形式存在。

在 MATLAB 中创建矩阵，同样遵循行向量和列向量的生成规则：

(1) 矩阵元素必须在"[]"内；
(2) 矩阵的同行元素之间用空格或逗号(,)隔开；
(3) 矩阵的行与行之间用分号(;)或回车符隔开；
(4) 矩阵的元素既可以是数值、变量、表达式或函数，也可以是实数，甚至是复数。
(5) 矩阵的尺寸不必预先定义。

需要说明的是：

● 矩阵的复数元素之间不能有空格，如"−1+2j"可以作为一个矩阵元素，而"−1 + 2j"就不可以。

● "−1+2j"可以被正确地解释，而"−1+j2"就不行，MATLAB 把"j2"解释为一个变量名，可以写成"−1+j*2"。

● 通常意义上的数量(标量)是矩阵的特殊情况，可看成是"1×1"，即一个元素的矩阵。

● n 维向量可看成是"n×1"的矩阵，即向量可以看做是只有一行或一列元素的矩阵。

● 多项式可由它的系数矩阵完全确定。

1. 直接输入法

最简单的建立矩阵的方法是从键盘直接输入矩阵的元素，输入的方法遵循以上规则。例如：

```
>> s=[1 2 3;4 5 6;3 5 9]
s =
       1     2     3
       4     5     6
       3     5     9
```

s 是一个 3 行 3 列的数组或矩阵。

MATLAB 和其他语言不同，它无需事先声明矩阵的维数。下面的语句可以建立一个更大的矩阵：

```
>> B(2,5)=1
```

MATLAB 程序设计基础教程

B =
  1.0000 + 9.0000i 2.0000 + 8.0000i 3.0000 + 7.0000i   0   0
  4.0000 + 6.0000i 5.0000 + 5.0000i 6.0000 + 4.0000i   0   1.0000
  7.0000 + 3.0000i 8.0000 + 2.0000i   0 + 1.0000i   0   0

2. 利用 MATLAB 函数创建矩阵

MATLAB 提供了许多矩阵函数，可以利用这些函数创建矩阵，如标准矩阵、特殊矩阵等。

3. 利用文件建立矩阵

当矩阵尺寸较大或为经常使用的数据矩阵时，则可以将此矩阵保存为文件，在需要时直接将文件利用 load 命令调入工作环境中使用即可。同时可以利用函数 reshape 对调入的矩阵进行重排。若要在矩阵总元素保持不变的前提下，将矩阵 A 重新排成 m×n 的二维矩阵，其格式为 reshape(A, m, n)。

2.2 向量、数组和矩阵的寻址与赋值

向量、矩阵(数组)都可以通过下标进行索引寻址或赋值，其下标必须是正整数类型或者逻辑类型。

2.2.1 向量的寻址与赋值

1. 向量寻址

向量中各元素可以用单下标来寻址。

(1) A(j)：向量 A 的第 j 个元素。例如：

```
>> vec1=10:5:60
vec1 =
    10    15    20    25    30    35    40    45    50    55    60
>> vec1(3)
ans =    20
```

(2) A([i, j, k])：提取向量 A 中第 i、j、k 号元素。例如：

```
>> vec1([1 3 4 7])
ans =
    10    20    25    40
```

2. 向量的赋值

在 MATLAB 中，使用赋值符号(=)对向量元素赋值。例如：

```
>> y=[0 1 2 3 4 5 6]
y =
     0     1     2     3     4     5     6
```

(1) 单下标方式赋值。例如：将向量 y 的第 3 个元素赋值为 8。

```
>> y(3)=8
y =
    0    1    8    3    4    5    6
```

将向量 y 的第 1、第 6 个元素分别赋值为 1、3。

```
>> y([1 6])=[1 3]
y =
    1    1    8    3    4    3    6
```

(2) 全元素赋值方式。例如：将向量 y 的所有元素，按 5～11 分别赋值。

```
>> y(:)=5:11
y =
    5    6    7    8    9   10   11
```

2.2.2 矩阵(数组)的下标索引

对于二维数组，其下标可以是按列排序的单下标，如图 2-2 所示；也可以是按行、列顺序编号的双下标，如图 2-3 所示。

1	5	9	13
2	6	10	14
3	7	11	15
4	8	12	16

1,1	1,2	1,3	1,4
2,1	2,2	2,3	2,4
3,1	3,2	3,3	3,4
4,1	4,2	4,3	4,4

图 2-2　单下标表示　　　　　图 2-3　双下标表示

注意：在 MATLAB 中，数组的下标(索引)是从 1 开始的，即第一个下标索引是 1，以此类推。而在 C 语言等大多数语言中，数组的下标是从 0 开始的，即第一个下标是 0。

1. 矩阵的索引与提取

在 MATLAB 中，所有的矩阵内部都是表示为以列为主的一维向量，在实际应用中，可以使用一维 A(k)或二维 A(i, j)下标来存取矩阵元素。如图 2-4 所示。

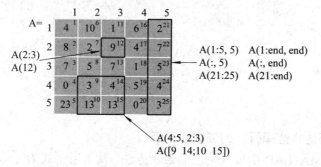

图 2-4　矩阵的下标

(1) 使用双下标来进行矩阵的索引。在矩阵 A 中，位于第 i 行、第 j 列的元素可表示为 A(i, j)，i 与 j 即是此元素的下标(Subscript)或索引(Index)。例如：

```
>> A=[4 10 1 6 2;8 2 9 4 7;7 5 7 1 5;0 3 4 5 4;23 13 13 0 3]
   A =
        4    10     1     6     2
        8     2     9     4     7
        7     5     7     1     5
        0     3     4     5     4
       23    13    13     0     3
>> A(2,2)
ans = 2
>> A(4:5,2:3)：取出矩阵 A 的第 4、5 行与 2、3 列所形成的部分矩阵。
ans =
        3     4
       13    13
```

(2) 使用单下标进行矩阵的索引。用一维下标的方式可达到同样目的。对于某一个元素 A(i, j)，其对应的单下标表示为 A(k)，其中 k = i+(j−1)*m，m 为矩阵 A 的列数。例如：

```
>> A(7)
ans = 2
>> A([9 14; 10 15])
ans =
        3     4
       13    13
```

2. 使用 end 关键字

关键字 end 表示数组的最后一个元素，代表某一维度的最大值，在矩阵元素提取时还可以使用 end 这个关键字。

A(:, end)：矩阵 A 的最后一列。例如：

```
>> B=[1 2 3;4 5 6]
   B =
        1     2     3
        4     5     6
>> B(:, end)
ans =
        3
        6
```

3. 使用冒号表达式选择行、列或数组元素

冒号表达式是 MATLAB 中最具特色的表示方法，其调用格式为 a=s1:s2:s3;。这一语句可以生成一个行向量，其中，s1 为向量的起始值，s2 为步距，而 s3 为向量的终止值。例如 S=0:.1:2*pi，将产生一个起始于 0，步距为 0.1，而终止于 6.2 的向量。如果写成 S=0:−0.1:2*pi;，则返回一个空向量。

冒号表达式可以用来寻访、提取向量、数组或矩阵元素。

(1) A(i:j)：是寻访 A 的第 i～j 个元素，从 i 开始，以 1 作为增量，单下标寻访直到 j。

例如：

    >> vec1(1:5)   %返回向量 vec1 的第 1 到第 5 个元素。

    ans =

        10   15   20   25   30

    >>   A(1:7)

    ans =

        4   8   7   0   23   10   2

A(i:k:j)：从 i 开始寻访，以 k 作为增量，直到 j。

(2) 使用冒号可取出一整列或一整行。

A(i,:)：是寻访 A 的第 i 行。例如：

    >> A(3,:)

    ans = 7   5   7   1   5

A(:,j)：是寻访 A 的第 j 列。例如：

    >> A(:, 5)：取出矩阵 A 的第 5 列。

    ans =

        2

        7

        5

        4

        3

(3) A(:)：依次提取矩阵 A 的每一列，按单下标次序将 A 拉伸为一个列向量，即把 A 的所有元素视为单一列。不论原数组 A 是多少维的，A(:)将返回一个列向量。例如：

    >> A(:)

    ans =

        1

        4

        2

        5

        3

        6

(4) 取矩阵 A 的第 i1～i2 行、第 j1～j2 列构成新矩阵：A(i1:i2, j1:j2)。

    >> A(2:3,1:3)

    ans =

        8   2   9

        7   5   7

A(:,:)相当于二维数组，等同于 A。

例如：A(:,1)将提取 A 矩阵的第 1 列，而 A(1:2,1:2:5)将提取 A 的前 2 行与 1,3,5 列组成的子矩阵(起始值 s1=1、步距 s2=2、终止值 s3=5)。

```
>> A(:,1)
ans =
     4
     8
     7
     0
    23
>> A(1:2,1:2:5)
ans =
     4     1     2
     8     9     7
```

B(i:end,:)将提取 B 的第 i 行到最后一行的所有列构成的子矩阵。例如寻访向量 vec1 的除前 4 个之外的所有元素，即从第 5 个元素开始到最后：

```
>> vec1(5:end)
ans =
    30    35    40    45    50    55    60
>> A(2:end,:)
ans =
     8     2     9     4     7
     7     5     7     1     5
     0     3     4     5     4
    23    13    13     0     3
```

(5) A(k: –i: j)是指按逆序返回 A 的各元素值。例如：以逆序提取矩阵 A 的第 i1~i2 行，构成新矩阵：A(i2: –1:i1，:)。

```
>> A(3: –1:2,1:3)
ans =
     7     5     7
     8     2     9
>> A(3:–1:2,:)
ans =
     7     5     7     1     5
     8     2     9     4     7
```

(6) 以逆序提取矩阵 A 的第 j1~j2 列，构成新矩阵：A(:, j2: –1:j1)。

```
>> A(:,4: –1:1)
ans =
     6     1    10     4
     4     9     2     8
     1     7     5     7
```

```
    5    4    3    0
    0   13   13   23
```

4．矩阵元素的删除

可以直接删除矩阵的某一整个列或行，具体方法如下：

(1) A(2, :) = []：删除 A 矩阵的第 2 行。

(2) A(:, [2 4 5]) = []：删除 A 矩阵的第 2、4、5 列。

(3) 删除 A 的第 i1～i2 行，构成新矩阵：A(i1:i2, :)=[ ]。

(4) 删除 A 的第 j1～j2 列，构成新矩阵：A(:, j1:j2)=[ ]。

2.2.3 矩阵元素的赋值

1．全元素赋值方式

对矩阵(数组)中所有元素进行赋值。

例 2-2-1 创建一个(2*4)的全零数组，然后从 1～8 给其赋值。

解 (1) 创建一个(2*4)的全零数组。

```
>> A=zeros(2,4)
A =
    0    0    0    0
    0    0    0    0
```

(2) 从 1～8 给其赋值。

```
>> A(:)=1:8
A =
    1    3    5    7
    2    4    6    8
```

2．单下标方式赋值

例 2-2-2 将上例中下标为 2、3、5 的元素分别赋值为 10、20、30。

解 该例当然可以使用下标寻址的方式，逐个赋值，例如：

```
>> A(2)=10
A =
    1    3    5    7
   10    4    6    8
>> A(:,[2 3])=[3 3;2 2]
A =
    1    3    3    7
   10    2    2    8
```

如果数组赋值元素较多，使用下列方法则更方便。

(1) 产生一个需要赋值的"单下标行数组"数组。

```
>>s=[2 3 5];
```

(2) 由"单下标行数组"寻访产生 A 元素组成的行数组 A(s)。

```
>> A(s)
ans =
     2     3     5
```

(3) 生成一个 3 元素的"列数组"Sa。

```
>> Sa=[10 20 30]'
Sa =
    10
    20
    30
```

(4) 使用"列数组"Sa 为 A 赋值。

```
>>A(s)=Sa
A =
     1    20    30     7
    10     4     6     8
```

上述步骤可以简化为

```
>> A([2 3 5])=[10 20 30]
```

3．双下标方式赋值

把 A 的第 2、3 列元素全赋为 1。

```
>> A(:,[2 3])=ones(2)
A =
     1     1     1     7
    10     1     1     8
```

或者

```
>> A(:,[2 3])=[1 1;1 1]
```

2.3　标准矩阵与特殊矩阵

常用的标准矩阵和特殊矩阵的指令和说明如表 2-1 所示。

表 2-1　常用的标准矩阵和特殊矩阵

函　　数	说　　明
zeros(m, n)	产生维度为 m×n，构成元素全为 0 的矩阵
ones(m, n)	产生维度为 m×n，构成元素全为 1 的矩阵
eye(n)	产生维度为 n×n，对角线的各元素全为 1，其他各元素全为 0 的单位矩阵
pascal(m, n)	产生维度为 m×n 的 Pascal 矩阵
vander(m, n)	产生维度为 m×n 的 Vandermonde 矩阵
hilb(n)	产生维度为 n×n 的 Hilbert 矩阵
rand(m, n)	产生[0, 1] 均匀分布的随机数矩阵，其维度为 m×n
randn(m, n)	产生 $\mu = 0$，$\sigma = 1$ 的正规分布随机数矩阵，其维度为 m×n

续表

函　数	说　明
magic(n)	产生维度为 n×n 的魔方阵，其各个直行、横列及两对角线的元素和都相等
diag()	生成对角矩阵
triu()、tril()	生成上、下三角矩阵
compan()	伴随矩阵
hadamard()	Hadamar 矩阵
rosser()	经典对称特征值检验矩阵
wilknsion()	Wilknsion 特征值检验矩阵
gallery()	测试矩阵
toeplitz()	Toeplitz 矩阵
invhilb	逆 Hilbert 阵

2.3.1 标准矩阵

由于标准矩阵具有通用性，MATLAB 提供了一些专用矩阵函数来创建它们，标准矩阵一般包括全 1 矩阵、全 0 矩阵、单位矩阵、随机矩阵及对角矩阵等。

1. 全 1 矩阵

ones()函数：产生全为 1 的矩阵。

(1) ones(n)：产生 n×n 维的全 1 矩阵。

(2) ones(m,n)、ones([m n])：产生 m×n 维的全 1 矩阵。例如：

```
>> ones(2,3)
ans =
     1     1     1
     1     1     1
```

2. 全 0 矩阵

zeros()函数：与 ones()函数类似，产生全为 0 的矩阵。

3. 随机矩阵

(1) rand()函数：产生在(0,1)区间均匀分布的随机矩阵。例如：

```
>> rand(2,3)
ans =
    0.9058    0.9134    0.0975
    0.1270    0.6324    0.2785
```

(2) randn()函数：产生均值为 0，方差为 1 的标准正态分布随机矩阵。例如：

```
>> randn()
ans =
    0.3426
>> randn(2,3)
ans =
```

```
    3.5784    -1.3499    0.7254
    2.7694     3.0349   -0.0631
```

4. 单位矩阵

对角元素为 1，其余元素为零的 n 阶方阵称为 n 阶单位矩阵，记为 In 或简写为 I。
eye()函数：产生单位矩阵。使用为 eye(n,n)或 eye(n)。例如：

```
>> I5= eye(5)
   ans =
        1    0    0    0    0
        0    1    0    0    0
        0    0    1    0    0
        0    0    0    1    0
        0    0    0    0    1
```

5. 对角矩阵

diag()函数：产生对角矩阵。例如：

$X = diag(v,k)$

当 v 是一个 n 元素的向量时，返回 n+abs(k)阶的 X 方阵，v 的元素排列在与主对角线平行的第 k 个元素的对角线上，如图 2-5 所示。

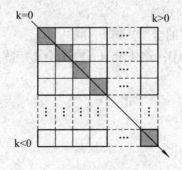

图 2-5 对角矩阵

当 k = 0 时，各元素出现在主对角线上。
当 k > 0 时，各元素位于对角线上方。
当 k < 0 时，各元素位于对角线下方。
例如：

```
>>v=[1 2 4 7 9];
>> X = diag(v,0)
   X =
        1    0    0    0    0
        0    2    0    0    0
        0    0    4    0    0
        0    0    0    7    0
        0    0    0    0    9
```

```
>> X = diag(v, -2)
X =
    0    0    0    0    0    0    0
    0    0    0    0    0    0    0
    1    0    0    0    0    0    0
    0    2    0    0    0    0    0
    0    0    4    0    0    0    0
    0    0    0    7    0    0    0
    0    0    0    0    9    0    0
```

6．Jordon 标准型

当利用相似变换将矩阵对角化时会产生 Jordon 标准型。对于给定的矩阵，如果存在非奇异矩阵，使得矩阵最接近于对角形，则称为矩阵的 Jordon 标准型。MATLAB 中，函数 Jordan() 用于计算矩阵的 Jordon 标准型。该函数的调用格式如下：

(1) J = jordan(A)：计算矩阵的 Jordon 标准型；

(2) [V,J] = jordan(A)：返回矩阵的 Jordon 标准型，同时返回相应的变换矩阵。

2.3.2 特殊矩阵

1．奇异矩阵与非奇异矩阵

奇异矩阵是线性代数的概念，就是对应的行列式等于 0 的矩阵。奇异矩阵和非奇异矩阵的判断方法：

(1) 首先，看这个矩阵是不是方阵，即行数和列数相等的矩阵。若行数和列数不相等，那就谈不上奇异矩阵和非奇异矩阵。

(2) 然后，再看此方阵的行列式|A|是否等于 0。若等于 0，即 det(A) == 0，称矩阵 A 为奇异矩阵；若不等于 0，称矩阵 A 为非奇异矩阵。

(3) 同时，由|A|≠0 可知矩阵 A 可逆，这样可以得出另外一个重要结论，即可逆矩阵就是非奇异矩阵，非奇异矩阵也是可逆矩阵。

2．魔方矩阵

魔方矩阵有一个有趣的性质，其每行、每列及两条对角线上的元素和都相等。对于 n 阶魔方阵，其元素由 1, 2, 3, …, n^2 共 n^2 个整数组成。MATLAB 提供了求魔方矩阵的函数 magic(n)，其功能是生成一个 n 阶魔方阵。例如：

```
>> magic(3)
ans =
    8    1    6
    3    5    7
    4    9    2
```

3．托普利兹矩阵

托普利兹(Toeplitz)矩阵除第一行、第一列外，其他每个元素都与左上角的元素相同。

生成托普利兹矩阵的函数是 toeplitz()，其语法如下：

(1) y = toeplitz(Col,Row)。它生成一个以 Col 为第一列，Row 为第一行的托普利兹矩阵。这里 Col、Row 均为向量，两者不必等长。输出的维数为[length(Col) length(Row)]，元素组成是 y(i,j) = y(i−1, j−1)，第一个元素 y(1, 1) 是 Col 的第一个元素。

```
>> c = [1  2  3  4  5];
>> r = [1.5  2.5  3.5  4.5  5.5];
>> toeplitz(c,r)
ans =
     1.000    2.500    3.500    4.500    5.500
     2.000    1.000    2.500    3.500    4.500
     3.000    2.000    1.000    2.500    3.500
     4.000    3.000    2.000    1.000    2.500
     5.000    4.000    3.000    2.000    1.000
```

(2) toeplitz(x)：用向量 x 生成一个对称的托普利兹矩阵。例如：

```
>> toeplitz(c)
ans =
     1    2    3    4    5
     2    1    2    3    4
     3    2    1    2    3
     4    3    2    1    2
     5    4    3    2    1
>> toeplitz(r)
ans =
     1.5000    2.5000    3.5000    4.5000    5.5000
     2.5000    1.5000    2.5000    3.5000    4.5000
     3.5000    2.5000    1.5000    2.5000    3.5000
     4.5000    3.5000    2.5000    1.5000    2.5000
     5.5000    4.5000    3.5000    2.5000    1.5000
```

4. 范得蒙矩阵

范得蒙(Vandermonde)矩阵的最后一列全为 1，倒数第二列为一个指定的向量，其他各列是其后列与倒数第二列的点乘积，可以用一个指定向量生成一个范得蒙矩阵。在 MATLAB 中，函数 vander(V) 生成以向量 V 为基础向量的范得蒙矩阵。例如：

```
>> v=[1 2 4 7 9];
>> vander(v)
ans =
        1       1       1       1       1
       16       8       4       2       1
      256      64      16       4       1
     2401     343      49       7       1
     6561     729      81       9       1
```

5．希尔伯特矩阵

在 MATLAB 中，生成希尔伯特矩阵的函数是 hilb(n)。使用一般方法求逆会因为原始数据的微小扰动而产生不可靠的计算结果。MATLAB 中，有一个专门求希尔伯特矩阵的逆的函数 invhilb(n)，其功能是求 n 阶的希尔伯特矩阵的逆矩阵。例如：

>> hilb(5)

ans =

1.0000	0.5000	0.3333	0.2500	0.2000
0.5000	0.3333	0.2500	0.2000	0.1667
0.3333	0.2500	0.2000	0.1667	0.1429
0.2500	0.2000	0.1667	0.1429	0.1250
0.2000	0.1667	0.1429	0.1250	0.1111

6．伴随矩阵

MATLAB 生成伴随矩阵的函数是 compan(p)，其中，p 是一个多项式的系数向量，高次幂系数排在前，低次幂排在后。例如：

>> compan(c)

ans =

−2	−3	−4	−5
1	0	0	0
0	1	0	0
0	0	1	0

7．帕斯卡矩阵

我们知道，二次项$(x+y)n$ 展开后的系数随 n 的增大组成一个三角形表，称为杨辉三角形。由杨辉三角形表组成的矩阵称为帕斯卡(Pascal)矩阵。函数 pascal(n)生成一个 n 阶帕斯卡矩阵。例如：

>> pascal(6)

ans =

1	1	1	1	1	1
1	2	3	4	5	6
1	3	6	10	15	21
1	4	10	20	35	56
1	5	15	35	70	126
1	6	21	56	126	252

2.4 基本的四则运算

四则算术运算包括向量、数组、矩阵与数，向量、数组、矩阵之间的运算。运算是在矩阵意义下进行的，单个数据的算术运算只是一种特例。向量、数组的四则运算法则总结如表 2-2 所示，而矩阵的四则算术运算有些与此不同。

表 2-2　向量、数组的运算法则

元素对元素的运算	例 A=[a1 a2 …an]　B=[b1 b2 …bn]　c(标量)
标量加减法	A±c=[a1±c　a2±c … an±c]
标量乘法	A*c=[a1*c　a2*c … an*c]
标量除法	A/c=A\c=[a1/c　a2/c … an/c]
数组加减法	A±B=[a1±b1　a2±b2 … an±bn]
数组乘法	A.*B=[a1*b1　a2*b2 … an*bn]
数组左除法	A.\ B=[a1/b1　a2/b2 … an/bn]
数组右除法	A./ B=[b1/a1　b2/a2 …bn/an]
数组乘方	A.^c=[a1^c　a2^c … an^c] c.^ A =[c^a1　c^a2 … c^an] A.^B=[a1^b1　a2^b2 … an^bn]

MATLAB 有两类运算指令：矩阵算术运算和数组算术运算。矩阵运算是按照线性代数的运算法则定义的，数组运算是按元素逐个执行的。

2.4.1　向量、数组与数的四则运算

1．向量与数的加法(减法)

对向量中的每个元素与数进行加法(减法)运算。例如：

```
>> v1=80: -9:10
v1 =
    80    71    62    53    44    35    26    17
>> v1+101
ans =
   181   172   163   154   145   136   127   118
```

2．向量与数的乘法(除法)

对向量中的每个元素与数进行乘法(除法)运算。例如：

```
>> v1*2
ans =
   160   142   124   106    88    70    52    34
```

3．数组与数之间的四则运算

数组与数之间的运算(或叫标量、数组运算)，与向量运算规则相同，即数组的每个元素分别与数进行运算。例如：

```
>> s=[1 2 3;8 5 2]
s =
     1     2     3
     8     5     2
```

```
>> S=s-2
S =
    -1    0    1
     6    3    0
>> H=2*s/3+1
H =
    1.6667    2.3333    3.0000
    6.3333    4.3333    2.3333
```

2.4.2 向量、数组之间的四则运算

1. 向量之间的四则运算

向量中的每个元素与另一个向量中相对应的元素进行四则运算,两个向量的长度必须相同。例如:

```
>> ve1=linspace(200,500,7)
ve1 =
    200    250    300    350    400    450    500
>> ve2=linspace(90,60,7)
ve2 =
    90    85    80    75    70    65    60
>> ve3=ve1+ve2
ve3 =
    290    335    380    425    470    515    560
>> ve4=ve1.*ve2
ve4 =
    18000    21250    24000    26250    28000    29250    30000
>> ve5=ve1./ve2
ve5 =
    2.2222    2.9412    3.7500    4.6667    5.7143    6.9231    8.3333
>> ve6=ve1.\ve2
ve6 =
    0.4500    0.3400    0.2667    0.2143    0.1750    0.1444    0.1200
```

2. 数组之间的运算

数组和数组之间的加减运算与向量运算相同。

当两个数组的维数相同时,加、减、乘、除(左除、右除)都可以逐元素(元素对元素)进行。可以使用的四则运算符号如下:

- 加、减法符号,"+"、"-";
- 乘法符号,".*";
- 维数相同的两数组的除法也是对应元素之间的除法,数组的除法没有左除和右除之

分,即运算符"./"和".\"的运算结果是一致的,不过要注意被除数和除数在两种除法运算符中的左右位置是不同的。

也可以使用函数 plus()、minus()、times()、ldivide()、rdivide()完成对应的运算。

(1) 加、减法运算。数组是逐元素进行加、减法运算。例如:

```
>> g=[1 2 3;4 5 6]
>> h=[1 1 1;2 2 2]
>> g+h
ans =
     2     3     4
     6     7     8
>> 2*(g-h)
ans =
     0     2     4
     4     6     8
```

使用函数 plus()、minus()的运算结果与上述运算的结果相同。例如:

```
>> 2*minus(g,h)
ans =
     0     2     4
     4     6     8
```

(2) 数组乘法。数组乘法使用点乘符号". *",或 times()函数进行逐元素运算。例如:

```
>> g.*h
ans =
     1     2     3
     8    10    12
>> times(g,h)
ans =
     1     2     3
     8    10    12
```

(3) 数组除法。数组除法使用点除符号"./"或".\",逐元素(元素对元素)进行运算。
数组左除".\"表示左边为分母,右边为分子。例如:

```
>> g.\h
ans =
    1.0000    0.5000    0.3333
    0.5000    0.4000    0.3333
```

数组左除使用 ldivide()函数。例如:

```
>> ldivide(g,h)
```

数组右除"./"表示右边为分母,左边为分子。例如:

```
>> g./h
ans =
```

```
    1.0000    2.0000    3.0000
    2.0000    2.5000    3.0000
```

数组右除使用 rdivide()函数。例如：

>> rdivide(g,h)

在一个是标量的情况下，把标量扩展为与分母相同维数的数组，并同样遵循点除的规则。例如：

>> 2.\h

ans =

```
    0.5000    0.5000    0.5000
    1.0000    1.0000    1.0000
```

>> 2./h

ans =

```
    2    2    2
    1    1    1
```

>> rdivide(2,h)

ans =

```
    2    2    2
    1    1    1
```

2.4.3 矩阵加减运算

假定有两个矩阵 A 和 B，则可以由 A+B 和 A−B 运算，或使用函数 plus(A,B)、minus(A,B) 实现矩阵的加、减运算。

运算规则是：若 A 和 B 矩阵的维数相同，则可以执行矩阵的加减运算，A 和 B 矩阵的相应元素相加减。如果 A 与 B 的维数不相同，则 MATLAB 将给出错误信息，提示用户两个矩阵的维数不匹配。

与数组一样，标量与矩阵相加，则把标量与每个元素相加。例如：

>> A=[1 1 1;2 2 2;3 3 3];

>> 6+A

ans =

```
    7    7    7
    8    8    8
    9    9    9
```

2.4.4 矩阵的乘法

在 MATLAB 中，矩阵乘法有通常意义上的矩阵乘法，也有 Kronecker 乘法。矩阵乘法与数组的逐元素对应乘法不同，矩阵乘法使用符号"*"。

1．普通乘法与 mtimes()函数

假定有两个矩阵 A 和 B，若 A 为 m×n 矩阵，B 为 p×q 矩阵。当 n=p 时，B 为 n×q

矩阵，则两个矩阵可以相乘，即后面矩阵 B 的行数必须与前面矩阵 A 的列数相同，二者可以进行乘法运算，否则是错误的。结果矩阵 C=A×B 为 m×q 矩阵。

矩阵乘法不可逆，在 MATLAB 中，矩阵乘法由(*)实现。

计算方法和线性代数中所介绍的完全相同，后面矩阵 B 的第一个列向量与前面矩阵 A 的第一个行向量对应元素相乘，其和作为结果矩阵的第一列的第一个元素，后面矩阵的第一个列向量与前面矩阵的第二个行向量对应元素相乘，其和作为结果矩阵的第一列的第二个元素，依此类推。

例如：

A=[1 2 3; 4 5 6]; B=[1 2;3 4;5 6]; C=A×B，结果为

$$C = \begin{vmatrix} 1 & 2 & 3 \\ 4 & 5 & 6 \end{vmatrix} \times \begin{vmatrix} 1 & 2 \\ 3 & 4 \\ 5 & 6 \end{vmatrix} = \begin{vmatrix} 1\times1+2\times3+3\times5 & 1\times2+2\times4+3\times6 \\ 4\times1+5\times3+6\times5 & 4\times2+5\times4+6\times6 \end{vmatrix} = \begin{vmatrix} 22 & 28 \\ 49 & 64 \end{vmatrix}$$

1) 标量与矩阵相乘

与数组一样，标量与矩阵相乘，即把标量与每个元素相乘。

上例中，如果 A 或 B 是标量，则 A×B 返回标量 A(或 B)乘上矩阵 B(或 A)的每一个元素所得的矩阵。例如：

```
>> 6*A
ans =
     6    12
    18    24
```

2) 矩阵之间的乘法

矩阵之间的乘法与数组的点乘法不同，主要区别如下：

(1) 乘法规则不同。例如：

```
>>  A=[1 1 1;2 2 2;3 3 3]
A =
     1     1     1
     2     2     2
     3     3     3
>> B=[1 2 3;4 5 6;7 8 9]
B =
     1     2     3
     4     5     6
     7     8     9
```

矩阵乘法结果：

```
>> C=A*B
C =
    12    15    18
    24    30    36
    36    45    54
```

数组乘法结果：

>> D=A.*B

D =

  1 2 3

  8 10 12

  21 24 27

(2) 矩阵乘法不要求维数相同。例如：

>> a=[1 2 3;4 5 6;7 8 9]

a =

  1 2 3

  4 5 6

  7 8 9

>> b=[1 2;3 4;5 6]

b =

  1 2

  3 4

  5 6

>> c=a*b

c =

  22 28

  49 64

  76 100

而数组的点乘(逐元素对应乘法)要求其维数相同，否则就会报错：

>> d=a.*b

??? Error using ==> times

Matrix dimensions must agree.

(3) 数组乘法可以交换，而矩阵乘法不可以交换。例如：

>> E=B.*A

E =

  1 2 3

  8 10 12

  21 24 27

数组交换后乘法结果与 D 相同，而矩阵则不同：

>> F=B*A

F =

  14 14 14

  32 32 32

  50 50 50

在 MATLAB 中，可以使用 mtimes()函数计算矩阵乘法。语法如下：

mtimes(A,B)：A、B 可以是标量，也可以是矩阵。

当 A、B 都是矩阵时，完成矩阵之间的乘法。例如：

>>A=[1 2；3 4]；B=[5 6；7 8]；

>> mtimes(A,B)

ans =

  19 22

  43 50

当 A、B 有一个是标量时，完成矩阵与标量之间的乘法。例如：

>> mtimes(A,6)

ans =

  6 12

  18 24

2．矩阵的 Kronecker 乘法

与矩阵的普通乘法不同，Kronecker 乘法并不要求两个被乘矩阵满足任何维数匹配方面的要求。Kronecker 乘法的 MATLAB 命令为 C=kron(A,B)。

语句 C= kron(A,B)：返回 A 和 B 的 Kronecker(克罗内克)张量积，其结果是一个大矩阵，由 A、B 元素之间所有可能的乘积组成。

例如给定两个矩阵 A 和 B：对 n×m 阶矩阵 A 和 p×q 阶矩阵 B，A 和 B 的 Kronecher 乘法运算可定义为

$$C = A \otimes B = \begin{pmatrix} a_{11}B & a_{12}B & \cdots & a_{1m}B \\ a_{21}B & a_{22}B & \cdots & a_{2m}B \\ \vdots & \vdots & \ddots & \vdots \\ a_{n1}B & a_{n2}B & \cdots & a_{nm}B \end{pmatrix}$$

由上面的式子可以看出，Kronecker 乘积 $A \otimes B$ 表示矩阵 A 的所有元素与 B 之间的乘积组合而成的较大的矩阵，$B \otimes A$ 则完全类似。$A \otimes B$ 和 $B \otimes A$ 均为 np×mq 矩阵，但一般情况下 $A \otimes B \neq B \otimes A$。

例：

>> A=[1 2；3 4]；B=[1 3 2；2 4 6]；

>> A*B   %矩阵的普通乘法

ans =

  5 11 14

  11 25 30

>> C=kron(A,B) %矩阵的 Kronecker 乘法

C =

  1 3 2 2 6 4

  2 4 6 4 8 12

  3 9 6 4 12 8

  6 12 18 8 16 24

2.4.5 矩阵的除法

在 MATLAB 中，有两种矩阵除法符号，即左除"\"和右除"/"，也可以使用对应的函数 mldivide()和 mrdivide()。如果 A 矩阵是非奇异方阵，则 A\B 和 B/A 运算可以实现：

(1) A\B 或 mldivide(A,B)：等效于 A 的逆左乘 B 矩阵，也就是 A\B = inv(A)*B。

(2) B/A 或 mrdivide(A,B)：等效于 A 矩阵的逆右乘 B 矩阵，也就是 B/A = B*inv(A)。

对于矩阵来说，左除和右除表示两种不同的除数矩阵和被除数矩阵的关系，一般 A\B≠B/A。但对于含有标量的运算，两种除法运算的结果相同。

通常：

x=A\B 就是 A*x=B 的解；

x=B/A 就是 x*A=B 的解。

当 B 与 A 矩阵行数相等可进行左除，如果 A 是方阵，用高斯消元法分解因数，然后解方程：A*x(:, j)=B(:, j)。式中，(:, j)表示 B 矩阵的第 j 列，返回的结果 x 具有与 B 矩阵相同的阶数，如果 A 是奇异矩阵将给出警告信息。

如果 A 矩阵不是方阵，可由以列为基准的 Householder 正交分解法分解，这种分解法可以解决在最小二乘法中的欠定方程或超定方程，结果是 m×n 的 x 矩阵：m 是 A 矩阵的列数，n 是 B 矩阵的列数，每个矩阵的列向量最多有 k 个非零元素，k 是 A 的有效秩。

矩阵除法在实际中主要用于求解线性方程组。矩阵与标量间无除法运算，唯有矩阵右除(即矩阵/标量)可运算。

2.5 向量、数组和矩阵的其他运算

2.5.1 乘方、开方运算

1. 向量、数组的乘方运算与 power()函数

在 MATLAB 中乘方运算有几种定义方式，符号(.^)或 power()函数是数组用来执行元素对元素的乘方运算的，当乘方指数是一个标量时，该标量对数组的所有元素进行取乘方操作。数组乘方运算的语法如下：

c = a.^k 或 c = power(a,k)：计算 $c = a^k$，k 是实数。

向量的乘方运算与之相同。

例如：

>> ve2.^2

ans =

    8100   7225   6400   5625   4900   4225   3600

>> g=[1 2 3;4 5 6]

>> g.^2

ans =

```
        1        4        9
       16       25       36
>> g.^-2
ans =
     1.0000    0.2500    0.1111
     0.0625    0.0400    0.0278
```

运行 power(g, -2)结果与之相同。

```
>> g'
ans =
     1    4
     2    5
     3    6
>> g'*h
ans =
     9    9    9
    12   12   12
    15   15   15
```

2. 矩阵的乘方与 mpower()函数

与数组的指数运算不同，一个矩阵的乘方运算可以表示成 A^P，即 A 自乘 P 次。要求 A 必须为方阵，P 为标量。语法如下：

C=A^P 或 C=mpower(A,P)：表示 C = A^P，P 为正整数。

如果 P 是一个大于 1 的整数，则 A^P 表示 A 的 P 次幂；如果 P 不是整数，计算涉及到特征值和特征向量的问题，如已经求得[V, D]=eig(A)，则

A^P=V*D.^P/V

注：这里的.^表示数组乘方，或点乘方。

```
>> A =[1    2    3
       4    0    6
       7    8    9];
>> A^2   %等于 A*A
ans =
      30    26    42
      46    56    66
     102    86   150
```

3. 向量元素的平方和根与 norm()函数

求向量元素的平方和根使用 norm()函数。用法如下：

(1) y=norm(x,p)：求向量 x 元素的 p 次和的 p 次方根，即返回 y=sum(abs(A).^p)^(1/p)，其中，1≤p≤∞。

(2) y=norm(x)：不指定 p 时，默认为 2，即相当于 y=norm(x,2)，返回 $y = \sqrt{x_1^2 + \cdots + x_n^2}$。

(3) norm(x,inf)：返回 x 中绝对值最大的元素，相当于 max(abs(x))。

(4) norm(x,−inf)：返回 x 中绝对值最小的元素，相当于 min(abs(x))。

例如：

>> x=[1 −2 3 4];

>> norm(x)

ans =

    5.4772

4．数组、矩阵的平方根与 sqrt()、sqrtm()函数

(1) B = sqrt(X)：返回数组 X 的每个元素的平方根。对于负的或复数元素，sqrt(X)生成的结果为复数。例如：

>> sqrt(x)

ans =

   1.0000   0 + 1.4142i   1.7321   2.0000

(2) X = sqrtm(A)：返回矩阵 A 的平方根。即 X*X = A，A 必须为方阵。

X 是每个特征值的非负实部的唯一的平方根。如果特征值有负的实部，将产生复数的结果。如果是 A 奇异矩阵，将发出警告消息，没有平方根生成。例如：

>> x=[−1 2 4; 0 9 −4; 1 16 −3]

x =

    −1   2   4

     0   9   −4

     1   16   −3

>> sqrt(x)

ans =

   0 + 1.0000i   1.4142   2.0000

   0   3.0000   0 + 2.0000i

   1.0000   4.0000   0 + 1.7321i

>> sqrtm(x)

ans =

   0.3191 + 1.2690i   −0.6669 + 1.5861i   1.7780 − 1.2474i

   0.0677 − 0.0961i   3.5465 − 0.1201i   −0.9662 + 0.0944i

   0.4107 − 0.2638i   3.8311 − 0.3297i   0.5802 + 0.2593i

2.5.2 指数、对数运算

1．向量、数组和矩阵的指数运算

(1) 向量、数组使用 exp()函数逐元素求 e 指数。

Y = exp(X)：逐元素求指数。数组 X 中的每个元素作为 e 的指数，其值为数组 Y 的元素。

(2) 使用 expm()计算矩阵的 e 指数。

Y = expm(A)：计算矩阵 A 的 e 指数。如果 A 有完整的特征向量 V 和对应的特征值 D，则计算方法如下：

[V,D] = eig(A)，expm(A) = V*diag(exp(diag(D)))/V

例如：

```
>> A = [1    1    0
        0    0    2
        0    0   -1];
>> exp(A)
ans =
    2.7183    2.7183    1.0000
    1.0000    1.0000    7.3891
    1.0000    1.0000    0.3679
>> y=expm(A)
y =
    2.7183    1.7183    1.0862
         0    1.0000    1.2642
         0         0    0.3679
```

注意：两种结果的对角元素都是相同的，这适用于任何三角矩阵。但是非对角元素，包括那些对角线下面的元素是不同的。

2. 向量、数组和矩阵的对数运算

(1) 向量、数组使用 log() 函数逐元素求对数。

Y = log(X)：对数组 X 逐元素求自然对数。

如果是复数，例如 z = x+iy，则 log(z) = log(abs(z)) + i*atan2(y,x)。

类似的还有：log2() 是求以 2 为底的对数，log10() 是求以 10 为底的对数。

(2) 使用 logm() 计算矩阵的对数。

L = logm(A)：计算矩阵 A 的对数，L 是每个特征值(虚部严格位于 $-\pi \sim \pi$ 之间)的唯一的对数。

log() 函数是 expm() 的逆算法。对于大多数矩阵都满足：logm(expm(A))=A=expm(logm(A))。例如：

```
>> a=logm(y)
a =
    1.0000    1.0000    0.0000
         0         0    2.0000
         0         0   -1.0000
```

2.5.3 funm()函数求估值

funm() 函数用于计算矩阵元素在某函数中的估值。使用方法如下：

F = funm(A,fun)：以方阵 A 的元素为变量计算用户自定义函数 fun 的值 F。除特殊情况

fun = @log 外，由 fun 表示的函数必须在无限的收敛半径内有泰勒级数。

对于求矩阵指数的 expm(A)或 funm (A，@ exp)，精确度更取决于矩阵 A。

可以使用 funm()函数在矩阵 A 中估算普通函数，还可以估算表 2-3 中列出的特殊函数。若求矩阵的平方根，请使用 sqrtm(A)。

表 2-3 特 殊 函 数

函 数	语 法	函 数	语 法
exp	funm(A,@exp)	log	funm(A,@log)
sin	funm(A,@sin)	cos	funm(A,@cos)
sinh	funm(A,@sinh)	cosh	funm(A,@cosh)

例如：

```
>> a=magic(3)
a =
     8     1     6
     3     5     7
     4     9     2
>> F=funm(a, @sin)
F =
   −0.3850    1.0191    0.0162
    0.6179    0.2168   −0.1844
    0.4173   −0.5856    0.8185
```

2.5.4 求极小值与极大值

1．min()函数

min()函数用于求极小值，其用法如下：

(1) C = min(A)：返回数组 A 中的不同维度的最小元素。

- 如果 A 是一个向量，返回 A 中的最小元素。
- 如果 A 是一个矩阵(数组)，按列返回该列向量中的最小元素。

(2) C = min(A,B)：返回数组 A、B 中的不同维度的最小元素，A、B 的维数必须相同。

(3) C = min(A,[],dim)：返回数组 A 中 dim 指定的维数(列)中的最小元素。

- dim=1，生成行向量，每个元素为按列返回该列向量中的最小元素。
- im=2，生成列向量，每个元素为按行返回该行向量中的最小元素。

(4) [C,I] = min(...)：C 中是返回的最小元素值，I 向量是返回的最小元素的位置号。

2．max()函数

max()函数用于求极大值，用法与 min()函数相同。

例如：

```
>> B=[1 2 3 0;2 2 2 1;3 0 5 8]
B =
     1     2     3     0
```

```
            2   2   2   1
            3   0   5   8
>> min(B,[],1)
ans =
            1   0   2   0
>> min(B,[],2)
ans =
            0
            1
            0
>> [C,I] = min(B)
    C = 1   0   2   0
    I = 1   3   2   1
>> [C,I] = min(B,[],2)
    C =
            0
            1
            0
    I =
            4
            4
            2
>> [C,I] = max(B)
    C = 3   2   5   8
    I = 3   1   3   3
```

2.5.5 mean()函数求平均值

mean()函数用于求平均值，其用法如下：

(1) C = mean(A)：返回数组 A 中的不同维度的平均值。
- 如果 A 是一个向量，返回 A 中所有元素的平均值。
- 如果 A 是一个矩阵(数组)，按列返回该列向量中所有元素的平均值。

(2) C = mean(A,dim)：根据 dim 指定的维数，返回数组 A 中所有元素的平均值。
- dim=1，按列求平均值，生成行向量 C。
- dim=2，按行求平均值，生成列向量 C。

例如：

```
>> h=[1 1 1;2 2 2;3 3 3]
h =
            1   1   1
```

```
            2      2      2
            3      3      3
>> mean(h,1)
ans =
            2      2      2
>> mean(h,2)
ans =
            1
            2
            3
```

2.5.6 求和、求累加和

1. 求和函数 sum()

sum()函数用于求和，其语法如下：

(1) C = sum(A)：返回数组 A 中的不同维度元素的和。

● 如果 A 是一个向量，则返回向量 A 中所有元素的和 B。

● 如果 A 是一个矩阵(数组)，按列返回该列向量中所有元素的和 B。B 是一个行向量，元素是 A 的列元素的和。

例如：

```
>> a=[1 2 3 4];
>>   B = sum(a)
B = 10
>> b=[1 2 3 4;1 2 3 4 ]
b =
            1      2      3      4
            1      2      3      4
>> sum(b)
ans = 2      4      6      8
            9
```

(2) B = sum(A,dim)：按标量 dim 指定的维数，返回数组 A 中所有的元素的和 B。

● dim=1：按列求和，即 sum(A,1)沿列累加，生成行向量 C。

● dim=2：按行求和，即 sum(A,2)沿行累加，生成列向量 C。

例如：

```
>> A = [1 2 3; 4 5 6]
A =
            1      2      3
            4      5      6
>> sum(A,1)
```

```
ans =
      5    7    9
>> sum(A,2)
ans =
      6
     15
```

(3) B = sum(..., 'double')、B = sum(..., dim,'double')：执行双精度加。

2. 累加和函数 cumsum()

求累加和使用 cumsum()函数，其语法如下：

(1) B = cumsum(A)：返回数组 A 的元素的累加和 B。如果 A 是一个向量，返回向量 A 的元素的和 B。例如：

```
>> a=[1 2 3 4];
>> cumsum(a)
ans =  1    3    6   10
```

如果 A 是一个矩阵，返回与 A 相同维数的累加和矩阵 B。例如：

```
>> b=[1 2 3 4;1 2 3 4 ];
>> cumsum(b)
ans =
      1    2    3    4
      2    4    6    8
```

(2) B = cumsum(A,dim)：返回数组 A 的元素的累加和 B。标量 dim 指定累加的方向，cumsum(A,1)沿列累加，cumsum(A,2)沿行累加。例如：

```
>> A = [1 2 3; 4 5 6]
A =
      1    2    3
      4    5    6
>> cumsum(A,1)
ans =
      1    2    3
      5    7    9
>> cumsum(A,2)
ans =
      1    3    6
      4    9   15
```

2.5.7 求积、求累加积

1. 求积函数 prod()

prod()函数用于求积，其语法如下：

(1) B = prod(A)：返回数组 A 的元素的积 B。
- 如果 A 是一个向量，返回 A 中所有元素的积。
- 如果 A 是一个矩阵(数组)，则按列求积，B 是一个行向量。

(2) B = prod(A,dim)：返回数组 A 的元素的积 B。标量 dim 指定累积的方向。
- dim=1，即 prod (A,1)按列求积，生成行向量 C。
- dim=2，即 prod (A,2)按行求积，生成列向量 C。

例如：

    >> M = magic(3)

    M =

        8   1   6

        3   5   7

        4   9   2

    >> prod(M)

    ans =

        96   45   84

    >> prod(M,2)

    ans =

        48

        105

        72

2．累加积函数 cumprod ()

求累加积使用 cumprod()函数，其语法如下：

(1) B = cumprod(A)：返回数组 A 的元素的累加积 B。如果 A 是一个向量，返回向量 A 的元素的积 B。例如：

    >> a=[1 2 3 4];

    >> cumprod(a)

    ans = 1   2   6   24

如果 A 是一个矩阵，返回与 A 相同维数的累加积矩阵 B。例如：

    >> b=[1 2 3 4;0 2 6 4];

    >> cumprod(b)

    ans =

        1   2   3   4

        0   4   18   16

(2) B = cumprod(A,dim)：返回数组 A 的元素的累加积 B。cumprod(A,1)沿列累加，cumprod(A,2)沿行累加。例如：

    >> A = [7 2 3; 4 5 6]

    A =

        7   2   3

        4   5   6

```
>> cumprod(A,1)
ans =
     7     2     3
    28    10    18
>> cumprod(A,2)
ans =
     7    14    42
     4    20   120
```

2.5.8 矩阵的 SVD 算法

svd()函数用于计算矩阵的奇异值分解结构。SVD 算法是最耗时，但也是最可靠的，其用法如下：

(1) s = svd(X)：返回矩阵 X 的奇异值向量 s。

(2) [U, S, V] = svd(X)：产生一个与 X 维数相同的、非负的对角线元素以降幂排列的对角矩阵 S 和单元矩阵 U、V，X = U×S×V'。

(3) [U, S, V] = svd(X, 0)：产生一个"经济尺寸"的分解结构，如果 X 是 m×n 矩阵(m > n)，svd 只计算 U 的前 n 列，S 为 n×n 方阵。

(4) [U,S,V] = svd(X,'econ')：也产生一个"经济尺寸"的分解结构，如果 X 是 m×n 矩阵(m >= n)，结果与上述相同；如果 m < n，svd 只计算 V 的前 m 列，S 为 m×m 方阵。

2.6 矩阵的特征参数运算

在进行科学计算时，要对矩阵进行大量的函数运算，如特征值运算、行列式运算、范数和条件数运算等。部分有代表性的函数如表 2-4 所示。掌握这些函数是科学计算的基础。

表 2-4 求矩阵的特征参数的部分有代表性的函数

函数名	功能描述	函数名	功能描述
^	矩阵的乘方	sqrtm()	矩阵的开方
expm()	矩阵的指数运算	logm()	矩阵的对数运算
cond()	矩阵的条件数运算	condest()	矩阵的范数估计运算
condeig()	求与特征值有关的条件数	det()	求矩阵的行列式
eig()	求矩阵的特征值和特征向量	inv()	矩阵的逆
norm	求矩阵和向量的范数	pinv()	伪逆矩阵
funm()	求矩阵的任意函数	gsvd()	广义奇异值
trace()	求矩阵的迹	rank()	求矩阵的秩
null()	右 0 空间	polyvalm()	求矩阵多项式的值
polyval()	求矩阵的特征多项式		

2.6.1 矩阵的秩与 rank()函数

矩阵的秩(rank)是反映矩阵固有特性的一个重要概念，MATLAB 使用奇异值分解的算法(SVD)计算矩阵的秩。

下列变换叫做矩阵的初等变换：

(1) 交换矩阵的两行(列)；

(2) 用一个不为零的数乘矩阵的某一行(列)；

(3) 用一个数乘矩阵某一行(列)加到另一行(列)上。

将矩阵做初等行变换后，非零行的个数叫行秩；将其进行初等列变换后，非零列的个数叫列秩。矩阵的秩是方阵经过初等行变换或者初等列变换后的行秩或列秩。

矩阵 A 中不为零的子式的最大阶数，叫做 A 的秩，记为 rank(A)。它等于 A 的行(列)向量组的秩。

当 A 是方阵且行列式|A|≠0 时，A 叫做满秩矩阵；|A|=0 时，A 叫做降秩矩阵。

rank(A)函数提供满秩矩阵 A 的行或列线性无关数的估计，即矩阵 A 的秩。语法如下：

(1) k = rank(A)：返回 A 的大于默认公差的奇异值的数值：max(size(A))*eps(norm(A))。

(2) k = rank(A,tol)：返回 A 的大于指定公差 tol 的奇异值的数值。

```
>> A=[1 1 −3 −1;3 −1 −3 4; 1 5 −9 −8]
A =
     1     1    −3    −1
     3    −1    −3     4
     1     5    −9    −8
>> rank(A)
ans = 2
```

2.6.2 矩阵的转置

矩阵 A 的第 i 行变为第 i 列，这样得到的 n×m 阶新矩阵，称其为原矩阵 A 的转置矩阵，记为 A^T。

(1) 对实数矩阵进行行列互换，与数组的转置结果相同。

例如：

```
>> A=[1 1 1;2 2 2;3 3 3]
A=
     1     1     1
     2     2     2
     3     3     3
>> A'
ans =
     1     2     3
```

```
    1    2    3
    1    2    3
```

(2) 对复数矩阵，执行共轭转置(Conjugate Transpose)，即转置后取其共轭复数。
例如：

```
>> Q=[1+i 2+i 3+i;1−i 1−2i 3+2i]
Q =
    1.0000 + 1.0000i    2.0000 + 1.0000i    3.0000 + 1.0000i
    1.0000 − 1.0000i    1.0000 − 2.0000i    3.0000 + 2.0000i
>> Q'
ans =
    1.0000 − 1.0000i    1.0000 + 1.0000i
    2.0000 − 1.0000i    1.0000 + 2.0000i
    3.0000 − 1.0000i    3.0000 − 2.0000i
```

数组操作符(.')只转置而不取共轭复数。例如：

```
>> Q.'
ans =
    1.0000 + 1.0000i    1.0000 − 1.0000i
    2.0000 + 1.0000i    1.0000 − 2.0000i
    3.0000 + 1.0000i    3.0000 + 2.0000i
```

2.6.3 矩阵的逆与迹

1. 方阵的逆与 inv( )函数

对于 n 阶方矩阵 A，如果有一个 n 阶方矩阵 B，满足 A×B = B×A = E，则说明矩阵 A 是可逆的，并把矩阵 B 称为 A 的逆矩阵。并且 A 的逆矩阵是唯一的，可逆的充要条件是 A 必须为非奇异矩阵。

方阵的逆表示为

$$B = A^{-1} \tag{2.6.1}$$

在 MATLAB 中，用 inv()函数计算逆矩阵，其调用方法如下：
B=inv(A)：A 为方阵，B 为 A 的逆方阵。

```
>> B=inv(A)
B =
    −0.8000    0.1000    0.2000
     0.1000   −0.2000    0.1000
     0.5333    0.1000   −0.1333
>> A*B
ans =
    1.0000    0         0
    0         1.0000    0
```

```
          0       0.0000    1.0000
>> B*A
ans =
       1.0000         0    0.0000
      -0.0000    1.0000   -0.0000
            0         0    1.0000
```

2. 矩阵的迹与 trace()函数

矩阵的迹(trace)即为方阵对角元素之和。用法如下：

b = trace(A)：返回矩阵 A 的对角元素的总和。

```
>> A=[1 1 1;2 2 3;2 3 4]
A =
     1     1     1
     2     2     3
     2     3     4
>> b = trace(A)
b =  7
```

2.6.4 矩阵的特征值、特征向量与 eig()函数

设 A 是一个 n 阶方阵，λ是一个数，如果方程

$$AX = \lambda X \tag{2.6.2}$$

存在非零解向量，则称 λ 为 A 的一个特征值，相应的非零解向量 X 称为属于特征值 λ 的特征向量。式(2.6.2)也可写成

$$(A - \lambda E)X = 0 \tag{2.6.3}$$

这实际上是一个 n 个未知数、n 个方程的齐次线性方程组，特征向量可看成是它的一个非零解。此齐次线性方程组有非零解的充要条件是 |A−λE| = 0，即

$$\begin{vmatrix} a_{11}-\lambda & a_{12} & \cdots & a_{1n} \\ a_{21} & a_{22}-\lambda & \cdots & a_{2n} \\ \vdots & \vdots & & \vdots \\ a_{n1} & a_{n2} & \cdots & a_{nn}-\lambda \end{vmatrix} = 0 \tag{2.6.4}$$

式(2.6.4)是以 λ 为未知数的一元 n 次方程，称为方阵 A 的特征方程，其左端|A−λE| 是λ的 n 次多项式，记作 f(λ)，称为方阵 A 的特征多项式，表示为

$$\begin{aligned} f(\lambda) &= |A - \lambda E| \\ &= \begin{vmatrix} a_{11}-\lambda & a_{12} & \cdots & a_{1n} \\ a_{21} & a_{22}-\lambda & \cdots & a_{2n} \\ \vdots & \vdots & & \vdots \\ a_{n1} & a_{n2} & \cdots & a_{nn}-\lambda \end{vmatrix} \\ &= (-1)^n \lambda^n + a_1 \lambda^{n-1} + \cdots + a_{n-1}\lambda + a_n \end{aligned} \tag{2.6.5}$$

显然，A 的特征值就是特征方程的解，即从 A 的特征方程中解出的 λ 值就是 A 的特征值。特征方程在复数范围内恒有解，其个数为方程的次数(重根按重数计算)，因此，n 阶矩阵 A 有 n 个特征值。通过求解方程组|A−λE| = 0 就可以求出 A 的特征向量。

在 MATLAB 中，eig()函数用于计算矩阵的特征值与特征向量。用法如下：

(1) d = eig(A)：返回矩阵 A 的特征值向量 d。

(2) [V,D] = eig(A)：返回矩阵 A 的特征值矩阵 D 和特征向量矩阵 V。V 是一个满矩阵，其列是 A 的特征向量；而 D 是 A 的正则形式，主对角线是 A 的特征值的对角矩阵。因此，A × V = V × D。

该语法实现了实对称矩阵的标准化，D 为对角化后的矩阵，V 为正交阵。

2.6.5 矩阵的范围空间与 null 空间

1. 范围空间

orth()函数指定矩阵的范围空间，可实现向量组的正交规范化，其语法如下：

B = orth(A)：为 A 的范围空间返回一个标准正交基，A 和 B 的列向量等价，并且 B 的列是正交的，所以 B'*B = eye(rank(A))，B 的列数是 A 的秩 rank(A)。

例如：

```
>> rank(A)
ans =  3
>> B = orth(A)
B =
   −0.2307   −0.0536    0.9716
   −0.4037    0.9138   −0.0454
   −0.8853   −0.4027   −0.2324
>> B'*B
ans =
    1.0000   −0.0000   −0.0000
   −0.0000    1.0000    0.0000
   −0.0000    0.0000    1.0000
```

2. null 空间

Z = null(A)：以奇异值分解(svd)方法获得的 A 的 null 空间的一个正交基，A*Z 有可以忽略不计的元素，size(Z,2)、Z'*Z 是空。例如：

```
>> Z = null(A)
   Z = Empty matrix: 3−by−0
>> size(Z,2)
   ans =  0
>> Z'* Z
   ans =  []
```

2.6.6 矩阵的行列式与 det() 函数

返回方阵 X 的行列式为 d = det(X)。

使用 det(X) == 0，可测试矩阵的奇异性，只适合于小阶次、小整数元素的矩阵。不建议使用 abs(det(X)) <= tolerance(公差)的奇异测试方法，因为很难选择正确的公差。函数 cond(X)可以检查奇异和接近奇异的矩阵。

例 2-6-1 求矩阵 A=[1 2 3; 4 5 6;7 8 9]的秩(rank)、行列式(det)、逆(inv)、迹(trace)、矩阵的范围空间与 null 空间。

解 程序如下：

```
>> A=[1 2 3; 4 5 6;7 8 9]
A =
     1     2     3
     4     5     6
     7     8     9
>> B=det(A)
B =  6.6613e−016
>> C=rank(A)
C = 2
Warning: Matrix is close to singular or badly scaled.
         Results may be inaccurate. RCOND = 1.541976e−018.
>> D=inv(A)
    D =
    1.0e+016 *
    −0.4504    0.9007   −0.4504
     0.9007   −1.8014    0.9007
    −0.4504    0.9007   −0.4504
>> E=trace(A)
E =  15
>> F=orth(A)
F =
    −0.2148    0.8872
    −0.5206    0.2496
    −0.8263   −0.3879
>> G=null(A)
    G =
    −0.4082
     0.8165
    −0.4082
```

2.7.4 矩阵元素的反褶与变向

在MATLAB中，使用fliplr()函数和flipud()函数可将矩阵(或向量)元素左右或上下反转，rot90()函数矩阵的旋转变向。

1．fliplr()函数实现左右反褶

使用 fliplr()函数可将矩阵元素左右反转，注意该函数仅限于二维以内的操作，其调用方法如下：

B = fliplr(A)：将 A 矩阵的元素按列进行左右反转。例如：

  A =

    1 4
    2 5
    3 6

则 fliplr(A)：

    4 1
    5 2
    6 3

如果 A 是一个行向量，则 fliplr(A)返回一个左右反转的行向量。例如：

  >>A = [1 3 5 7 9];

  >> fliplr(A)

  ans =

    9 7 5 3 1

如果 A 是一个列向量，则 fliplr(A)返回 A。

2．flipud()函数实现上下反转

使用 flipud()函数可将矩阵元素上下反转，该函数仅限于 2 维以内的操作。调用方法如下：

B = flipud (A)：将 A 矩阵的元素按列进行上下反转。

例如：

  >>A = [1 4; 2 5; 3 6]

  A =

    1 4
    2 5
    3 6

则

  >> flipud (A)

  ans =

    3 6
    2 5
    1 4

如果 A 是一个列向量，则 flipud(A)返回一个上下反转的列向量。例如：
```
>> A = [ 1 ; 3 ; 5 ; 7 ; 9];
>> flipud (A)
ans =
    9
    7
    5
    3
    1
```
如果 A 是一个行向量，则 flipud(A)返回 A。

3．rot90()函数与矩阵的旋转

rot90()函数可实现矩阵元素的旋转变向，其使用方法如下：
(1) B = rot90(A)：将矩阵 A 的元素逆时针旋转 90°。
(2) B = rot90(A,k)：将矩阵 A 的元素逆时针旋转 k×90°，k 是一个整数。

```
>> X =[ 1    2    3
        4    5    6
        7    8    9];
>> Y = rot90(X)
Y =
    3    6    9
    2    5    8
    1    4    7
>> Z = rot90(X,2)

Z =
    9    8    7
    6    5    4
    3    2    1
```

注意：逆时针旋转 90° rot90(X)与矩阵的转置 X'是不同的。

```
>> X'
ans =
    1    4    7
    2    5    8
    3    6    9
```

2.8 单元数组

前面章节介绍的数据类型都是普通数据类型。单元数组与结构体都是特殊的数据类型，其特点是允许将相关的、数据类型不同的数据集中到一个变量。这样，相关的数据可

```
            A{i,j}=x
例如：
    >> b{1,2}='China.'
    b =
        'OK!'       'China.'
                []      [2.0000 + 3.0000i]
    >> b{2,1}=[1 2 3;2 3 4]
    b =
        'OK!'               'China.'
        [2x3 double]    [2.0000 + 3.0000i]
```

有些单元的内容没有显示出来，这是因为这些单元，如 b{2,1} 占有比较大的显示空间，所以为了显示方便，只显示了这些内容的大小和类型。

2.8.3 单元数组的内容显示

1. "按单元索引"或"按内容索引"

使用圆括号的"按单元索引"和花括号的"按内容索引"对单元数组索引是不同的。在 MATLAB 单元数组索引中，圆括号用于标志单元、花括号用于按单元的寻址；当采用圆括号时表示的是该单元，而采用花括号时则表示的是该单元的内容。

```
    >> b{2,2}
    ans =
        2.0000 + 3.0000i
    >>  b(2,2)
    ans =
         [2.0000 + 3.0000i]
```

使用花括号的"按内容索引"可以显示完整的单元内容，而使用圆括号的"按单元索引"有时不能显示完整的单元内容。例如：

```
    >> b(2,:)
    ans =
        [2x3 double]    [2.0000 + 3.0000i]
    >> b{2,:}
    ans =
        1   2   3
        2   3   4
    ans =
        2.0000 + 3.0000i
```

在显示单元数组时，MATLAB 有时只显示单元的大小和数据类型，而不显示每个单元的具体内容。若要显示单元数组的内容，可以用 celldisp() 函数。

2. celldisp()函数

celldisp()函数是一个强制显示命令，无论单元数组有多少单元，也不论每个单元有多少内容，都将全部显示出来。celldisp()函数用于显示单元数组的全部内容，有时候只需要显示单元数组的一个单元，可以用花括号对单元进行索引。

(1) celldisp(C)：递归显示单元数组的内容。例如：

```
>> celldisp(b)
b{1,1} =
        OK!
b{2,1} =
        1    2    3
        2    3    4
b{1,2} =
        China.
b{2,2} =
        2.0000 + 3.0000i
```

(2) celldisp(C, name)：使用字符串 name 作为名称显示单元数组的内容。例如：

```
>> celldisp(b,'name1')
name1{1,1} =
        OK!
name1{2,1} =
        1    2    3
        2    3    4
name1{1,2} =
        China.
name1{2,2} =
        2.0000 + 3.0000i
```

3. 单元数组的图形显示

除上面的单元数组查看方式外，MATLAB 还支持以图形方式查看单元数组的内容。用这种方法可以直观地看出单元数组的结构，但需要注意的是，cellplot()函数只能用于显示二维单元数组的内容。例如：

```
>> cellplot(b)
```

图形显示单元数组 b 的内容如图 2-6 所示。

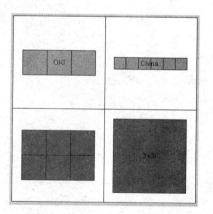

图 2-6　图形显示单元数组 b 的内容

2.8.4　单元数组的内容获取

单元数组的内容的获取必须使用花括号的"按内容索引"对单元数组索引。例如将数组 b 的某单元内容赋值给 x、y、z：

```
            weight
            height
            num
            gender
            age
```

3．删除成员变量

在结构体变量中删除成员变量。在 MATLAB 中可以使用函数 rmfield()从结构体中删除成员变量。语法如下：

(1) S=rmfield(S, 'field')：该命令将删除结构体 S 中的成员 field，同时保留 S 原有的结构。

(2) S=rmfield(S,fields)：使用该命令可以一次删除多个成员，其中 fields 为字符行变量或者单元型变量。例如：

```
>> student=rmfield(student,'age');
>> student
student =
1×2 struct array with fields:
    test
    name
    weight
    height
    num
    gender
```

4．调用成员变量

在 MATLAB 中调用成员变量非常简单。结构体中的任何信息可以通过"结构体变量名.成员名"的方式调用。调出成员变量后，可以利用相关函数进行调用。例如：

```
>> student(1).test          %从结构体变量中取出相关信息
ans =
    99    75    96    87    67    69    87    86    92
>> student(1).test(9)
ans =
    92
```

5．getefield()和 setfield()函数的使用

(1) getefield()函数：取得当前存储在某个成员变量中的值。例如：

```
>> GETF=getfield(student(1),'name')
GETF =
Hu Jing
```

(2) setfield()函数：setfield(struct,'field',value)函数给某个成员变量 field 插入新的值 value。例如：

```
>> student=setfield(student(1),'name','LiuFeng')
student =
    test: [99 75 96 87 67 69 87 86 92]
    name: 'LiuFeng'
    weight: 78
    height: 1.7800
    num: 2.0102e+009
    gender: 'Male'
```

思考与练习

2.1 在 MATLAB 中如何建立矩阵 $\begin{bmatrix} 5 & 7 & 3 \\ 4 & 9 & 1 \end{bmatrix}$，并将其赋予变量 a。

2.2 有几种建立矩阵的方法？各有什么优点？

2.3 在进行算术运算时，数组运算和矩阵运算各有什么要求？数组运算和矩阵运算的运算符又有什么区别？

2.4 已知矩阵 A= [11 12 13 14 ; 21 22 23 24; 31 32 33 34; 41 42 43 44]，求下列结果：

(1) A(:,1)   (2) A(2,:)   (3) A(:,2:3)
(4) A(2:3,2:3) (5) A(:,1:2:3) (6) A(2:3)
(7) A(:)   (8) A(:,:)   (9) ones(2,2)
(10) eye(2)   (11) [A,[ones(2,2);eye(2)]]
(12) diag(A)   (13) diag(A,1) (14) diag(A, −1)
(15) diag(A,2)

2.5 已知 $a = \begin{bmatrix} 5 & 3 & 5 \\ 3 & 7 & 4 \\ 7 & 9 & 8 \end{bmatrix}$、$b = \begin{bmatrix} 2 & 4 & 2 \\ 6 & 7 & 9 \\ 8 & 3 & 6 \end{bmatrix}$，

(1) 计算两矩阵的和与积；
(2) 计算两数组的和与积。

2.6 求 $x = \begin{bmatrix} 4+8i & 3+5i & 2-7i & 1+4i & 7-5i \\ 3+2i & 7-6i & 9+4i & 3-9i & 4+4i \end{bmatrix}$ 的共轭转置。

2.7 "左除"与"右除"有什么区别？

2.8 变量 a、b、c、d 定义如下，计算后面的表达式。

$a = 2;$ $b = \begin{bmatrix} 1 & -2 \\ 0 & 10 \end{bmatrix}$

第 3 章 MATLAB 程序设计

在 MATLAB 程序设计中，有一些命令可以控制语句的执行，如条件语句、循环语句和支持用户交互的命令，本章将主要介绍这些命令和 MATLAB 程序结构和语句特点等。

3.1 概　述

3.1.1 MATLAB 程序设计方法

MATLAB 程序可以分为两类：交互式和 M 文件的编程。

对于一些简单问题的程序，用户可以直接在 MATLAB 的命令窗口中输入命令，用交互式的方式来编写。这种方式适用于命令比较简单，输入比较方便，同时处理问题的步骤较少的情况。

但是，对于较复杂的问题，由于处理所需的命令较多，即需要逻辑运算、需要一个或多个变量重复验证、需要进行流程控制等，那么此时采用直接输入命令的方法则会引起不便。为此，MATLAB 提供了一个合理的解决方法，就是事先将一系列 MATLAB 命令输入到一个文本文件中加以保存，只要执行该文件，则文件中所有 MATLAB 命令都被执行，其结果与直接在 MATLAB 的命令窗口中输入命令执行的结果一样。由于该文本文件以 ".M" 为扩展名，因此被称为 M 文件。当需要处理重复、复杂且容易出错的问题时，可以建立一个 M 文件，进行合理的程序设计，这就是 M 文件的编程工作方式。

3.1.2 MATLAB 程序结构

MATLAB 作为一种常用的编程语言，支持各种决策或流程控制结构。流程控制极其重要，因为它用过去、现在的计算影响将来的结果。MATLAB 程序结构分为顺序结构、分支结构和循环结构，具体如图 3-1 所示。

由于这些结构经常包含大量的 MATLAB 命令，故经常出现在 M 文件中，而不是直接加在 MATLAB 提示符下。

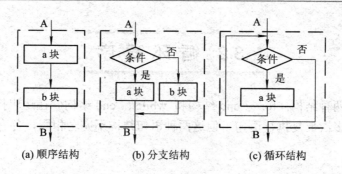

图 3-1 MATLAB 程序结构

1．顺序结构

顺序程序结构是一种最简单的程序结构，将 MATLAB 语句按先后次序排列即可。系统在编译程序时，按照程序的物理位置顺序执行。这种程序容易编制，但是结构单一，能够实现的功能有限。例如：

    a=1;b=2;c=3;
    s1=a+b;
    s2=s1+c;
    s3=s2/s2;

2．分支结构

程序在运行过程中要根据不同的情况或条件作出判断，并依据判断的结果转向相应的处理程序，这种程序结构称为分支结构。

分支是通过条件转移指令实现的，进行分支结构程序设计之前，应首先确定要判断的是什么条件，以及当判断结果为不同的情况("真"或"假")时应该执行什么样的操作。MATLAB 提供条件转移的 if...end 分支程序结构。

有的分支结构为多分支，可依次测试各个条件是否满足。若满足条件则转入相应分支入口，若不满足则继续向下测试，直到全部测试完。分支选择程序结构简单、直观，但执行速度慢。MATLAB 提供条件转移的 switch 开关分支程序结构。

分支结构程序设计需要使用关系运算、逻辑运算、条件运算等。

3．循环结构程序设计

在日常的实际生活中，会经常用到"循环结构"，例如数据的累加计算等，但又与顺序结构和选择结构不同，无论是顺序还是选择分支语句，它们中的每一条语句一般只执行一次。而循环结构中，有时常要重复某几条语句，所以循环结构就是用于完成一些重复的操作，但它并不是单纯的重复执行，每次执行时，语句的参数一般都是不同的。

按循环控制方式分类可分为手动循环和自动循环。手动循环在程序运行时通过反复操作控件实现某事件过程的反复执行，自动循环是由程序中的语句控制的，是程序执行时根据循环的条件自动实现的循环。自动循环又可分为有条件循环(当循环条件满足或不满足时才执行的循环)和无条件循环(无条件地执行循环)。

循环结构程序有多种形式，如 for 循环、while 循环；条件转移结构：if...else...end 结构；客观结构等。另外还支持一种新的结构，即试探结构。

3.2 循环程序

循环语句有两种结构：for ... end 结构和 while ... end 结构。在逻辑控制下，这些命令能灵活地一次或多次反复执行语句，但这两种语句结构不完全相同，各有各的特色。

3.2.1 for 循环

1. for 循环的一般形式

for 循环允许一组命令以固定的和预定的次数重复。For 循环的一般形式为：

  for *variable* = values
   commands
   …
  end

commands 是循环体语句组，这里的循环语句是以 end 结尾的，这与 C 语言的结构不完全一致。values 可以是如表 3-1 所示的格式之一。

表 3-1 values 的取值

initval:endval:	索引变量以增量形式循环，从初始值 initval 到结束值 endval，增量步长为 1，并重复循环
initval:step:endval	增量步长为 step 代表的值，重复迭代循环
valArray	从 valArray 数组的子列，为每个迭代创建一个列向量的索引。例如，在第一次迭代，指数= valArray(:,1)。循环执行 n 次，其中 n 是 valArray 列的列数

（1）initval:step:endval 形式。索引变量以增量形式循环，从初始值 initval 到结束值 endval，增量步长为 step，并重复循环。如果 step 为负数，则以减量方式循环，该形式的初始值 initval 大于结束值 endval。

  for s=s1:s2:s3
   commands
   …
  end

注意：s 是一个合法的字符串代表循环变量。s1、s2、s3 可以是标量数字 s1 是起始值；s2 是步长，如果步长 s2 的值为 1，则可以省略；s3 是终了值。

例 3-2-1 求出 $x = \sum_{i=1}^{100} i$ 的值。

解 该例可以作下列的循环：

  >> x=0;
  for i=1:1:100

第 3 章　MATLAB 程序设计

```
        x=x+i;
    end;
>> x
```

结果为 x = 5050

(2) initval:endval 形式。索引变量以增量形式循环，从初始值 initval 到结束值 endval，增量步长为 1，并重复循环。

在上例的式子中，可以看到 for 循环语句中 s2 的值为 1。在实际编程中，如果 s2 的步长值为 1，则可以在该语句中省略，故该语句可以简化成 for i=1:100。

(3) valArray 形式。在每个迭代，从数组 valArray 列的子列创建一个列向量 index。例如，在第一次迭代，index = valArray(: ,1)。循环执行 n 次，其中 n 是 valArray 列的最大数字，即 for 循环按照数组的列数决定循环次数，每执行一次 for 循环，index 就取数组的一个列作为其值，直到最后一列。

```
    for   index = V
          commands
    end
```

在 for 和 end 语句之间的循环体语句组 "commands" 按数组中的每一列执行一次。在每一次迭代中，index 被指定为数组的一列，在第 n 次循环中，index=V(:, n)，即 V 的第 n 列。

例如：

```
A =[ 0.8147    0.6324    0.9575    0.9572    0.4218;
     0.9058    0.0975    0.9649    0.4854    0.9157;
     0.1270    0.2785    0.1576    0.8003    0.7922;
     0.9134    0.5469    0.9706    0.1419    0.9595];
for  n= A
s=n*2;
end
```

第 5 次循环结果：

```
0.8436
1.8314
1.5844
1.9190
```

上面的语句就等价于：

```
for index=1: 5,m=A(:, index);
s1=m*2;
end
```

任何合法的数组生成语句都可以作为条件数组。

MATLAB 并不要求循环点等间距，假设 V 为任意一个向量，则可以用 for i=V 来表示循环，这时 valArray 只有一个向量 V，其元素必须是正整数。

例如，在命令行输入：

```
>> V=[1 2 3 5 7];
for   n=V
x(n)=sin(n*pi/10);
end
```

则输出结果：

```
>> x
x =   0.3090    0.5878    0.8090    0    1.0000    0    0.8090
```

程序语句的意思是：对 n 等于 1 到 V，求所有语句的值，直至下一个 end 语句。第一次通过 for 循环 n=1；第二次，n=2；如此继续，直至 n=7。

在实际编程中，采用循环语句会降低其执行速度，所以前面的例 3-3-1 程序可以由下面的命令来代替：

```
i=1:100;
mysum=sum(i)
```

在这一语句中，首先生成了一个向量 i，然后用内部函数 sum() 求出 i 向量的各个元素之和。

更简单地，该语句还可以写成 sum(1:100)。如果前面的 100 改成 10 000，再运行这一程序，则可以明显地看出，后一种方法编写的程序比前一种方法快得多。

2．for 循环的嵌套

在一个 for 循环中，可以根据需要嵌套另外的多个 for 循环。例如：

```
for n=1:5
    for m=5: -1:1
        B(n,m)=n^2+m^2;
    end
    disp(n)
end
```

循环结果：

```
1
2
3
4
5
```

例 3-2-2　列出构成 hibert 矩阵的程序。

解　程序如下：

```
format rat,n=input('n='),
for i=1:n
    for j=1:n
        h(i,j)=1/(i+j-1);
    end
end
```

```
h
n =  5
h =
    1        1/2      1/3      1/4      1/5
    1/2      1/3      1/4      1/5      1/6
    1/3      1/4      1/5      1/6      1/7
    1/4      1/5      1/6      1/7      1/8
    1/5      1/6      1/7      1/8      1/9
```

3.2.2 while 循环

与 for 循环以固定次数求一组命令的值相反，while 循环以不定的次数求一组语句的值。while 循环的一般形式是

```
while expression
    commands
end
```

只要表达式 expression 里的所有元素都为真，就可以执行 while 和 end 语句之间的 commands。通常，表达式的求值给出一个标量值，但数组值也同样有效。在数组情况下，所得到数组的所有元素必须都为真。

例 3-2-3　while 循环。

解　在例 3-2-1 中同样的问题，在 while 循环结构下可以表示为

```
>> x = 0; i=1;
while (i<=100)
    x=x+i;
    i=i+1;
end
>> x
x =    5050
```

例 3-2-4　用循环求解 $\sum_{i=1}^{m} i > 1000$ 中求最小的 m 值。

解　程序如下：

```
>> s=0; m=0;
    while (s<=1000), m=m+1;
    s=s+m;
    end;
    [s,m]
    ans =
        1035       45
```

3.2.3 break 语句

break 命令强迫 for 循环或 while 循环提早结束，当执行 break 语句时，MATLAB 跳到循环体外下一个语句。

如果一个 break 语句出现在一个嵌套的 for 循环或 while 循环结构里，那么 MATLAB 只跳出 break 所在的那个循环，不跳出整个嵌套结构。

3.2.4 continue 语句

continue 命令一般用在 for 循环或 while 循环中，通过 if 语句使用 continue 命令，当满足语句 if 条件时，continue 命令被调用。与 break 语句不同的是，执行 continue 命令后，系统只是不再执行相关命令，而不跳出当前循环体外。

例 3-2-5 计算 magic.m 文件有效文本的行数。

解 程序如下：

```
fid = fopen('magic.m','r');
count = 0;
while ~feof(fid)
    line = fgetl(fid);
    if isempty(line) | strncmp(line,'%',1)
        continue
    end
    count = count + 1;
end
disp(sprintf('文件有效文本有 %d 行',count));
```

文件有效文本有 25 行。

3.2.5 end 语句

end 命令用于终止 for、while、switch、try 和 if 语句，每一个 end 与最近的 for、while、switch、try 或 if 语句成对出现。

end 也可以用于索引表达式中，代表最后一个索引。例如：X(3:end) 和 X(1,1:2:end−1)。

3.3 分支结构

3.3.1 条件转移结构

很多情况下，命令的序列必须根据条件关系的检验结果有序地执行，这种根据条件而转移的分支结构是条件转移结构。

第 3 章 MATLAB 程序设计

判断表达式紧跟在关键字 if 后面，使得它可以首先被计算，判断其值为真否。若计算判断表达式的结果为 1，判断值为真，则执行其后的执行语句；若结果为 0，判断值为假，则跳过、不予执行。

条件转移语句与 C 语言类似，条件转移结构包括以下三种：if…end、if…else…end、if…elseif…else…end。

1．if…end

当只有一种选择时，使用该形式。此时的程序结构如下：

```
if   expression
     commands
     …
end
```

expression 是条件表达式，commands 是执行代码块。这是最简单的判断语句，只有一个判断语句。其中的表达式为逻辑表达式，当表达式 expression 结果为真时，执行相应的语句 commands，否则，直接跳到 end 下一段语句。

如果在表达式中的所有元素为真(非零)，那么就执行 if 和 end 语言之间的 commands。当表达式包含有几个逻辑子表达式时，即使前一个子表达式决定了表达式的最后逻辑状态，仍要计算所有的子表达式。例如：

```
>> apples=10;
>> cost=apples*25
 cost =
        250
>> if apples>5                %如果购买量大于5，给予20%的价格折扣
       cost=(1−0.2)*cost;
   end
>> cost
cost =
        200
```

例 3-3-1 用 if…end 结构求解 $\sum_{i=1}^{m} i > 1000$ 中求最小的 m 值。

解 程序如下：

```
>> s=0;
for i=1:1000
    s=s+i;
    if s>1000
        break;
    end
end
m=i;
```

```
>> m
m =  45
```

2. if…else…end

当程序有两个选择时，可以选择 if…else…end 结构，此时的程序结构如下：

```
if   expression
        commands 1
else
        commands 2
end
```

当判断表达式 expression 为真时，执行代码块 commands1，否则执行代码块 commands2。

例 3-3-2 输入数 n，判断其正负性。

解 程序如下：

```
m=input('m='),
 if   m<0
    disp('m 为负数！'),
 else
    disp('m 为正数！'),
    end
    m=-9
    m =
         -9
    m 为负数！
    m=7
    m =
          7
    m 为正数！
```

3. if…elseif…else…end

上面的两种形式中，分别包含一个选择和两个选择，当判断包含三个或多个选择时，可以采用 elseif 语句，其结构如下：

```
if   expression1
        commands1
elseif   expression2
        commands2
elseif ...
    ...
    ...
else
        commands
end
```

如果第一个表达式满足，则执行代码块 commands1，其他关系表达式不检验，跳过其余的 if…else…end 结构。如果所有的表达式都不满足,则执行最后的执行代码块 commands。最后的 else 命令可有可无。

例 3-3-3 输入数 n,判断其正负及奇偶性。

解 程序如下:

```
n=input('n='),
 if  n<0
   A='负数',
       elseif  rem(n,2)==0
   A='偶数',
       else
   A='奇数',
       end
n=5
n =
    5
A =
奇数
```

3.3.2 switch 开关结构

MATLAB 中的另一种分支结构为开关分支语句。开关分支语句的结构如下:

```
switch   expression
      case expression_1
          commands_1
      case   expression_2
          commands_2
          ...
      otherwise
          commands
end
```

其中的分支语句开关表达式 expression 为一个变量,可以是数值变量或者字符串变量,如果该变量的值与某一条件 expression_n 相符,则执行相应的语句;否则执行 otherwise 后面的语句。在每一个条件中,可以包含一个条件语句,可以包含多个条件,当包含多个条件时,将条件以单元数组的形式表示。例如:

```
>> method = 'Bilinear';
>> switch lower(method)
     case {'linear','bilinear'}
         disp('Method is linear')
     case 'cubic'
         disp('Method is cubic')
```

```
            case 'nearest'
                disp('Method is nearest')
            otherwise
                disp('Unknown method.')
        end
```

显示结果为

Method is linear

MATLAB 的分支语句类似于 C 语言的分支语句，但是又不完全相像，MATLAB 开关语句与 C 语言的区别如下：

(1) 当开关表达式的值等于表达式 expression_1 时，将执行语句段 commands_1，执行完语句段 commands_1 后将转出开关体，即 MATLAB 语句从上到下依次判断条件，条件符合则执行相应的代码块，之后退出该分支语句，无需像 C 语言那样在下一个 case 语句前加 break 语句，所以本结构在这点上和 C 语言是不同的。

(2) 当需要在开关表达式满足若干个表达式之一时执行某一程序段，则应该把这样的一些表达式用大括号括起来，中间用逗号分隔。事实上，这样的结构是 MATLAB 语言定义的单元结构。

(3) 当前面枚举的各个表达式均不满足时，则将执行 otherwise 语句后面的语句段，此语句等价于 C 语言中的 default 语句。

(4) 在 case 语句引导的各个表达式中，不要用重复的表达式，否则列在后面的开关通路将永远也不能执行。

(5) 程序的执行结果和各个 case 语句的次序是无关的。

例 3-3-4　判断输入数 n 的奇偶空的程序。

解　程序如下：

```
n=input('n=');
switch mod(n,2);
    case 1;A='奇';
    case 0;A='偶';
    otherwise;A='空';
end
A
n=6
A =偶
```

3.3.3　try-catch 试探结构

MATLAB 从 5.2 版本开始提供了一种新的试探式语句结构，用于捕获 MATLAB 编译时出现的错误，其一般的形式为

```
try
    语句段 1
```

```
    catch
        语句段 2
    end
```

try 块以关键字 try 开始，结束于 catch 关键字，catch 块以关键字 catch 开始，结束于 end 关键字。

本语句结构首先试探性地执行语句段 1，如果在此段语句执行过程中没有出现错误，则直接跳到 end。

如果在此段语句执行过程中出现了错误，则直接跳到 catch 模块。在 catch 模块中将错误信息赋给保留的 lasterr 变量，转而执行语句段 2 中的语句。语句段 2 可以根据获取的该错误信息，执行相应的动作。

try-catch 试探结构也可以嵌套使用。

3.4 人机交互语句

3.4.1 echo 命令

echo 命令使文件命令在执行时可见，对程序的调试和演示有用。语法如下：
- echo on/off：打开(关闭) echo 命令。
- echo：在打开、关闭 echo 命令之间切换。
- echo filename on/off：打开(关闭)文件名为 filename 的 M 文件。
- echo on/off all：打开(关闭)所有的 M 文件。

3.4.2 用户输入提示命令 input

input 命令显示用户输入提示，并接受用户输入。语法如下：

(1) evalResponse = input(prompt)：在屏幕上显示提示的字符串，等候用户在键盘的输入，并赋值于变量 evalResponse。

(2) strResponse = input(prompt, 's')：把用户在键盘的输入，作为一个 MATLAB 串返回。

例如：

```
>> R=input('What is your name?','s')
```

3.4.3 等待用户反应命令 pause

pause 命令暂停程序执行，等待用户反应。语法如下：
- pause：pause 命令暂停程序执行，等待用户反应，用户单击任意键后，程序重新开始执行。
- pause (n)：n 秒后继续运行。
- pause on：显示并执行 pause 命令。

- pause off：显示但不执行该命令。

3.5 程序的常见错误处理

在进行 MATLAB 程序设计或开发函数 M 文件过程中，不可避免地会出现错误，即故障。MATLAB 提供了很多函数和方法，用于帮助调试程序或函数。

3.5.1 错误的产生

在 MATLAB 程序设计或开发函数 M 文件过程中，容易产生两类错误：语法错误和运行时错误。

当 MATLAB 计算一个表达式的值或一个函数被编译到内存时会发现语法错误。一旦发现语法错误，MATLAB 立即标志这些错误，并提供有关所遇到的错误类型，以及发生错误处 M 文件的行数。给定这些反馈信息，就很容易纠正这些错误。

运行时的错误是指当程序试图执行一个系统不能运行的动作时导致的错误。当发现运行错误时，MATLAB 把控制权返回给命令窗口和 MATLAB 的工作空间，失去了对发生错误的函数空间的访问权，用户不能询问函数工作空间中的内容排除问题。因此，即使 MATLAB 标志了运行错误，但找出错误一般比较困难。

含有选择结构和循环结构的程序，比只含简单的顺序结构的程序出错的概率大得多。

3.5.2 NaNs 错误、除数为 0 的处理

1. NaNs 错误

当一些操作结果导致空矩阵或 NaNs 时，最容易发生运行错误，任何有关 NaNs 的操作都返回 NaNs 值。因此，如果有可能出现 NaNs 结果，则当出现 NaNs 时，最好运用逻辑函数 isnan() 来执行一些缺省操作。语法如下：

TF = isnan(A)：返回一个与 A 大小相同的数组，包含逻辑 1(即 true)，元素为 NaN；逻辑 0(即 false)，元素不为 NaN。对于一个复数 z，如果 z 的实数或虚数部分是 NaN, isnan(z) 返回 1。如果 z 的实数或虚数部分都是有限或 Inf, isnan(z) 返回 0。

例如：

```
>> a = [-2  -1  0  1  2]
>> isnan(1./a)
Warning: Divide by zero.
ans =
     0    0    0    0    0
```

因为空矩阵为零维，所以对空矩阵寻址常常导致错误。函数 find() 表示了可产生空矩阵结果的一般情况。如果函数 find() 的空矩阵输出用于索引其他数组，所返回的值也将是空的。这样，空矩阵具有传播性质。

例如：

```
>> x=pi*(1:4)
>> i=find(x>20)
>> y=2*x(i)
x =
    3.1416    6.2832    9.4248   12.5664
i =
    Empty matrix: 1-by-0
y =
    Empty matrix: 1-by-0
```

很清楚，当希望 y 具有有限维数和值时，可能发生运行错误。当执行一个操作或使用可返回空结果的函数时，逻辑函数 isempty() 有利于为空矩阵定义一个缺省值，这样可避免运行错误。语法如下：

TF = isempty(A)：判断数组(矩阵)A 是否空。如果 A 是一个空的数组，返回逻辑 true (1)，否则为逻辑 false(0)。空数组至少有一个维度的大小为零，例如，0×0 或 0×5。

2．除数为 0 的处理

除数为 0 是 MATLAB 编程的调试和分析中经常遇到的问题，对该问题的解决，可以使程序开发事半功倍。例如：

```
>> x=(-3:3)/3
x =
   -1.0000   -0.6667   -0.3333        0    0.3333    0.6667    1.0000
```

由于 x 的第 4 个元素为 0，当把 x 作为除数进行除法运算时，就出现了除数为 0 的情况，MATLAB 会发出除数为 0 的警告，并在该位置给出 NaN 的结果(意思是 Not a Numer，即非数值)，例如：

```
>> sin(x)./x
ans =
    0.8415    0.9276    0.9816       NaN    0.9816    0.9276    0.8415
```

解决的办法是，使用关系运算符将 x 中的 0，用 eps(约为 2.2×10^{-16})代替。例如：

```
>> x=x+(x==0)*eps
x =
   -1.0000   -0.6667   -0.3333    0.0000    0.3333    0.6667    1.0000
>> sin(x)./x
ans =
    0.8415    0.9276    0.9816    1.0000    0.9816    0.9276    0.8415
```

结果中第 4 个元素位置不再给出 NaN 的结果，而是给出 sin(x)/x，当 x=0 时的极限值 1。

3.5.3 关系运算符容易出现的错误

等于运算符(==)：如果两变量值相同将会返回变量值 1，如果不相同将返回 0。

不等运算符(~=)：如果两变量值不相同则返回 1，相同则返回 0。

因为字符串实际上是字符的数组，关系运算符也比较两个相同长度的字符串。如果它们有不同的长度，比较运算将会产生一个错误。如果它们的长度相同，用这两个运算符比较两个字符串时是安全的，不会出现错误。

但对两个数字数据的比较，将可能产生意想不到的错误。两个理论上相等的数不能有一丝一毫的差别，而在计算机计算的过程中出现了近似的现象，从而可能在判断相等与不相等的过程中产生错误，这种错误叫做 round off 错误。

例如：
```
>> a = 0;
>> b = sin(pi);
```

因为这两个数在理论上相等的，两者均应等于 0，所以关系式 a==b 应当返回值 1。但在事实上，MATLAB 计算所产生的结果：
```
>> a = 0;
>> b = sin(pi);
>> a == b
ans =
     0
```

MATLAB 报告了 a 和 b 不同，因为它产生了一个 round off 错误，在计算 sin(pi)中产生的结果：
```
>> b
b = 1.2246e-016
```
可见，b 不是 0。

在我们检测两数值是否相等时一定要小心，两个理论上相等的值由于 round off 错误而使之发生了细微的差别，使两个本来应该相等的值不相等了。

我们可以通过检测两数之间在一定的范围内是不是近似相等，在这个精确范围内可能会产生 round off 错误。例如测试
```
>> abs(a-b) < 1.0E-14
ans =
     1
```
将会产生正确的结果，不管在 a 与 b 的计算中是否产生 round off 错误。

思考与练习

3.1 正切函数的定义为 $\tan\theta = \sin\theta/\cos\theta$，这个表达能求出角的正切值(只要 $\cos\theta$ 的值不要太接近 0)。假设 θ 以度为单位，编写相应的 MATLAB 语句来计算 $\tan\theta$ 的值(此时要求 $\cos\theta$ 大于等于 10^{-20}，如要 $\cos\theta$ 小于 10^{-20}，即打印错误提示。

3.2 下面的语句用来判断一个人的体温是否处于危险状态。以下语句是否正确？如果不正确，指出错在哪里？并写出正确答案。

```
temp = input('输入人的体温值：temp= ');
if temp < 36.5
    disp('体温偏低！');
elseif temp > 36.5
    disp('体温正常。');
elseif temp > 38.0
    disp('体温偏高！');
elseif temp > 39.0
    disp('体温高！！');
end
```

3.3 在邮局发送一个包裹，不超过 2 kg 的收款 10 元；超过则每 kg 按 3.75 元来计费；如果包裹的重量超过了 70 kg，超过部分，每 kg 的价格为 1.0 元；如果超过了 100 kg 则拒绝邮递。编写一个程序，只要输入包裹的重量，即可输出它相应的邮费。

3.4 编写一个程序，求以 x、y 为自变量函数 f(x, y) 的值。函数 f(x, y) 的定义如下：

$$f(x,y) = \begin{cases} x+y & x \geq 0 \quad y \geq 0 \\ x+y^2 & x \geq 0 \quad y < 0 \\ x^2+y & x < 0 \quad y \geq 0 \\ x^2+y^2 & x < 0 \quad y < 0 \end{cases}$$

要求用 if 的嵌套结构来编写这个程序。

3.5 有一组学生的考试成绩(见下表)，根据规定，成绩在 100 分时为满分，成绩在 90~99 之间时为优秀，成绩在 80~89 分之间时为良好，成绩在 60~79 分之间时为及格，成绩在 60 分以下时为不及格，编写一个根据成绩划分等级的程序。

学生姓名	王英	张一帆	刘利	李星民	陈露	杨勇	于娜	黄宏	郭达	赵磊
成　绩	72	83	56	94	100	88	96	68	54	65

3.6 编写一段程序，能够把输入的摄氏温度转换成华氏温度，也能把华氏温度转换成摄氏温度。

3.7 编写一段 for 循环嵌套程序，求出级数 $x = \sum_{i=1}^{k} i!$ 的值，k 值可以选择。

3.8 使用 for 循环命令创建下列矩阵，这是一个三对角阵，有三个非零对角值。

$$A = \begin{bmatrix} 5 & 1 & 0 & 0 & 0 \\ 1 & 5 & 1 & 0 & 0 \\ 0 & 1 & 5 & 1 & 0 \\ 0 & 0 & 1 & 5 & 1 \\ 0 & 0 & 0 & 1 & 5 \end{bmatrix}$$

3.9 在区间[−2, −0.75]内，步长为 0.25，对函数 y=f(x) = 1+1/x 求值，并列表。将所得 x 值和 y 值分别存入向量 r 和 s 中，并列表显示。

3.10 函数 ln(1+x) 的麦克劳林(Maclaurin)序列为

$$\ln(1+x) = \sum_{n=1}^{\infty} \frac{(-1)^{n+1}}{n} x^n$$

将 x=0.5 代入，并把 Maclaurin 序列的各项相加，直至要加的下一项系数小于内建变量 eps。最后计算出所加项的个数。

3.11 分别用 for 循环和 while 循环求计算机的最小正数。

第 4 章 M 脚本与 M 函数

在 MATLAB 中,当需要命令较多时,或需要改变变量的值进行重复验证时,可以将 MATLAB 命令逐条输入到一个文本文件中运行,其扩展名为".m",即 M 文件。

MATLAB 程序的 M 文件又分为 M 脚本文件(M-Script)和 M 函数(M-function),它们均是普通的 ASCII 码构成的文本文件。M 函数格式是 MATLAB 程序设计的主流。

4.1 使用 M 文件编程

4.1.1 M 文件的结构

1. 函数 M 文件

一个函数 M 文件与脚本文件类似,它们都是一个扩展名为".m"的文本文件。同脚本 M 文件一样,函数 M 文件不进入命令窗口,而是由文本编辑器所创建的外部文本文件。函数 M 文件不是独立执行的文件,它接受输入参数、提供输出参数,只能被程序调用。一个函数 M 文件通常包含以下部分:

- 函数定义语句;
- H1 帮助行;
- 帮助文本;
- 函数体或者脚本文件语句;
- 注释语句。

为了易于理解,可以在书写代码时添加注释语句。这些注释语句在编译程序时会被忽略,因此不会影响编译速度和程序运行速度,但是能够增加程序的可读性。

一个完整的函数 M 文件的结构如下:

```
function f = fact(n)                         函数定义语句
% Compute a factorial value.                 H1 行
% FACT(N) returns the factorial of N,        帮助文本
% usually denoted by N!
% Put simply, FACT(N) is PROD(1:N).          注释语句
f = prod(1:n);                               函数体
```

函数定义语句只在函数文件中存在，定义函数名称、输入/输出参数的数量和顺序，脚本文件中没有该语句。

2．脚本 M 文件

脚本文件也叫命令文件，是独立执行的文件，它不接受输入参数，不返回任何值，而是代码的结合，该方法允许用户将一系列 MATLAB 命令输入到一个简单的脚本".m"文件中，只要在 MATLAB 命令窗口中执行该文件，则会依次执行该文件中的命令。

脚本 M 文件中包含一族由 MATLAB 语言所支持的语句，它类似于 DOS 下的批处理文件，它的执行方式很简单，用户只需在 MATLAB 的提示符">>"下键入该 M 文件的文件名，这样 MATLAB 就会自动执行该 M 文件中的各条语句，并将结果直接返回到 MATLAB 的工作空间。

在使用脚本文件时需要注意一点：如果当前工作区中存在与该脚本同名的变量，则当输入该文件名时，系统将其作为变量名执行。

MATLAB 中有一个专门用于寻找".m"文件的路径搜索器。".m"文件是以目录和文件夹的方式分布于文件系统中的，一部分".m"文件的目录是 MATLAB 的子目录，由于 MATLAB 的一切操作都是在它的搜索路径，包括当前路径中进行的，因此如果调用的函数在搜索路径之外，MATLAB 就会认为此函数不存在。

3．块注释

在 MATLAB 5 以前的版本中，注释是逐行进行的，采用百分号(%)进行标记。逐行注释不利于用户增加和修改注释内容。在 MATLAB 5 及以后的版本中，用户可以使用"%{"和"%}"符号进行块注释，"%{"和"%}"分别代表注释块的起始和结束。

4．代码单元

一个代码单元指用户在 M 文件中指定的一段代码，以一个代码单元符号：两个百分号加空格，即"%%"为开始标志，到另一个代码单元符号结束。如果不存在代码单元符号，则直到该文件结束。用户可以通过 MATLAB 编辑器中的 cell 菜单创建和管理代码单元。

需要注意的是，代码单元只能在 MATLAB 编辑器窗口中创建和使用，而在 MATLAB 命令窗口中是无效的。当在命令窗口中运行 M 文件时，将执行文件中的全部语句。

4.1.2 M 文件的建立、运行与命名规则

M 文件的语法类似于一般高级语言，是一种程序化的编程语言，但是与传统的高级语言相比，M 文件又有其特点。它只是一个简单的 ASCII 码型文本文件，因此，它的语法比一般的高级语言要简单，程序也容易调试，并具有很好的交互性。

1．M 文件的建立与运行

M 文件的建立与运行都可以在 M 文本编辑器中进行。在 MATLAB 主窗口中，单击菜单命令"File｜New｜Script"或"Function"即可打开 M 文本编辑器，如图 4-1 所示。

输入完程序命令代码后，按照 M 文件的命名规则对文件进行命名并保存。

单击菜单命令"Debug｜Run"或"F5"即可运行脚本程序。M 函数程序的运行需要由其他程序调用。

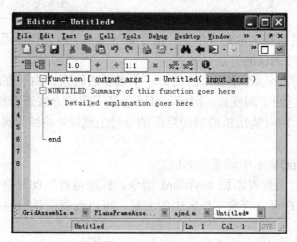

图 4-1　M 文本编辑器

2．M 文件的命名规则

M 文件的命名规则如下：

（1）文件名命名要用英文字符，第一个字符必须是字母而不能是数字，其中间不能有非法字符。

（2）文件名不要取为 MATLAB 的固有函数，尽量不要是简单的英文单词，最好是由大小写英文、数字、下划线等组合而成的。原因是简单的单词命名容易与内部函数名同名，结果会出现一些莫名其妙的错误。

（3）文件存储路径一定要为英文。

（4）文件名不能为两个单词，如 random walk，应该写成 random_walk，即中间不能有空格等非法字符。

4.1.3　程序的调试

在开发函数或 M 文件过程中，会不可避免地出现错误，即运行故障。MATLAB 提供了很多函数和方法，来帮助调试函数或脚本程序。

在 MATLAB 的 M 文本编辑器窗口中，单击菜单命令"Debug | Save File and Run"，即可运行 M 文本编辑器中的内容。

在 MATLAB 表达式中，有两类错误：语法错误和运行错误。在运行过程中，可能存在一些语法或其他错误而自动终止执行，而需要进行类似于修正错误或更改参数的调试。

当 MATLAB 计算一个表达式的值或一个函数被编译到内存时会发现语法错误。一旦发现语法错误，MATLAB 立即标志这些错误，并提供有关所遇到的错误类型，以及 M 文件中发生错误处的行数。给定这些反馈信息后，就很容易纠正这些错误。

而另一方面，即使 MATLAB 标志了运行错误，但找出错误一般比较困难。当发现运行错误时，MATLAB 把控制权返回给命令窗口和 MATLAB 的工作空间，失去了对发生错误的函数空间的访问权，因此用户不能询问函数工作空间中的内容排除问题。

MATLAB 程序的调试一般使用两种方法：直接调试法和利用调试工具。

1. 直接调试法

MATLAB 语言具有强大的运算能力，指令系统简单，因此程序通常非常简洁。对于简单的程序可以采用直接调试的方法。

在程序调试时，程序运行中变量的值为一个重要的线索。由于在函数调用时只返回最后的输出参数，而不返回中间变量，因此，可以选择下面的方法查看程序运行中的变量值。

(1) 通过分析后，将可能出错的语句后面的分号(;)删除，将结果显示在命令窗口中，与预期值进行比较。

(2) 利用函数 disp() 显示中间变量的值。

(3) 在程序中的适当位置添加 keyboard 指令。程序运行至此时将暂停，在命令窗口中显示 k>> 提示符，用户可以查看工作区中的变量，可以改变变量的值。输入 return 指定返回程序，继续运行。

(4) 在调试一个单独的函数时，可以将函数改写为脚本文件，此时可以直接对输入参数赋值，然后以脚本方式运行该 M 文件，这样可以保存中间变量，在运行完成后，可以查看中间变量的值，对结果进行分析，查找错误所在。

2. 利用调试工具

可采用的调试工具有命令行调试程序和调试器界面调试程序。

文本编辑器中的 Debug 菜单提供了全部的调试选项，另外，MATLAB 主窗口中的 Debug 菜单提供了一些调试命令，方便调试时在命令窗口中查看运行状态。调试选项及其功能如表 4-1 所示。

表 4-1 调试菜单项

菜 单 项	功 能	快捷键
Open M-files when Debbuging	选择该选项则在调试时打开 M 文件	无
Step	单步执行，下一步	F10
Step In	进入被调用函数内部	F11
Step Out	跳出当前函数	Shift+F11
Continue	继续执行，直至下一断点	F5
Go until Cursor	执行至当前光标处	无
Set/Clear Breakpoint	设置或删除断点	F12
Set/Modify Conditional Breakpoint…	设置或修改条件断点	无
Enable/Disable Breakpoint	开启或关闭光标行的断点	无
Clear Breakpoints in All Files	删除所有文件中的断点	无
Stop if Errors/Warings	遇到错误或者警告时停止	无

Set/Clear Breakpoint：设置或清除断点。可以选择该选项对当前行进行操作，或者通过快捷键 F12，或者直接点击该行左侧的 "-"。设置断点时该处显示为红点。再次进行相同的操作则删除该断点。

一旦这些断点被设置，程序将会运行到第一个断点并在那里停止。在调试的过程中，会有一个绿色的箭头出现在当前行。

一旦到达某个断点，程序员可以通过在命令窗口中键入变量名的方法检查或修改在工作区内的任一变量。当程序员对程序的这一点感到满意时，可以通过重复按 F10 键一行一行地进行调试，也可以按 F5 键运行到下一个断点。它总是能检测程序中的每一个断点中的任何一个变量的值。

Set/Modify Conditional Breakpoint…：该选项用于设置或修改条件断点。条件断点为一种特殊的断点，当满足指定的条件时则程序执行至此即停止，条件不满足时则程序继续进行。其设置界面如图 4-2 所示，在输入框中输入断点条件则将当前行设置为条件断点。

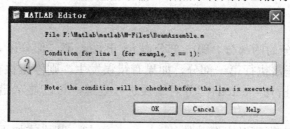

图 4-2　设置或修改条件断点对话框

Enable/Disable Breakpoint：该选项用于开启或关闭当前行的断点，如果当前行不存在断点，则设置当前行为断点；如果当前行是断点，则改变该断点的状态。在调试时，被关闭的断点将会被忽略。

在程序调试中，变量的值是查找错误的重要线索，在 MATLAB 中有三种查看变量值的方法：

(1) 在编辑器中将鼠标放置在待查看的变量处停留，则在此处显示该变量的值；

(2) 在工作区浏览器中查看该变量的值；

(3) 在命令窗口中输入该变量的变量名，则显示该变量的值。

调试器的另外一个重要特性是可在"Debug"菜单的"Stop if Errors/Warnings"项目中找到错误。如果程序中发生了一个错误，这个错误导致了电脑死机或产生了错误信息，程序员可以打开这些选项，并执行这个程序。这个程序将会运行到错误或警告的断点并停在那儿，它允许程序员检查变量的每一个值，并帮助找出出错的原因。若一个错误被发现，程序员能用编辑器来更正这个 MALTAB 程序，并把更新的版本存到磁盘上，在调试没结束之前，它必须重复以上的动作。这个步骤将会重复下去直到这个程序没有错误出现。

4.1.4　程序错误的检测和处理

在 MATLAB 的命令表达式中可能存在两种类型的错误，即语法错误和运行错误。

● 语法错误。语法错误发生在 M 文件程序代码的生成过程中，一般是由于编程人员的错误操作引起的，常见的如变量或函数名拼写错误、引号或括号以及标点符号缺少或应用不当，也可能是由函数参数输入类型有误或是矩阵运算阶数不符等所引起的。

● 运行错误。运行错误一般指在程序运行过程中，出现溢出或是死循环等异常现象。

1. 错误的检测

在编程过程中，无论程序的编写多么谨慎，在不同的环境下运行时都有可能产生意外的错误。因此，有必要在程序中添加错误检测语句，保证程序在所有的条件下都能够正常运行。

1) 错误检测

与 C 语言类似，MATLAB 中的 try-catch 语句可用于错误检测。如果程序中的一些语句可能会产生非预计的结果，可以将这些语句放在 try-catch 块中。try-catch 语句可以检测所有错误，并且分别进行处理。格式如下：

```
try
    表达式 1
catch
    表达式 2
end
```

一个 try-catch 块分为两部分。第一部分以 try 开始，第二部分以 catch 开始，整个块以 end 结束。程序首先正常执行第一部分，如果有错误发生，则停止执行该部分的其他语句，转而执行 catch 中的语句。catch 部分对错误进行处理，可以显示错误提示、执行默认语句等。

在 try-catch 语句中，可以嵌套其他的 try-catch 语句，其格式如下：

```
try
    表达式 1                              %执行表达式 1
catch
    try
        表达式 2                          %尝试从错误中恢复
    catch
        disp 'Operation failed'           %处理错误
    end
end
```

2) 发出错误报告

在 MATALB 中，error() 函数可以报告错误并且中断程序运行。用户可以通过指定 error() 函数参数的方式指定将要发出的错误信息。MATALB 提供了一系列错误识别和处理函数，如表 4-2 所示。

表 4-2 错误识别和处理函数及其功能

函　数　名	功　能　描　述
echo	在函数运行时显示代码
disp	显示特定的值或信息
Sprintf&fprintf	显示不同格式和类型的数据
whos	列出工作区间的所有变量
size	显示矩阵的维数
keyboard	中断程序运行，允许用户从键盘进行交互操作
return	回复 keyboard 命令后函数的运行
warning	显示特定的警告信息
error	显示特定的错误信息
lasterror	返回最后发生的错误的相关信息
rethrow	重现已经抛出过的错误

3) 识别错误发生的原因

当错误发生时，用户需要知道错误发生的位置及错误原因，以便能够正确处理错误。lasterror()函数可以返回最后发生的错误的相关信息，辅助用户识别错误。

lasterror()函数的返回结果为一个结构体，该结构体包含三个域，分别为 message、identifier、stack。message 为字符串，其内容为最近发生的错误的相关文本信息；identifier 也是一个字符串，其内容为错误消息的类别标志；stack 为一结构体，其内容为该错误的堆栈中的相关信息。stack 包含三个域，分别为 file、name 和 line，表示文件名、函数名和错误发生的行数。

4) 错误重现

在一些情况下，需要重现已经抛出过的错误，以便于对错误进行分析，函数 rethrow() 可以重新抛出指定的错误。

该函数的格式为 rethrow(err)，其中，输入参数 err 用于指定需要重现的错误，err 必须为 MATLAB 结构体，包含 message、identifier、stack 中至少一个域，这三个域的类型与 lasterror 返回结果相同。

该语句执行后程序运行中断，将控制权转给键盘或 catch 语句的上一层模块。

rethrow()函数通常与 try-catch 语句一起使用，如：

```
try
    表达式 1
catch
    do_cleanup
    rethrow(lasterror)
end
```

2．标志符的应用

1) 消息标志符的格式

消息标志符为一个字符串，指定错误或警告消息的类别(component)及详细信息(mnemonic)。通常为"类别：详细信息"的格式。如：

MATLAB:divideByZero

Simulink:actionNotTaken

TechCorp:notFoundInPath

两个部分都需要满足如下的规则：

(1) 不能包含空格；

(2) 第一个字符必须为字母；

(3) 后面的字符可以为数字或下划线。

类别部分指定错误或警告可能发生的大体位置，通常为某一产品的名字或者工具箱的名字，如 MATLAB 或者 Control。MATLAB 支持使用多层次的类别名称。

详细信息用于指定消息的具体内容，如除数为 0 等。

以下例子为一个完整的标志符：

error('MATLAB: ambiguous Syntax', 'Syntax %s could be ambiguous.\n', inputstr).

2) 消息标志符的应用

消息标志符通常与 lasterror()函数一起应用,使得 lasterror()函数和 lasterr()函数能够识别错误的原因。lasterror()函数和 lasterr()函数返回消息标志符,用户可以通过其类别信息和详细信息分别获取错误的总体类别及具体信息。

使用消息标志符的第一步为确定目的信息并为其指定标志符。消息标志符通过 error()函数指定,格式如下:

- error('msg_id', 'errormsg')
- error('msg_id', 'formatted_errormsg', arg1, arg2, ...)

其中的消息标志符可以省略。如果 lasterror()函数不使用该信息,上面的语句可以简写为

    error('errormsg')

3. 错误处理

对于执行出现的错误,可以根据提示的错误类型,有针对性地改正,然后继续编译、运行。如果程序较大,可以像 C 语言一样设置断点、单步执行等。MATALB 提供了一系列程序断点的设置函数,如表 4-3 所示。

表 4-3　程序断点的设置函数

MATLAB 调试函数	描　　述
dbclear	取消断点
dbcont	在断点后恢复运行
dbdown	工作空间下移
dbquit	退出调试模式
dbstack	列出谁调用谁
dbstatus	列出所用的断点,显示断点信息
dbstep	执行一行或多行,用于从断点处继续执行 M 文件
dbstop	设置断点
dbtype	列出带行号的 M 文件
dbup	工作空间上移

4. 警告处理

警告用于提示用户在程序运行中出现异常情况。与错误不同的是,警告并不中断程序的运行,而是显示警告内容并继续执行。警告通过函数 warning()发出,格式与 error()函数相同,如:

    warning('Input must be a string')

    warning('formatted_warningmsg', arg1, arg2, ...)

    warning('Ambiguous parameter name, "%s".', param)

另外,与错误相同,警告也可以使用消息标志符,用以显示该警告信息的类别及具体信息。

5. 函数 M 文件中的错误处理

函数 M 文件中的一般错误处理与脚本文件一样,但对于函数 M 文件中出现的简单问题,使用下面的一种或几种方法可以方便求解。

(1) 将函数中输出关键值的行的分号(;)去掉,这样,这些运算的中间结果将在命令窗口中予以显示,用户可以据此来检查中间结果的正确性。

(2) 在函数中添加一些语句,用来显示用户认为很重要的变量的值。

(3) 使用 keyboard 命令中断程序,该命令实现函数工作区间和命令窗口工作区间的交互,从而获得用户所需要的信息,使用该命令后,程序将处于调试状态,此时命令窗口的提示符由">>"变为"K>>",用户可以进行相应的操作。

(4) 在函数头前加"%"就将函数式 M 文件变为脚本式 M 文件,而脚本式 M 文件运行时,其工作区间就是 MATLAB 的工作区间,这样在出现错误的时候就可以查询这个工作区间。

当 M 文件大,递归调用或者多次嵌套(即调用其他 M 文件函数,被调用 M 文件函数又调用其他 M 文件函数,等等)时,用 MATLAB 的调试函数会更方便。与上述所列方法相反,这些调试函数不要求将有问题的 M 文件进行编辑。表 3-6 所给出的这些函数类似于其他高级编程语言中所提供的函数。

4.1.5 程序的分析与优化

在 MATLAB 中,使用 profile()函数以及计时函数 tic()和 toc()来分析程序中各个部分的耗时情况,从而帮助用户找出程序中需要改进的地方。其中 profile()在计算相对耗时以及查找文件执行过程中瓶颈问题时更为有效,而 tic()和 toc()函数在计算绝对耗时时更为有效。

1. 通过 tic()、toc()函数进行程序运行分析

如果只需要了解程序的运行时间,或者比较一段程序在不同应用条件下的运行速度,可以通过计时器来进行。计时器包含 tic()和 toc()两个函数。tic()用于开始计时器,toc()用于关闭计时器,并计算程序运行的总时间。如:

```
tic
    所需计时的程序代码 --
toc
```

对于小程序,如果其运行时间非常短,可以通过将其多次运行,计算总体时间的方法进行,如:

```
tic
    for k = 1:100
        所需计时的程序代码 --
    end
toc
```

因为 MATLAB 是一种解释性语言,所以有时程序的执行速度不是很理想。一个目的的实现,往往可以有多种程序结构或算法,或使用不同的函数。而不同的方法,其速度是千差万别的,例如求解定积分的数值解法在 MATLAB 中就提供了 quad()和 quadl()两个函数,其中后一个算法在精度、速度上都明显高于前一种方法。所以说,在科学计算领域是存在"多快好省"的途径的。因此可以通过程序的优化,使编程、运行效率提高。

2．循环运算的优化

循环运算是 MATLAB 中的最大弱点。在程序设计中，循环语句及循环体经常被认为是 MATLAB 编程的瓶颈问题，应当尽量避免使用循环运算。如果必须使用循环运算，可通过以下两种方法进行改进，以提高其效率。

(1) 程序的向量化操作，使循环向量化：当使用 for 循环和 while 循环来增加数据结构的大小时，将影响系统和内存的使用。提高效率的可行办法是进行预定义。

用户可以通过将 M 文件向量化来优化 M 文件。所谓向量化，就是使用向量和矩阵运算来代替 For 循环和 While 循环。采取向量化的方法比常规循环运算效率可提高一倍多。

(2) 在必须使用多重循环的情况下，如果两个循环执行的次数不同，则建议在循环的外环执行循环次数少的，内环执行循环次数多的，这样也可以显著提高速度。

3．大型矩阵(数组)预先定维、预分配内存

虽然矩阵的尺寸不必预先定义，但给大型矩阵动态定维是个很耗费时间的事。如果在定义大矩阵时，首先用 MATLAB 函数，如 zeros()或 ones()对之预先进行定维、预分配内存，然后再进行赋值处理，这样会显著减少所需的时间，大大提高效率。

4．优化程序结构

优化程序结构需要考虑以下因素：

(1) 优先考虑内在函数。由于 MATLAB 的内在函数是由更底层的 C 语言编程构造的，其执行速度显然快于使用循环的矩阵运算，因此矩阵运算应该尽量采用 MATLAB 的内在函数。

(2) 采用有效的算法。在实际应用中，解决同样的数学问题经常有各种各样的算法。如果一个方法不能满足要求，可以尝试其他的方法。

(3) 避免在运行 MATLAB 时运行其他大型后台程序。

(4) 对向量赋值时尽量避免改变变量的类型或数组大小。

(5) 尽量对实数进行操作，避免复数的操作。

(6) 合理使用逻辑运算符。

(7) 避免重载 MATLAB 的内置函数和操作符。

(8) 通常情况下，函数的运行效率高于脚本文件。

(9) load()和 save()函数效率高于文件输入/输出函数。

5．应用 Mex 技术

应用 Mex 技术，以 Mex 文件的格式编写循环语句。在一个大型的 MATLAB 程序中，虽然采用了很多措施，但执行速度仍然很慢，比如说耗时的循环是不可避免的，这样就应该考虑用其他语言，如 C 或 Fortran 语言。按照 Mex 技术要求的格式编写相应部分的程序，然后通过编译连接，形成在 MATLAB 可以直接调用的动态连接库(DLL)文件，这样可以显著地加快运算速度。

4.2　M 函数

函数是 MATLAB 强有力的工具，在求解一些大的问题时，会经常使用到一些已经定义的数学函数、系统函数、其他函数或有用的命令序列等。MATLAB 中提供了两种函数表示

的方法:
- 利用 M 文件将函数定义为 MALTAB 函数。MATLAB 提供了一个创建用户自定义函数的结构,并以 M 文件的文本形式存储在计算机上。
- 匿名函数方法。通过符号"@"直接创建函数。

4.2.1 函数 M 文件

函数 M 文件与脚本文件 M 文件在通信方面是不同的。函数是一个黑箱,使用函数时,可以看见的就是输入数据和输出数据。函数与 MATLAB 工作空间之间的通信,只通过传递给它的变量和通过它所创建的输出变量。在函数内中间变量不出现在 MATLAB 工作空间,或与 MATLAB 工作空间不交互。

MATLAB 头一次执行一个函数 M 文件时,它打开相应的文本文件并将命令编辑成存储器的内部表示,以加速执行在以后所有的调用。如果函数包含了对其他函数 M 文件的引用,它们也同样被编译到存储器。而普通的脚本 M 文件不被编译,即使它们是从函数 M 文件内调用,也是如此。打开脚本 M 文件,调用一次就逐行进行注释。

函数 M 文件提供了一个简单的扩展 MATLAB 功能的方法。事实上,MATLAB 本身的许多标准函数就是函数 M 文件。

4.2.2 函数 M 文件的结构、规则和属性

一个函数 M 文件通常包含五个部分:函数定义语句、H1 帮助行、帮助文本、函数体或者脚本文件语句和注释语句。函数 M 文件必须遵循以下特定的规则。除此之外,它们还有许多的重要属性。

1. 函数定义

函数定义必须遵循以下特定的规则:

(1) 一个函数 M 文件的第一行使用 function 把 M 文件定义为一个函数,并指定它的名字。

(2) 函数名和文件名必须相同,但没有 .m 扩展名。例如,函数 fliplr()存储在名为 fliplr.m 文件中。它也定义了它的输入和输出变量。

2. 输入、输出参量

函数可以有零个或更多个输入参量,也可以有零个或更多个输出参量。

函数可以按少于函数 M 文件中所规定的输入和输出变量进行调用,但不能用多于函数 M 文件中所规定的输入和输出变量数目。如果输入和输出变量数目多于函数 M 文件中 function 语句一开始所规定的数目,则调用时自动返回一个错误。

当函数有一个以上输出变量时,输出变量包含在括号内。

例如:[V,D]=eig(A)。

3. 帮助行

正文的第一行是帮助行,称为 H1 行,H1 行是紧随函数定义语句后面的一行注释语句,是由 lookfor 命令所搜索的行,lookfor()函数只检索和显示 H1 行。

H1 行后面连续的注释行是帮助文本，当在命令窗口中通过 help 命令查询该函数的说明信息时，则在窗口中显示这些内容。

M 文件的其余部分包含了 MATLAB 创建输出变量的命令。

4．函数体

函数体为 M 文件的主要部分，是函数的执行代码。

除上面的 H1 行和帮助文本外，为了易于理解，可以在书写代码时添加注释语句。这些注释语句在编译程序时会被忽略，因此不会影响编译速度和程序运行速度，但是能够增加程序的可读性。

5．函数的工作空间

(1) 函数有它们自己的专用工作空间，与 MATLAB 的工作空间是分开的。函数内变量与 MATLAB 工作空间之间唯一的联系是函数的输入和输出变量。如果函数任一输入变量值发生变化，其变化仅在函数内出现，不影响 MATLAB 工作空间的变量。函数内所创建的变量只驻留在函数的工作空间，而且只在函数执行期间临时存在，以后就消失。因此，从一个调用到下一个调用，在函数工作空间变量存储信息是不可能的。

(2) 如果一个预定的变量(如 pi)在 MATLAB 工作空间被重新定义，它不会延伸到函数的工作空间。逆向有同样的属性，即函数内的重新定义变量不会延伸到 MATLAB 的工作空间中。

(3) 当调用一个函数时，输入变量不会拷贝到函数的工作空间，但它们的值在函数内可读。然而，只要改变输入变量内的任何值，数组就可拷贝到函数工作空间。进而，按缺省，如果输出变量与输入变量相同，例如，如果函数是 x=fun(x,y,z)中的 x，那么就将它拷贝到函数的工作空间。因此，为了节约存储和增加速度，最好是从大数组中抽取元素，然后对它们作修正，而不是使整个数组拷贝到函数的工作空间。

4.2.3 函数变量

MATLAB 的变量有输入变量、输出变量和函数内使用的变量之分，还可分为局部变量、全局变量、永久变量。

输入变量相当于函数的入口数据，也是一个函数操作的主要对象，从某种意义上来说，函数的功能就是对输入变量进行一定的操作，从而实现一定的功能。函数的输入变量为局部变量，函数对输入变量的一切操作和修改如果不依靠输出变量的话，将不会影响工作区间中该变量的值。

1．局部变量

在 M 函数文件中，所有变量默认为局部变量。因此，在一个函数文件中的变量与 MATLAB 工作区中的同名变量是完全不同的变量，它们存在内存的不同位置。

每个函数都有自己的局部变量，这些变量存储在该函数独立的工作区中，与其他函数的变量及主工作区中的变量分开存储。当函数调用结束时，这些变量随之删除，不保存在内存中。并且，除了函数返回值，该函数不改变工作区中其他变量的值。

脚本文件没有独立的工作区，当通过命令窗口调用脚本文件时，脚本文件分享主工作区，当函数调用脚本文件时，脚本文件分享主调函数的工作区。需要注意的是，如果脚本中改变了工作区中变量的值，则在脚本文件调用结束后，该变量的值发生改变。

局部变量是在函数内部使用的变量,其影响范围只能在本函数内,每个函数在运行时,都占有独立的函数工作空间,此工作空间和 MATLAB 的工作空间是相互独立的,局部变量仅存在于函数的工作空间内。当函数执行完毕之后,该变量即自行消失。

2. 全局变量

在 MATLAB 中,函数内部定义的变量都是局部变量,它们不被加载到工作区间中。有时,用户需要使用全局变量,这时要使用 global()函数来进行定义。

局部变量只在一个工作区内有效,无论是函数工作区还是 MATLAB 主工作区。与局部变量不同,全局变量可以在定义该变量的全部工作区中有效。当在一个工作区内改变该变量的值时,该变量在其他工作区中的变量同时改变。

任何函数要使用全局变量,必须首先声明,即使是在命令窗口也不例外。如果一个 M 文件中包含的子函数需要访问全局变量,则需在子函数中声明该变量,如果需要在命令行中访问该变量,则需在命令行中声明该变量。声明格式:

　　global 变量名1　变量名2

3. 永久变量

除局部变量和全局变量外,MATLAB 中还有一种变量类型为永久变量。除了通过全局变量共享数据外,函数式 M 文件还可以通过 persistent 声明一个变量,来对函数中重复使用和递归调用的变量的访问进行限制,该变量就是永久变量。

(1) 永久变量的特点如下:

① 永久变量与全局变量类似,但是只能在 M 文件内部定义,它的范围被限制在声明这些变量的函数内部,不允许在其他的函数中对它们进行改变。

② 只有该变量从属的函数能够访问该变量。

③ 当函数运行结束时,该变量的值保留在内存中。只要 M 文件还在 MATLAB 的内存中,永久变量就存在。因此当该函数再次被调用时,可以再次利用这些变量。

(2) 永久变量的定义方法:

　　persistent 变量名1　变量名2

使用格式形如 persistent (X Y Z)。

4.2.4 函数的分类

函数可分为以下几类:主函数、子函数、匿名函数、嵌套式函数、局部函数(私有函数)及重载函数。

1. 主函数

通常在 M 文件中的第一次调用的函数就叫主函数,主函数中可以包含任意数量的子函数,它们可以作为主程序的子程序。主函数可以被该文件之外的其他函数调用,而子函数只能被该文件内的函数调用。一般来说,在命令窗口或是其他的 M 文件只能调用主函数,主函数的调用就是直接调用存储该函数的 M 文件的文件名。

2. 子函数

一个 M 文件中可以包括多个函数,除主函数之外的其他函数称为子函数。子函数只能被主函数或该文件内的其他子函数调用。每个子函数以函数定义语句开头,直至下一个函数的定义或文件的结尾。

当函数中调用函数时，系统判断其函数类型的顺序为：首先判断是否为子函数，然后判断是否为私有函数，最后判断其是否为当前目录下的 M 文件函数或者系统内置函数。由于子函数具有最高的优先级别，因此在定义子函数时，可以采用已有的其他外部函数的名称。

3．局部函数

MATLAB 中把放置在"private"目录下的函数称为局部函数(私有函数)，局部函数是 MATLAB 中的另一类函数，这些函数只有 private 目录的父目录中的函数才可以调用，其他目录下的函数不能调用。

例如，当前文件夹为 matlabmath，matlabmath 中包含子文件夹 private，则 private 中的函数只能被 matlabmath 根目录下的函数及这些函数调用的 M 文件调用。

私有函数只能被其父文件夹中的函数调用，因此，用户可以开发自己的函数库，函数的名称可以与系统标准 M 函数库名称相同，而不必担心在函数调用时发生冲突，因为 MATLAB 首先查找私有函数，再查找标准函数。

局部函数与子函数所不同的是，局部函数可以被其父目录下的所有函数所调用，而子函数则只能被其所在的 M 文件的主函数所调用。所以，局部函数在可用的范围上大于子函数；在函数编辑的结构上，局部函数与一般的函数文件的编辑相同，而子函数只能在主函数文件中编辑。

4．嵌套式函数

在 MATLAB 中，一个函数内部可以定义一个或多个其他的函数，这种在内部定义的函数称做嵌套式函数。在嵌套式函数的内部也可以定义嵌套式函数。

需要注意的是，当一个 M 文件中存在嵌套函数时，该文件内的所有函数无论是主函数还是嵌套函数都必须以 end 结尾。

1) 嵌套函数的书写

定义嵌套函数时，只要在一个函数内部直接定义嵌套函数即可。

- 每个函数中可以平行嵌套多个函数。
- 嵌套函数还可以包含多层嵌套函数。

例 4-2-1 嵌套函数的结构。

解 程序如下：

```
function x = A(p1, p2)
    ...
    function y = B(p3)
        ...
    end
    ...
end
```

2) 嵌套函数的调用

一个嵌套函数可以被下列函数调用：

- 该嵌套函数的上一层函数。

第 4 章 M 脚本与 M 函数

- 同一母函数下的同级嵌套函数。
- 被任一低级别的函数调用。

5. 重载函数

重载函数是为已经存在的函数创建的一种附加应用，这些已经存在的函数被设计成专门执行某种类的句柄，当调用函数传递参数时，MATLAB 搜寻函数句柄执行函数代码。

每个重载的 MATLAB 函数都有一个类文件在 MATLAB 路径下，类保存在以@打头、类名命名的子文件夹中：@类名。例如，若用户想使 plot()函数的表达方法满足自己的需要，则需要重载 MATLAB 的 plot()函数。为此，若需要生成一个类(例如：polynom)，则需建立一个子文件夹@polynom，并在该文件夹中保存类 polynom 和自己的文件 plot.m，然后重载 polynom 类指定的 plot()函数。

函数重载为程序编写和用户调用都提供了很大的方便。函数重载允许多个函数使用相同的函数名、不同的输入参数类型。在函数调用时，系统根据输入参数的情况自动选择相应的函数执行。

4.2.5 内联函数与匿名函数

内联函数是用户用来自定义函数的一种形式，一般用于定义一些比较简单的数学函数。用命令 inline 来定义，因此叫内联函数。

1. 内联函数

使用 inline()函数可以构建一个内联对象。调用方法如下：

（1）fun=inline(expr)：使用 MATLAB 字符串表达式 expr 构建一个内联函数对象。内联函数的输入参数是通过搜索 expr，找到一个除 i、j 以外的孤立小写字母来自动确定的。如果没有找到这样的字符，就用 x，如果字符 x 不是唯一的，就使用最靠近的 x。如果找到了两个字符，则选择在字母表中靠后面的一个字符。

（2）fun=inline(expr,arg1,arg2, ...)：使用表达式 expr 构建一个内联函数对象。输入参数由串"arg1, arg2, ..."指定。

例如：f(x, y)=sin(x^2+y^2)可写成 f = inline('sin(x.^2+y.^2)','x','y')。

（3）fun=inline(expr,n)：n 是一个标量，输入参数是"x, P1, P2, ..."。

MATLAB7.x 后的版本中推荐用户使用匿名函数取代内联函数，匿名函数可以实现内联函数的几乎全部功能，而速度和方便性却比后者高很多。

2. 匿名函数

匿名函数提供了一种创建简单程序的方法，使用它的用户可以不必每次都编写 M 文件。用户可以在 MATLAB 的命令窗口或是其他任意 M 文件和脚本文件中使用匿名函数。

匿名函数的格式如下：

    fhandle = @(arglist) expr

其中，fhandle 是为该函数创建的函数句柄；@符号用于创建函数句柄；arglist 为用逗号分隔的参数列表；expr 为函数主体，是 MATLAB 表达式。

例如，f(x, y)=sin(x^2+y^2)可写成 f = (x,y)@ sin(x.^2+y.^2)。

可用匿名函数直接创建函数，例如：

```
>> fh = @(x)1./((x−0.3).^2 + 0.01) + 1./((x−0.9).^2 + 0.04)  −6;
```
例 4-2-2 有一个自定义函数 myfun.m，具体如下：

```
function y = myfun(x)
y = 1./(x.^3−2*x−5);
```

解 运行下列命令可用匿名函数求出积分结果：

```
>> Q = quad(@myfun,0,2)
Q = −0.4605
```

也可以直接运行匿名函数求出积分结果：

```
>> F = @(x)1./(x.^3−2*x−5);
>> Q = quad(F,0,2)
Q = −0.4605
```

4.3 函数的调用与函数句柄

当调用函数时，通过参数传递数据，而函数句柄提供了一种间接访问函数的手段。

4.3.1 函数参数与函数的调用

当调用函数时，主调函数通过函数参数的形式向被调函数传递数据，被调函数通过函数返回值的形式向主调函数返回数据。当调用一个函数时，需遵循下列规则。

1. 输入和输出参量的数目

(1) 当调用一个函数时，所用的输入和输出参量的数目，在其内部是定义好了的。函数工作空间变量 nargin 包含输入参量个数；函数工作空间变量 nargout 包含输出参量个数。事实上，这些变量常用来设置缺省输入变量，并决定用户所希望的输出变量。

例如，MATLAB 的函数 linspace()：

```
function y = linspace(d1, d2, n)
%LINSPACE Linearly   spaced   vector.
%    LINSPACE(X1, X2) generates  a   row   vector  of 100 linearly
%    equally spaced points between X1 and X2.
%
%    LINSPACE(X1, X2, N) generates N points between X1 and X2.
%    For N < 2, LINSPACE returns X2.
%
%    See also LOGSPACE,
%    Copyright 1984-2002 The MathWorks, Inc.
%    $Revision: 5.12 $    $Date: 2002/02/05 13:47:28 $
if nargin == 2
```

第 4 章 M 脚本与 M 函数

```
            n = 100;
        end
        y = [d1+(0:n−2)*(d2−d1)/(floor(n)−1) d2];
```

这里，如果用户只用两个输入参量调用 linspace()，例如 linspace(0,10)，表示 linspace 产生 100 个数据点。相反，如果输入参量的个数是 3，例如，linspace(0,10,50)，那么第三个参量决定数据点的个数。

(2) 可用一个或两个输出参量调用函数。例如函数 size()，尽管这个函数不是一个函数 M 文件，而是一个内置函数。size()函数的帮助文本说明了它的输出参量的选择。

```
    IZE Matrixdimensions.
        D=SIZE(X),forM-by-NmatrixX,returnsthetwo-element
        rowvector D=[M,N]
    %containing    the    number    of    row    sandcolumns    in the matrix.
        [M,N]=SIZE(X) %returns the number of   row sandcolumns
        inseparate output variables.
```

(3) 如果函数仅用一个输出参量调用，就返回一个二元素的行，它包含行数和列数。相反，如果出现两个输出参量，size 分别返回行和列。在函数 M 文件里，变量 nargout 可用来检验输出参量的个数，并按要求修正输出变量的创建。

(4) 当一个函数说明一个或多个输出变量，但没有要求输出时，就简单地不给输出变量赋任何值。MATLAB 的函数 toc()阐明了这个属性。

```
    function t=toc
        % TOC    Read the stopwatchtimer.
        %      TOC,byitself,prints the elapsedtime since TIC wasused.
        %      t=TOC;saves the elapsedtime int,instead of printing it out.
        %
        %      SeealsoTIC,ETIME,CLOCK,CPUTIME.
        %      Copyright(c)1984-94byTheMathWorks,Inc.
        % TOCusesETIMEandthevalueofCLOCKsavedbyTIC.
        globalTICTOC
        ifnargout<1
          elapsed_time=etime(clock,TICTOC)
        else
          t=etime(clock,TICTOC);
        end
```

如果用户用不以输出参量调用 toc()，例如，>>toc，那么就不指定输出变量 t 的值，函数在命令窗口显示函数工作空间变量 elapsed_time，但在 MATLAB 工作空间里不创建变量。相反，如果 toc 是以>>out=toc 调用，则按变量 out 将消逝的时间返回到命令窗口。

(5) 当一个函数的输入参量的个数超出了规定的范围，MATLAB 的 nargchk()函数提供了统一的响应。函数 nargchk()可定义为

```
    function msg=nargchk(low,high,number)
```

· 119 ·

```
%  NARGCHK Checknumberofinputarguments.
%      Returnerrormessageifnotbetweenlowandhigh.
%      Ifitis,returnemptymatrix.
%      Copyright(c)1984-94byTheMathWorks,Inc.
msg=[ ];
if(number<low)
    msg='Notenoughinputarguments.';
elseif(number > high)
    msg='Toomanyinputarguments.';
end
```

下列的文件片段表明了在一个函数 M 文件内的典型用法，即

```
error(nargchk(nargin,2,5))
```

如上所述，如果 nargin 的值小于 2，函数 error()能像前面描述的那样进行处理，nargchk() 返回字符串 '没有足够的输入参量。'。如果 nargin 的值大于 5，函数 error()执行处理，nargchk() 返回字符串 '太多输入参量。'。如果 nargin 是在 2 和 5 之间，函数 error()简单地将控制传递给下一个语句，nargchk()返回一个空字符串。也就是说，当 nargin 的输入参量为空时，error() 函数什么也不做。

2．确定的函数参数数目

在 MATLAB 中，输入/输出参数是以单元数组的形式进行传输的：输入参数以单元数组的形式传递给函数，单元数组的每个元素为相应的参数。同样，输出参数也是以单元数组的形式组织的。如此的参数组织形式便于函数接受任意数目的参数。

MATLAB 可以有任意数量的输入和输出变量，这些输入和输出参数的特性和规则如下：

● 函数式 M 文件可以没有输入和输出变量。

● 函数可以用比 M 文件中的函数定义行所规定的输入/输出变量更少的变量进行调用，但是调用变量不能比规定的输入/输出变量多。

● 在一次调用中所用到的输入和输出变量的个数可以通过分别调用函数 nargin()和 nargout()来确定。

函数 nargin()和 nargout()分别用于确定函数的输入、输出参数个数。在函数体内部用 nargin(nargout) 确定用户提供的输入(输出)参数个数。在函数体外部用 nargin(nargout) 确定一个给定的函数的输入(输出)参数个数，如果函数的参数的数目是可变的，则返回一个负值。语法如下：

(1) nargin()、nargout()：返回指定的输入、输出参数个数。

(2) nargin(fun)、nargout(fun)：返回由函数 fun 确定的输入、输出参数个数。fun 可以是函数名或函数句柄名。如果函数的输入、输出参数的数目是可变的，则 nargin()、nargout() 返回一个负值。

在函数体内部用 nargin(nargout) 确定了输入/输出参数后，可以用条件语句确定需要执行的操作。

在调用该函数时可以输入任意数目的参数，参数可以为二元数组或者表示线型的字符

串，该函数将用指定的线型绘制输入数据的图像。指定线型的字符串可以在任意位置输入，并且可以输入多个。但需要注意的是，只有最后一个字符串起作用。

在上面的程序中，将所有输入参数作为一个单元数组，利用花括号和圆括号对数组元素进行访问，实现输入参数的调用。

例 4-3-1　显示一个函数 myplot() 的接口代码，它接受一个数目可选的输入和输出参数。

```
function [x0, y0] = myplot(x, y, npts, angle, subdiv)
% MYPLOT    Plot a function.
% MYPLOT(x, y, npts, angle, subdiv)
%     The first two input arguments are
%     required; the other three have default values.
   ...
   if nargin < 5, subdiv = 20; end
   if nargin < 4, angle = 10; end
   if nargin < 3, npts = 25; end
   ...
   if nargout == 0
       plot(x, y)
   else
       x0 = x;
       y0 = y;
   end
```

注意：由于 nargin() 和 nargout() 是函数而不是变量，因此用户不能用诸如 nargin=nargin + pi 之类的语句对它们进行重新赋值。

nargin() 和 nargout() 是函数，当在函数中调用这两个函数时，其值为该函数的输入或输出参数，而不需要进行声明。如上面的例子中，在函数 A 中调用 nargin(B(nargin, y * rand(4))) 表示函数 A 的输入参数个数，在函数 C 中调用 nargin 表示函数 C 的输入参数个数。

3. 参数数目可变的函数

函数 nargin() 和函数 nargout() 允许函数接收或返回任意数目的参数。在嵌套函数中也可以使用可变参数。但需要注意的是，varargin、varargout 和 nargin、nargout 的意义可能有所不同。

varargin 和 varargout 为变量，与 MATLAB 其他变量的作用范围相同。由于嵌套函数与主函数使用相同的工作区，因此 varargin 和 varargout 既可以表示嵌套函数的输入输出参数，也可以是主函数的输入/输出函数，具体值取决于程序中的变量声明：

● 如果嵌套函数在函数声明中包含 varargin 或者 varargout，则在该函数内部调用这两个变量时，变量内容为该函数的输入输出参数；

● 如果嵌套函数声明中没有包含 varargin 或者 varargout，而在该函数的上层函数声明中包含 varargin 或者 varargout，则当在该嵌套函数内部调用这两个变量时，变量内容为上层函数的输入输出参数。

（1）varargin：代表一个可变长度的输入列表。语法如下：

```
function y = bar(varargin)
```

接受一个可变数量的参数到函数 bar.m.。

该 varargin 语句仅用于函数内部包含可选的输入参数传递给函数。该 varargin 参数必须被声明为函数的最后一个输入参数，所有的输入参数都从该点开始。在声明中，varargin 必须小写。

例 4-3-2 编写一个函数，显示所需要的和可选的参数，并将其传递给该函数。

解 程序如下：

```
function vartest(argA, argB, varargin)
optargin = size(varargin,2);
stdargin = nargin – optargin;
fprintf('Number of inputs = %d\n', nargin)
fprintf('   Inputs from individual arguments(%d):\n', ...
         stdargin)
if stdargin >= 1
    fprintf('      %d\n', argA)
end
if stdargin == 2
    fprintf('      %d\n', argB)
end

fprintf('   Inputs packaged in varargin(%d):\n', optargin)
for k= 1 : size(varargin,2)
    fprintf('      %d\n', varargin{k})
end
```

在 MATLAB 命令窗口调用该函数，可观察到提取出从 varargin 单元数组指定的参数。

```
>> vartest(10,20,30,40,50,60,70)
Number of inputs = 7
   Inputs from individual arguments(2):
      10
      20
   Inputs packaged in varargin(5):
      30
      40
      50
      60
      70
```

例 4-3-3 编写以下函数。

解 程序如下：

```
function myplot(x,varargin)
plot(x,varargin{:})
```

在 MATLAB 命令窗口调用该函数，所有的输入都从第二个输入变量 varargin 开始，myplot 使用逗号分隔列表的语法 varargin{:}传送可选的参数来绘制图形。

>> myplot(sin(0:.01:10), 'color', [.5 .7 .3], 'linestyle', '.')

varargin 结果是一个 1×4 元素的单元数组，包含 'color'、[.5 .7 .3]、'linestyle' 和 '.'。绘制出的正弦曲线图形如图 4-3 所示。

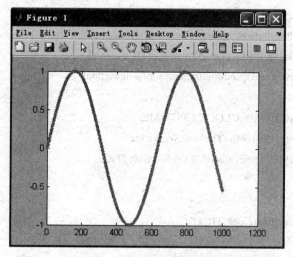

图 4-3　绘制出的正弦曲线图形

(2) varargout：代表一个可变长度的输出列表。语法如下：

function varargout = foo(n)

从函数 foo.m 返回一个可变数量的参数表。varargout 仅用于函数内部包含可选的、由函数返回的输出参数。varargout 参数必须被声明为函数的最后一个输出参数，所有输出从该点开始，在声明中，varargout 必须小写。

4．变量

(1) 全局变量可以被其他函数或工作空间共享。如果所调用函数的变量被说明是全局性的，该函数可以被其他函数共享，还可以被 MATLAB 工作空间共享，并且可以递归调用全局变量本身。如果要说明该变量是全局的，在一个函数内部或在 MATLAB 工作空间中访问一个变量，必须在函数内和每一个所希望访问的工作空间中。

全局变量使用的例子可以在 MATLAB 函数 tic 和 toc 中看到，它们结合在一起共同工作。例如在一个"跑表"程序中，函数 tic 和 toc 代码如下：

```
function tic
% TIC    Start as topwatchtimer.
%    These quence of commands
%       TIC
%       anystuff
%       TOC
%    printsthetimerequiredforthestuff.
%
```

```
%      SeealsoTOC,CLOCK,ETIME,CPUTIME.
%      Copyright(c)1984-94byTheMathWorks,Inc.
% TICsimplystoresCLOCKinaglobalvariable.
globalTICTOC
TICTOC=clock;
functiont=toc
% TOC    Readthestopwatchtimer.
%      TOC,byitself,printstheelapsedtimesinceTICwasused.
%      t=TOC;savestheelapsedtimeint,insteadofprintingitout.
%
%      SeealsoTIC,ETIME,CLOCK,CPUTIME.
%      Copyright(c)1984-94byTheMathWorks,Inc.
% TOCusesETIMEandthevalueofCLOCKsavedbyTIC.
globalTICTOC
ifnargout<1
    elapsed_time=etime(clock,TICTOC)
else
    t=etime(clock,TICTOC);
end
```

在函数 tic() 中，变量 TICTOC 说明为全局的，因此它的值由调用函数 clock() 来设定。以后在函数 toc() 中，变量 TICTOC 也说明为全局的，让 toc() 访问存储在 TICTOC 中的值。利用这个值，toc() 计算自执行函数 tic() 以来消失的时间。值得注意的是，变量 TICTOC 存在于 tic() 和 toc() 的工作空间，而不在 MATLAB 的工作空间。

(2) 实际编程中，无论什么时候应尽量避免使用全局变量。如果要使用全局变量，建议全局变量名要长，它应包含所有要使用该全局变量的函数名的大写字母，并选择以首次出现的 M 文件的名字开头。例如上面的 M 函数文件 tic() 首次出现，全局变量声明为：global TICTOC。如果遵循这些建议，则可把全局变量之间不必要的相互作用减至最小。例如，如果在另一函数或 MATLAB 工作空间说明 TICTOC 为全局的，那么它的值在该函数或 MATLAB 工作空间内可被改变，由于变量 TICTOC 只可以存在于 tic() 和 toc() 的工作空间，而不在 MATLAB 工作空间和其他函数中。TICTOC 的值由于被其他函数或 MATLAB 工作空间改变，而使得函数 toc() 得到不同的、可能是无意义的结果。

5．调用脚本 M 文件

从函数 M 文件内可以调用脚本文件。在这种情况下，脚本文件查看函数工作空间，不查看 MATLAB 工作空间。从函数 M 文件内调用的脚本文件不必用调用函数编译到内存。函数每调用一次，它们就被打开和解释一次。因此，从函数 M 文件内调用脚本文件减慢了函数的执行。

6．递归调用

函数可以递归调用，即函数 M 文件能调用它们本身。例如以下函数 ichina()：

第 4 章　M 脚本与 M 函数

```
function ichina (n)
    % ichina Recursive Function CallExample
    % Copyright(c)2010   by    LGL
    if nargin==0,n=20;end
    if n>1
        disp('中国是一个历史悠久的文明国家。')
        ichina(n-1)
    else
        disp('我是中国人!')
    end
```

调用这个函数产生以下结果：

```
>> ichina(3)
中国是一个历史悠久的文明国家。
中国是一个历史悠久的文明国家。
我是中国人!
```

递归调用函数在许多应用场合是有用的。在编制要递归调用的函数时，必须确保会终止，否则 MATLAB 会陷入死循环。最后，在一个递归函数内，如果变量说明是全局的，则该全局变量对以后所有函数调用是可用的。在这个意义下，全局变量变成静态的，并在函数调用之间不会消失。

7．函数终点

当函数 M 文件到达 M 文件终点，或者碰到返回命令 return 时，就结束执行和返回。

return 命令提供了一种结束一个函数的简单方法，而不必到达文件的终点。

MATLAB 的函数 error()在命令窗口显示一个字符串，放弃函数执行，把控制权返回给键盘。这个函数对提示函数使用不当很有用，如在以下文件片段中：

```
if length(val)>1
    error(' VAL must be a scalar. ')
end
```

这里，如果变量 val 不是一个标量，error 显示消息字符串，则把控制权返回给命令窗口和键盘。

4.3.2　函数句柄

在很多情况下，用户需要将一个函数的标识作为参数传递给另一个函数，MATLAB 支持用字符串代表函数，例如 sin 代表正弦函数，也可以使用内联函数(inline function)来传递。由于匿名函数的引入，因此使用函数句柄。

当需要调用 MALTAB 函数时，需要通过符号"@"获取函数句柄，利用函数句柄实现对函数的操作。

函数句柄提供了一种间接访问函数的手段，使用函数句柄具有以下优势：

- 用户可以很方便地调用其他函数；

- 提供函数调用过程中的可靠性；
- 减少程序设计中的冗余；
- 同时可以在使用函数的过程中保存函数相关的信息，尤其是关于函数执行的信息。

利用函数句柄可以实现对函数的间接操作，既可以通过将函数句柄传递给其他函数实现对函数的操作，也可以将函数句柄保存在变量中，留待以后调用操作。

函数句柄是一个强有力的工具，当有一个函数句柄被创建时，它将记录函数的详细信息，因此当一个句柄调用该函数时，MATLAB 立即执行，不需要进行文件搜索。尤其是反复调用一个函数时，可以节省大量的搜索时间，提高执行效率。

函数句柄的另一个重要特性是用来标识子函数、私有函数和嵌套函数。使这些"隐蔽"的函数"显现"出来。

1. 函数句柄的创建

函数句柄的创建比较简单，是通过 @ 符号创建的，其格式为

　　fhandle = @functionname。

其中，fhandle 为所创建的函数句柄，functionname 为所创建的函数。

例如：trigFun = @sin;

可以使用单元数组保存函数句柄，如 trighandle = {@sin, @cos, @tan};使用时只需引用该函数所在单元。

2. 函数句柄的调用

通过函数句柄实现对函数的间接调用，其调用格式与直接调用函数的格式相同。

例如，在命令窗口中调用程序：

```
>> trigFun(pi/2)
ans =
    1
>>plot(trigFun (-pi:0.01:pi))      %该语句调用上面创建的函数句柄 trigFun 绘制正弦曲线
```

如果使用单元数组保存函数句柄，则可以通过句柄调用数组中的函数。例如：plot(trighandle{2}(-pi:0.01:pi))，调用函数句柄 trighandle 绘制余弦曲线。

3. 函数句柄的操作

MATLAB 还提供了一些函数专门用于处理和应用句柄，如表 4-4 所示。

表 4-4　函数句柄的操作函数

函 数 名	功 能 描 述
functions	返回函数句柄的相关信息
func2str	根据函数句柄创建一个函数名的字符串
str2func	由一个函数名的字符串创建一个函数句柄
save	从当前工作区间向 M 文件保存函数句柄
load	从一个 M 文件中向当前工作区间调用函数句柄
isa	判断一个变量是否包含由一个函数句柄
isequal	判断 2 个函数句柄是否为某一相同函数的句柄

1) functions()函数

functions()函数返回一个句柄的详细信息，通常在程序调试期间使用。如：

```
>> functions(trigFun)
ans =
    function: 'sin'
        type: 'simple'
        file: ''
```

2) func2str()、str2func()函数

func2str()函数将根据函数句柄创建一个函数名的字符串。例如：

```
>> func2str(trigFun)
ans =
sin
```

str2func()函数与上述函数相反，由一个函数名的字符串创建一个函数句柄。例如：

```
>> coshd=str2func('cos')
ans =
    @cos
```

例 4-3-4　用一个函数来对任意多个向量计算每个向量的平均值、中位值和标准方差。

解　可以使用下面的方法来计算：

```
function [varargout]=stat(varargin)
for j=1:length(varargin)
    x=varargin{j};    %取出输入参数
    %将结果放入结构中
    y.medel=mean(x);
    y.median=median(x);
    y.std=std(x);
    varargout{j}=y;   %将结果放入输出变量中
end
```

在上面的程序中，首先从细胞矩阵 varargin 中取出一个输入的参量，然后计算出这个参量的平均值、中位值和标准方差，并将其结果保存到结构 y 中。最后将这个结构放入到细胞矩阵 varargout 的一个细胞中。

运行上面的程序能得到下面的结果：

```
>> a=[1 2 3 4];b=[5 6 9 12 3];
>> [a1,b1]=stat(a,b)
a1 =
     medel: 2.5000
    median: 2.5000
       std: 1.2910
b1 =
     medel: 7
```

median: 6
std: 3.5355

4.4 函数编程的实例

4.4.1 函数编程

假设我们需要生成一个 n×m 阶 Hilbert 矩阵，它的第 i 行、第 j 列的元素值为 1/(i+j−1)。想要在编写的函数中实现下面几点：

(1) 如果只给出一个输入参数，则会自动生成一个方阵，即令 m=n；
(2) 在函数中给出合适的帮助信息，包括基本功能、调用方式和参数说明；
(3) 检测输入和返回变量的个数，如果有错误则给出错误信息；
(4) 如果调用时不要求返回变量，则将显示结果矩阵。

1. 函数编程

根据 MATLAB 函数编写格式和上述要求，我们可以编写出以下函数：

```
function A=myhilb(n, m)
% MYHILB 是一个 M 函数的演示实例..
% A=MYHILB(N, M) 产生一个 N 行 M 列的 Hilbert 矩阵 A.
% A=MYHILB(N)产生一个 N 行 N 列的方形 Hilbert 矩阵 A.
%MYHILB(N,M) 只显示 Hilbert 矩阵，但不向调用的函数返回任何矩阵名称。
%See also: hilb.
% 2011 年 4 月编制
if nargout>1, error('Too many output arguments.');
end
if nargin==1, m=n;
elseif nargin==0 | nargin>2
error('Wrong number of iutput arguments.');
end
A1=zeros(n,m);
for i=1: n
   for j=1:m
   A1(i,j)=1/(i+j−1);
   end,
end
if nargout==1, A=A1;
elseif nargout==0, disp(A1);
end
```

2. 显示帮助信息

规范编写的函数用 help 命令可以显示出其帮助信息：

>> help myhilb

  MYHILB 是一个 M 函数的演示实例.

    A=MYHILB(N, M) 产生一个 N 行 M 列的 Hilbert 矩阵 A.

    A=MYHILB(N) 产生一个 N 行 N 列的方形 Hilbert 矩阵 A.

    MYHILB(N,M) 只显示 Hilbert 矩阵，但不向调用的函数返回任何矩阵名称。

    See also: hilb.

    2011 年 4 月编制

3. 函数调用

有了函数之后，可以采用下面的方法来调用它，并产生出所需的结果。

(1) 产生一个 N 行 M 列的 Hilbert 矩阵 A：

>> A=myhilb(3,4)

A =

  1.000000000000000 0.500000000000000 0.333333333333333 0.250000000000000
  0.500000000000000 0.333333333333333 0.250000000000000 0.200000000000000
  0.333333333333333 0.250000000000000 0.200000000000000 0.166666666666667

(2) 产生一个 N 行 N 列的方形 Hilbert 矩阵 A：

>> A=myhilb(3)

(3) 只显示 Hilbert 矩阵，但不向调用的函数返回任何矩阵名称：

>> myhilb(4)

(4) 检测输入和返回变量的个数，如果有错误则给出错误信息。

- 输入变量多：

>> A=myhilb(3,4,2)

??? Error using ==> myhilb

Too many input arguments.

- 输出变量多：

>> [A,B]=myhilb(3)

??? Error using ==> myhilb

Too many output arguments.

4.4.2 类的建立与函数重载

  MATLAB 提供的许多函数都可以像自己的文件一样使用，但调用函数会使运行速度放慢，较浪费运行时间，有些 MATLAB 函数经过预编译成可执行程序，在程序运行时调用则效率更高，这些函数称为内建(built-ins)函数，MATLAB 的许多函数都可以重载，以便用于控制执行不同的类。

  所谓函数重载，是指同一个函数名可以对应着多个函数的实现。每种实现对应着一个函数体，这些函数的名字相同，但是函数的参数的类型不同。这就是函数重载的概念。函数重载在类和对象的应用尤其重要。

假设我们想为多项式建立一个单独的类，重新定义加、减、乘及乘方等运算，并定义其显示方式。

1. 建立类

建立一个类至少应该执行下面的步骤：

(1) 首先应该确定一个有意义的名字，例如：polynom。并以这个名字建立一个子目录，目录的名字前加@。即在当前的工作目录下建立@polynom 子目录，而这个目录不必在MATLAB 路径下再指定。

(2) 编写一个引导函数，函数名应该和类同名 polynom。定义类的使用方法：

```
function p = polynom (a)
if nargin == 0
    p.c = []; p = class(p,'polynom');
elseif isa(a,'polynom'), p = a;
else,
    p.c = a(:).'; p = class(p,'polynom');
end
```

本函数考虑了以下三种情况：
- 如果不输入变量，则会建立一个空的多项式；
- 如果输入变量 a 已经为多项式类，则将它直接传送给输出变量 p；
- 如果 a 为向量，则将此向量变换成行向量，再构造成一个多项式对象。

2. 显示函数重载

如果想正确地显示新定义的类，则必须先定义 display()函数，并对新定义的类重新定义其基本运算。对多项式来说，我们可以定义有关的函数，即若要改变显示函数的定义，则需在此目录下重新建立一个新函数 display()。这种重新定义函数的方法又称为函数的重载。

显示函数可以重载定义如下：

```
function display(p)
    disp(' '); disp([inputname(1),' = '])
    disp(' '); disp([' ' char(p)]); disp(' ');
```

注意，这里应该定义的是 display()而不是 disp()。

根据以上定义可见，显示函数要求重载定义 char()函数，把多项式字符转换成可显示的字符串，用于命令窗口的格式化输出。该函数的定义为

```
function s=char(p)
if all(p.c==0), s ='0';
    else
        d=length(p.c)−1; s=[];
        for a=p.c;
            if a~=0;
                if~isempty(s)
```

```
                if a>0, s=[s, ' + '];
                else, s=[s, ' – ']; a = –a;
            end
        end
    if a~=1 | d==0, s=[s, num2str(a)];
        if d>0, s=[s, '*'];
    end
    end
        if d>=2, s=[s, 'x^', int2str(d)];
            elseif d==1, s=[s 'x'];
        end
        end
        d=d–1;
    end
end
```

该函数能自动地按照多项式显示的格式构造字符串。比如，多项式各项用加减号连接，系数与算子之间用乘号连接，而算子的指数由 ^ 表示。再配以显示函数，则可以将此多项式以字符串的形式显示出来。

例如，语句 p = polynom([1 0 –2 –5]) 可以生成 polynom 对象：

p = x^3 – 2*x – 5

3．双精度处理

转换标准的 MATLAB 数值类型，以便进行算术运算。双精度转换函数的重载定义如下：

```
function c = double(p)
c = p.c;
```

4．加法运算重载

两个多项式相加，只需将其对应项系数相加即可。这样，要对加法运算的 plus() 函数进行重载定义：

```
function p=plus(a,b)
a=polynom(a); b=polynom(b);
k=length(b.c)-length(a.c);
p=polynom([zeros(1,k) a.c]+[zeros(1, –k) b.c]);
```

5．减法运算重载

与加法运算重载一样，还可以重载定义多项式的减法运算：

```
function p=minus(a,b)
a=polynom(a); b=polynom(b);
k=length(b.c)–length(a.c);
p=polynom([zeros(1,k) a.c]–[zeros(1, –k) b.c]);
```

6．乘法运算重载

多项式的乘法实际上可以表示为系数向量的卷积，可以由 conv() 函数直接获得。故可以如下重载定义多项式的乘法运算：

```
function p=mtimes(a,b)
    a=polynom(a); b=polynom(b);
    p=polynom(conv(a.c,b.c));
```

7．乘方运算重载

多项式的乘方运算只限于正整数乘方的运算，其 n 次方相当于将该多项式自乘 n 次。若 n=0，则结果为 1。这样我们就可以重载定义多项式的乘方运算：

```
function p=mpower(a,n)
if n>=0, n=floor(n); a=polynom(a); p=1;
    if n>=1,
        for i=1:n, p=p*a; end
    end
else, error(' 乘方运算只限于正整数！')
end
```

8．多项式求值重载

可以对多项式求值函数 polyval() 进行重载定义：

```
function y=polyval(a,x)
    a=polynom(a);
    y=polyval(a.c,x);
```

9．根函数重载

可以对多项式求根函数 roots() 进行重载定义：

```
function r = roots(a)
    % roots(obj) returns a vector containing the roots of   a
    r = roots(a.c);
end
```

10．微分函数重载

可以对多项式求根函数 roots() 进行重载定义：

```
function r = roots(a)
    function q = diff(a)
        % diff(a) is the derivative of the DocPolynom a
        C = a.c;
        d = length(C)-1;   % degree
        q = Polynom(a.c(1:d).*(d: -1:1));
    end
```

11．绘图函数重载

可以对多项式求绘图函数 plot() 进行重载定义：

```
function plot(a)
    % plot(obj) plots the DocPolynom obj
```

```
    r = max(abs(roots(a)));
    x = (−1.1:0.01:1.1)*r;
    y = polyval(a,x);
    plot(x,y);
    title(['y = ' char(a)])
    xlabel('X')
    ylabel('Y','Rotation',0)
    grid on
end
```

将上述所有重载函数和引导函数 polynom() 都保存在 @polynom 子目录中。
使用 methods() 函数可以列出刚建的新类和已经定义的方法函数名。例如：

```
>> methods('polynom')

Methods for class polynom:

char      display   minus     mtimes    plus      polyval
diff      double    mpower    plot      polynom   roots
```

定义了这些类之后，我们就可以方便地进行多项式处理了。

例 4-4-1 构建重载函数的多项式对象。

建立两个多项式对象：P(s)=x^4−1.2x^3+3x^2−6 和 Q(s)=4x^4+3x^3−5x^2+6x+10。

其 MATLAB 语句如下：

```
>> P=polynom([1, −1.2,3,0, −6]), Q=polynom([4,3, −5,6,10])
P = x^4−1.2*x^3 + 3*x^2−6
Q = 4*x^4 + 3*x^3 −5*x^2 + 6*x + 10
```

然后调用重载函数就可以得出相应的计算结果。

思考与练习

4.1 如何启动 M 文件编辑/调试器？

4.2 M 文件的类型有哪两种？命令文件与函数文件的主要区别是什么？

4.3 如何定义全局变量？

4.4 什么是内联函数和匿名函数？

4.5 自定义一个函数，用于求算术平均数，要求输出参数有平均数、合计数和数据长度。并在 MATLAB 命令窗口调用该函数。

4.6 利用例 4-4-1 中的两个多项式对象，使用各重载函数计算：

(1) P+Q、P−Q、P × Q；

(2) P−[1 2 3]、Q+[1 2 3]；

(3) 乘方运算重载：n=2。

4.7 多项式求值重载，x=[1 2 3 4 5 6]。

4.8 微分函数和根函数重载求值。

4.9 使用绘图重载函数绘制多项式 P = x^4−1.2*x^3 + 3*x^2−6 的图形。

4.10 编制一个 m 文件，等待键盘输入，输入密码 798，密码正确，显示输入密码正确，程序结束；否则提示，重新输入。

4.11 编写 m 函数文件求底面半径为 r、高为 h 的圆柱体的体积。

4.12 编写一个 m 函数，从键盘输入若干个数，当输入 0 时结束输入，求这些数的平均值和立方和。

第5章 图形绘制

MATLAB 的图形绘制包括 2D 和 3D 图形，可以使用绘图工具(Plotting Tools)绘制，也可以使用编程方法绘制。编程方法既可以交互形式直接在工作空间绘图，也可以生成 M 文件，然后编译、调试、运行。

5.1 绘制二维图

在 MATLAB 中绘制二维曲线图是最为简便的，如果将 X 轴和 Y 轴的数据分别保存在两个向量中，同时向量的长度完全相等，那么可以直接调用函数进行二维图形的绘制。在 MATLAB 中，绘图命令 plot 绘制 x-y 坐标图；loglog 命令绘制对数坐标图；semilogx 和 semilogy 命令绘制半对数坐标图；polor 命令绘制极坐标图。

5.1.1 绘制二维线性图

1. plot()函数与线性线条

plot()是一个最常用的绘图函数，使用 plot()可绘制一个连续的线性图。语法格式如下：
(1) plot(Y)：该命令中的 Y 可以是向量、实数矩阵或复数向量。

如果 Y 是实数向量，则以向量的索引为横坐标，以向量元素值为纵坐标绘制图形，以直线段顺序连接各点。

如果 Y 是矩阵，则绘制 Y 的各列。

如果 Y 是复向量，则以复数的实部为横坐标，虚部为纵坐标绘制图形，即 plot(Y)相当于 plot(real(Y),imag(Y))，而在其他的绘图格式中复数的虚部会被忽略。

例如输入下列命令：

```
>> x = -pi:pi/10:pi;
>> y = sin(x);
>> plot(y)
```

该程序绘制出的线条图形如图 5-1 所示。

(2) plot(X,Y)、plot(X1,Y1,...,Xn,Yn)：该命令中的 X 和 Y 可以为向量和矩阵，当 X 和 Y 的结构不同时，则有不同的绘制方式：

- X 和 Y 均为 n 维向量时，以 X 的元素为横坐标，Y 的元素为纵坐标绘制图形，绘出每个向量 Yn 对向量 Xn 的值。
- 如果 Yn 或 X 之中一个是矩阵，而另一个是向量，则按向量的维数绘制向量对矩阵的行或列的图形。X 为 n 维向量，Y 为 m×n 或 n×m 矩阵时，以 X 的元素为横坐标，绘制 Y 的 m 个 n 维向量。
- X、Y 均为 m×n 矩阵时，以 X 的各列为横坐标，Y 的对应列为纵坐标绘制图形。
- 如果 Xn 是一个标量而 Yn 是一个向量，则在垂直于 Xn 方向绘制出 Yn 离散的点。

如果 Xn 或 Yn 是复数，则虚部被忽略。

如果输入下列命令：

>> x=0:0.05:5;
>> y=sin(x.^2);
>> plot(x,y);

则该程序绘制出的线条图形如图 5-2 所示。

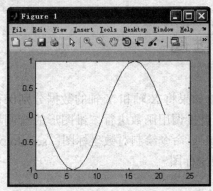

图 5-1　plot(y)线条图形

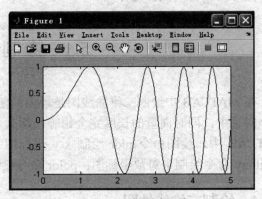

图 5-2　plot(x,y)线条图形

(3) plot(X1,Y1,LineSpec,…,Xn,Yn,LineSpec)：LineSpec 用于控制图像外观，指定线条的类型(如实线、虚线、点划线等)、标志符号、颜色等属性。该参数的常用设置选项如表 5-6 所示。

plot(X1,Y1,LineSpec,'PropertyName',PropertyValue)：使用属性名称和属性值指定线条的特性。还可以设置其中的 4 种附加的属性，如表 5-1 所示。

表 5-1　线型的 4 种附加属性

属　　性	说　　明
LineWidth	用来指定线的宽度
MarkerEdgeColor	用来指定标识表面的颜色
MarkerFaceColor	填充标识的颜色
MarkerSize	指定标识的大小

如果输入下列命令：

x = -pi:pi/10:pi;

y = sin(x);

plot(x,y,'--rs','LineWidth',2,...

　　　'MarkerEdgeColor','k',...

'MarkerFaceColor','g',...
'MarkerSize',10)

则绘制出指定属性的线条图形如图 5-3 所示。

2. 使用 plot()绘向量图

如果 y 是一个向量，则 plot(y)根据 y 中的元素绘制一个线性图：

>> y=[0., 0.48, 0.84, 1.0, 0.91, 6.14]
>> plot(y)

它相当于命令：plot(x, y)，其中 x=[1,2,…,n]或 x=[1;2;…;n]，即向量 x 的下标编号 n 为向量 y 的长度，如图 5-4 所示。

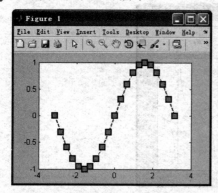

图 5-3　指定属性的线条图形

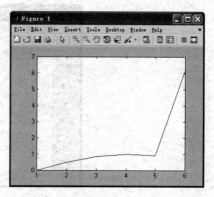

图 5-4　向量图

3. fplot()函数绘制函数图像

只要计算函数在某一区间的值，并且画出结果向量，就可以绘制出一般得到函数的图形，在大多数情况下，这种图形能够满足使用。然而，有时一个函数在某一区间是平坦并且无激励的，但在其他区间却失控，在这种情况下，运用传统的绘图方法会导致图形与函数真正的特性相去甚远。

如果要求函数图像具有直观的特性，即可以通过函数图像查看出一个函数的总体特征，MATLAB 则提供了一个称为 fplot()的绘图函数。该函数能够细致地计算出要绘图的函数，并确保在输出的图形中表示出所有的奇异点。fplot()函数使用限定函数名称在限定区域绘图，并可扩展用于符号作图。

该函数的输入需要知道以字符串表示的被绘制函数的名称以及 2 元素数组表示的绘图区间，其调用格式如下：

- fplot(fun,limits)
- fplot(fun,limits,LineSpec)
- fplot(fun,limits,tol)
- fplot(fun,limits,tol,LineSpec)
- fplot(fun,limits,n)
- fplot(fun,lims,...)
- fplot(axes_handle,...)
- [X,Y] = fplot(fun,limits,...)

其中，参数 limits 用于指定绘制图像的范围。limits 是一个向量，用于指定 x 轴的范围，格式为[xmin,xmax]，也可以同时指定 y 轴的范围，格式为[xmin xmax ymin ymax]。参数 fun 用于绘制 fun 指定的函数的图形。fun 可以是 M 文件名，可以是包含变量 x 的字符串，该字符串可以传递给函数 eval，该字符串可以是一个函数名，如 sin、tan 等，例如：fplot('sin', [0 4*pi])；也可以是函数句柄。参数 fun 可以是带上参数 x 的函数表达式，如 sin(x)，diric(x,10)，例如：fplot('sin(1 ./ x)', [0.01 0.1])，fplot('abs(exp(-j*x*(0:9))*ones(10,1))',[0 2*pi],'-o')等。也可以是一个用方括号括起来的函数组，如[sin, cos]。例如：

>>fplot('[sin(x), cos(x) , tan(x)]', [2*pi 2*pi 2*pi 2*pi])

fplot()所绘制的图形如图 5-5 所示。

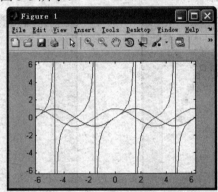

图 5-5 fplot 函数绘制的图形

fplot()适用于任何具有单输入和单输出向量的函数 M 文件，不能绘制内联函数。输出变量 y 返回一个与输入 x 同样大小的数组，在数组到数组意义上 y 和 x 有联系。

在使用 fplot 的过程中，要给函数名加上引号，即 fplot 需要知道字符串形式的函数名。例如 fplot('humps' , [0 , 2])，如果输入 fplot(humps , [0 , 2])，MATLAB 则认为 humps 是工作空间中的一个变量，而不是函数的名称。

5.1.2 stem()绘制离散图形

stem()函数绘制离散数据的图形。语法如下：

(1) stem(Y)：沿 x 轴按等间隔绘制序列 Y 的图形，当 Y 是矩阵时，使用所有元素的数据绘制。

(2) stem(X,Y)：绘制 X 对 Y 的图形，X、Y 必须是向量或同样大小的矩阵。

(3) stem(...,'fill')：将离散图形末端的小圆圈用当前的颜色填充。

(4) stem(...,LineSpec)：按 LineSpec 指定的线条属性绘制。

(5) stem(axes_handle,...)：用 axes_handle 句柄指定的轴对象代替当前的轴对象绘制。

(6) h = stem(...)：返回离散绘图句柄 h。

例如，输入下列命令：

```
>> x = 0:0.1:4;
>> y = sin(x.^2).*exp(-x);
>> stem(x,y)
```

stem()绘制出的离散图形如图 5-6 所示。

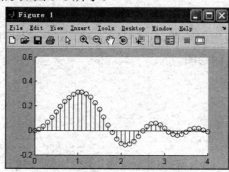

图 5-6　离散图形

5.1.3　对数图

loglog()、semilogx()、semilogy()等函数用于绘制对数坐标图形，其用法与 plot 相似，这些命令允许数据在不同的图形页面上绘制，例如不同的坐标系统。

1．对数坐标绘图

用 log10-log10 标度绘图，即 x、y 轴坐标都是常用对数。语法如下：
- loglog(Y)
- loglog(X1,Y1,...)
- loglog(X1,Y1,LineSpec,...)
- loglog(...,'PropertyName',PropertyValue,...)
- h = loglog(...)

例如，输入下列代码：

```
>> x = logspace(-1,2);
>> loglog(x,exp(x),'-s')
>> grid on
```

绘制出的对数坐标图形如图 5-7 所示。

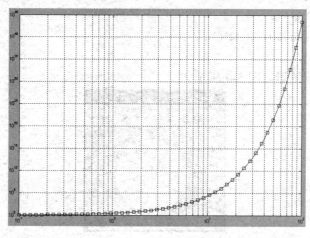

图 5-7　对数坐标图形

2. 半对数坐标绘图

- semilogx：用半对数坐标绘图，x 轴是 log10，y 是线性的。
- semilogy：用半对数坐标绘图，y 轴是 log10，x 是线性的。

例 5-1-1 用半对数坐标绘图。

```
t=0.001:0.002:20;
y=5 + log(t) + t;
semilogx(t,y, 'b')
hold on
semilogx(t,t+5, 'r')
```

绘制出的半对数坐标图形如图 5-8 所示。

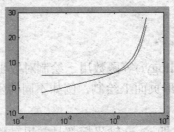

图 5-8 半对数坐标图形

5.1.4 polar() 绘制极坐标图

MATLAB 中的一个重要的函数称做 polar()，它用于在极坐标系中画图。这个函数的基本形式如下：

    polar(theta, rho)

使用相角 theta 为极坐标形式绘图；rho 代表一个距离数组，为相应的极半径，可使用 grid 命令画出极坐标网格。用 polar() 来画以角度为自变量的函数的极坐标图是非常有用的。与其他绘图函数一样，可以设置线型属性，可以返回函数句柄。

例如，输入下列命令：

```
>> t=0:0.01:2*pi;
>> polar(t,abs(sin(2*t).*cos(2*t)));
>> grid on
```

绘制出的极坐标图形如图 5-9 所示。

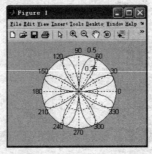

图 5-9 极坐标图形

5.2 常用图形的绘制

5.2.1 绘制直线、矩形、圆和椭圆

1. 绘制直线

line()函数用于绘制直线。语法如下：

(1) line：在当前轴中绘制直线，默认值 x = [0 1]、y = [0 1]。

(2) line(X,Y)：在当前轴中按照向量 X、Y 绘制直线，如果 X、Y 是大小相同的矩阵，则为每一列绘制一条直线。

例如，line([0 1],[3 3])：表示 x1 = 0、x2 = 1，y1 = 3、y2 = 3，即从 y = 3 处绘制 0～1 的水平线。

(3) line(X,Y,Z)：按三维坐标绘制直线。

(4) line(X,Y,Z,'PropertyName',propertyvalue,...)：按三维坐标，根据指定的线型等属性绘制直线。

(5) line('XData',x,'YData',y,'ZData',z,...)：低层绘制直线函数。

(6) h = line(...)：返回图形句柄 h。

例如：

>> line([.3 .7],[.4 .9],[1 3],'Marker','.','LineStyle','-')

在三维坐标中，根据指定的线型等属性绘制直线。

Marker 的选项如下：

- '+'：加号；'o'：小圆圈；'*'：星号；'.'：点；'x'：交叉符号。
- 'square' or 's'：方框；'diamond' or 'd'：钻石。
- '^'、'v'：上下三角；'>'、'<'：左右三角。
- 'pentagram' or 'p'：五星；'hexagram' or 'h'：六星。
- 'none'：无标志，默认。

LineStyle 的选项如下：

- '–'：实线，默认；'--'：断画线。
- ':'：点线；'-.'：点画线。
- 'none'：无。

2. 绘制矩形

使用 rectangle()函数可以生成 2D 的 rectangle 对象，即绘制方形图形。语法如下：

(1) rectangle()：以位置属性 Position [0,0,1,1] 和曲线属性 Curvature [0,0](代表无曲线)绘制矩形图形。

(2) rectangle('Position',[x,y,w,h])：指定位置属性 Position，从点(x,y)开始，以 width = w、height = h 值，按轴的数据单位绘制矩形图形。

(3) rectangle('Curvature',[x,y])：指定曲线属性 curvature，可以使矩形图形变为椭圆图形。

水平的 curvature 属性 x 是矩形宽度对曲线从顶部到底部高度的比例，垂直的 curvature 属性 y 矩形高度对曲线从左边到右边宽度的比例。

x 和 y 值可以是 0(无曲线)～1(最大曲线)，值[0,0] 生成方形，值[1,1]生成椭圆形。如果只指定 Curvature 的一个值，在水平和垂直方向以同样长度，按轴的数据单位绘制曲线。

(4) rectangle('PropertyName',propertyvalue,...)：使用指定的属性名和属性值，绘制矩形。属性 PropertyName 和取值 propertyvalue 如下：

- Position：位置属性，4 个元素的向量[x, y, width, height]，表示矩形的位置和大小。x、y 指定矩形左下角坐标，width、height 按默认的正常单位指定矩形的宽和高。
- Units：取值单位为{Normalized} | inches | centimeters | characters | points | pixels，Normalized(正常)是默认值。
- EdgeColor：矩形对象的边沿颜色，取值为 3 元素的 RGB 向量：ColorSpec {[0 0 0]} | none |。RGB 向量值和代表的颜色如表 5-2 所示。

表 5-2 RGB 向量值和代表的颜色

RGB 值	缩写	颜　色
[1　1　0]	y	yellow
[1　0　1]	m	magenta
[0　1　1]	c	cyan
[1　0　0]	r	red
[0　1　0]	g	green
[0　0　1]	b	blue
[1　1　1]	w	white
[0　0　0]	k	black

- FaceAlpha：矩形对象的背景透明度，取值为标量，范围为[0 1]。默认为 1，表示不透明；0 为完全透明。
- FaceColor：区域内的填充颜色。取值为{flat} | none | ColorSpec。
  > ColorSpec：取值为 3 元素的 RGB 向量或 MATLAB 预定义的颜色名称。
  > none：不填充区域，但边沿颜色仍按 EdgeColor 执行。
  > flat：默认值，填充区域按图形框 figure 的 colormap 颜色填充。
- LineStyle：线型。取值为 {-} | -- | : | -. | none
- LineWidth：线条的宽度。默认 LineWidth= 0.5 points，1 point = 1/72 inch。

(5) h = rectangle(...)：返回矩形对象句柄 h。

例 5-2-1 设置方位比率为 daspect[1,1,1]，使矩形协调地显示，根据 curvature 属性，可改变矩形的不同形状。

解 (1) curvature 属性值为[0,0]可生成矩形。程序代码如下：

```
>> rectangle('Position',[0.59,0.35,3.75,1.37],...
            'Curvature',[0,0],...
            'LineWidth',2,'LineStyle','--')
daspect([1,1,1])
```

绘制出的矩形如图 5-10 所示。

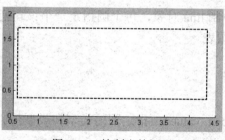

图 5-10　绘制出的矩形

(2) 如果 curvature 属性的 x、y 值不同,则在矩形的基础上按指定的比率数值压缩,生成圆方形。例如若用上述程序改为 "'Curvature',[0.8,0.4]",则生成的圆方形如图 5-11 所示。

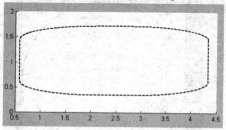

图 5-11　生成圆方形

(3) 如果只指定 Curvature 的单个值,例如 "'Curvature',[0.4]",在水平和垂直方向以同样长度,按轴的数据单位绘制出圆角矩形曲线,如图 5-12 所示。

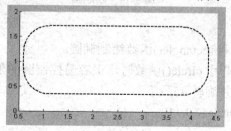

图 5-12　绘制圆角矩形曲线

(4) 如果 Curvature 的值为[1],其短边为完整的半圆,如图 5-13 所示。

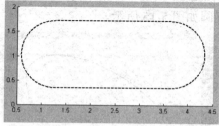

图 5-13　短边为完整的半圆

3. 绘制圆

circle()函数用于绘制圆。语法如下:

[hlines, hsm] = circle(h, freq, type1, value1, ..., typen, valuen, hsm):在 Smith 图表上绘制指定的圆,并返回下列句柄:

- hlines：向量句柄控制 line 对象，每个圆指定一个该句柄。
- hsm：用于 Smith 图表。

各参数意义如下：
- h：rfckt 对象句柄。
- freq：单个频率点。
- type1, value1, ..., typen, valuen：指定圆的类型和类型值。例如：

```
>> circle = rsmak('circle');
>> fnplt(circle), axis square
```

绘制的圆如图 5-14 所示。

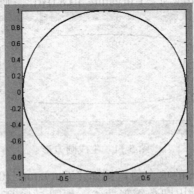

图 5-14　绘制圆

4．绘制椭圆

可以使用 circle()函数和 rectangle()函数绘制椭圆。

(1) 由圆绘制椭圆。使用 circle()函数时，很容易控制圆的形状而获得椭圆，例如下面的命令将圆拉伸为椭圆，并旋转 45°：

```
>> ellipse = fncmb(circle,[2 0;0 1]);
s45 = 1/sqrt(2);
rtellipse = fncmb(fncmb(ellipse, [s45 −s45;s45 s45]), [1;1] );
hold on, fnplt(rtellipse), hold off
```

用 circle()函数绘制的椭圆如图 5-15 所示。

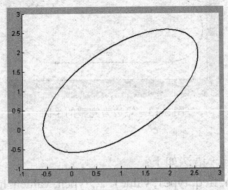

图 5-15　用 circle()函数绘制的椭圆

(2) 使用 rectangle()函数绘制椭圆。指定曲线属性 curvature 为[1,1]，可以使矩形图形变为椭圆图形。例如，在例 5-2-1 中，设置"'Curvature',[1,1]"，所绘制的椭圆如图 5-16 所示。

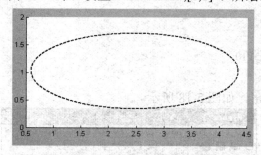

图 5-16　用 rectangle()函数绘制椭圆

例 5-2-2　用 rectangle()函数绘制椭圆，并指定填充颜色。

解　输入程序：

rectangle('Position',[1,2,5,10],'Curvature',[1,1],... 'FaceColor','r')
daspect([1,1,1])
xlim([0,7])
ylim([1,13])

运行程序，绘制出如图 5-17 所示的指定填充颜色的椭圆。

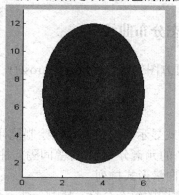

图 5-17　指定填充颜色的椭圆

5.2.2　绘制偏差条图形

可使用 errorbar()函数沿曲线绘制数据的偏差条，其语法格式如下：

(1) errorbar(Y,E)：绘制 Y 和 Y 的每一个元素的偏差 E，偏差条 E(i)的中心位于曲线上，与曲线上下对称的偏差距离是 E(i)，因此偏差条的长度是动态的，并且长度为 2×E(i)。

(2) errorbar(X,Y,E)：以 2×E(i)的对称长度绘制 Y 对 X 的偏差条，X、Y、E 必须是同样大小。当它们是向量时，偏差距离 E(i)由(X(i),Y(i))定义；当它们是矩阵时，偏差距离 E(i,j)由(X(i,j),Y(i,j)).定义。

(3) errorbar(X,Y,L,U)：绘制 X 对 Y 带不对称偏差条的曲线，偏差条长度为 L(i)+U(i)，L(i)、U(i)分别指定曲线下部和上部部分偏差条的长度。

(4) errorbar(...,LineSpec)：按 LineSpec 指定的线条属性绘制。

(5) h = errorbar(...)：返回绘图句柄 h。

例如，输入下列命令：

```
>> x=-2:0.1:2;
>> y=erf(x);
>> e = rand(size(x))/10;
>> errorbar(x,y,e);
```

绘制出偏差条状图形，如图 5-18 所示。

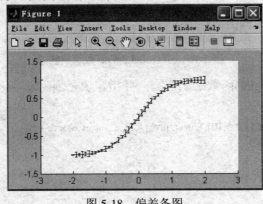

图 5-18　偏差条图

5.2.3　绘制直方图与其正态分布曲线

MATLAB 中有两个绘制直方图的函数：hist()和 rose()，它们分别用于在直角坐标系和极坐标系中绘制直方图。

1. hist()函数

hist()函数以柱状的分布方式显示数据值，可以绘制统计频率直方图。语法如下：

(1) n = hist(Y)：把向量 Y 的元素分到 10 份等间隔的柱状分格中，绘制 Y 的直方图。每个柱状分格根据元素号按行向量形式排列。

(2) n = hist(Y,x)：指定直方图的每个分格，其中 x 是一个向量，Y 按 length(x)的数值以柱状的分布方式绘制，中心由 x 确定。例如，如果 x 是一个 5 元素的向量，hist 函数把 Y 分布为 5 个柱，显示为正态分布直方图。

(3) n = hist(Y,nbins)：nbins 是一个标量，用于指定分格的数目。Y 按该标量分布，显示为平均分布直方图。

例 5-2-3　下列代码显示正态分布直方图和平均分布直方图。

解　程序如下：

```
yn=randn(30000,1);          %%正态分布
x=min(yn) : 0.2 : max(yn);
hist(yn, x)
title('正态分布图' )
yu=rand(30000,1);           %%平均分布
figure;
```

```
hist(yu, 25)
title('平均分布图')
```

正态分布直方图和平均分布直方图分别如图 5-19 和图 5-20 所示。

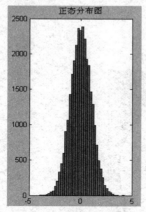

图 5-19 正态分布直方图

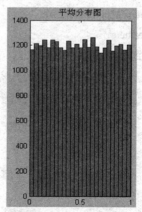

图 5-20 平均分布直方图

2．histfit()函数

histfit()函数绘制统计直方图与其正态分布曲线，其语法如下：

(1) histfit(data)：使用 data 数据绘制统计直方图，并带一条与之适合的正态分布曲线。

(2) histfit(data,nbins)：nbins 指定直方条的宽度。

(3) histfit(data,nbins,dist)：dist 指定随机分布密度。normrnd 是 dist 的默认值，可以用 normrnd 函数生成符合正态分布的随机数：

```
normrnd(u,v,m,n)
```

其中，u 表示生成随机数的期望，v 代表随机数的方差。

例如，运行下列代码：

```
a=normrnd(10,2,10000,1);
histfit(a)
```

可以得到正态分布的统计直方图与其正态分布拟合曲线，如图 5-21 所示。

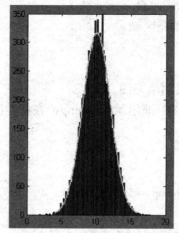

图 5-21 正态统计直方图与分布曲线

3. rose()函数

rose()函数用于在极坐标系中绘制直方图，它与 hist()函数的调用格式类似。

例如，运行下列程序：

```
theta = 2*pi*rand(1,50);
rose(theta)
```

可以得到极坐标系中绘制的直方图，如图 5-22 所示。

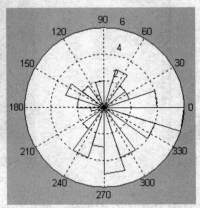

图 5-22 极坐标直方图

5.2.4 填充图与面积图

可利用二维绘图函数 patch()和 fill()绘制填充图。

1. patch()函数

patch()函数产生一个或多个多边形的填充区域，其语法如下：

patch(X,Y,C)、patch(X,Y,Z,C)

产生一个或多个 2D 或 3D 多边形的填充区域，X 和 Y 元素指定一个多边形的顶点。如果 X 和 Y 是 m×n 矩阵，MATLAB 按 m 向量绘制 n 多边形顶点。C 决定了填充的颜色。

patch(X,Y,C,'PropertyName',propertyvalue...)

使用附加的属性和属性值产生填充区域。

handle = patch(...)

返回填充区域的句柄。

例 5-2-4 用函数 patch()绘制填充图。

解 该例子绘出了 MATLAB 演示函数 humps()在指定区域内的填充图形，如图 5-23 所示。

```
fplot('humps',[0,2],'b')
hold on
patch([0.5 0.5:0.02:1 1],[0 humps(0.5:0.02:1) 0],'r');
hold off
title('A region under an interesting function.')
grid
```

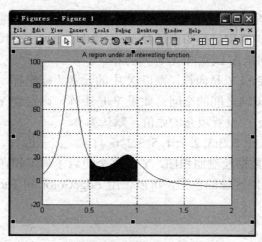

图 5-23　填充图

2．fill()函数

还可以使用函数 fill()来绘制类似的填充图，其使用方法与 patch()函数相同，但只能产生一个或多个 2D 多边形的填充区域。

例 5-2-5　用函数 fill()绘制填充图。

解　程序如下：

```
x=0:pi/60:2*pi;
y=sin(x);
x1=0:pi/60:1;
y1=sin(x1);
plot(x,y,'r');
hold on
fill([x1 1],[y1 0],'g')
```

该程序的绘制结果如图 5-24 所示。

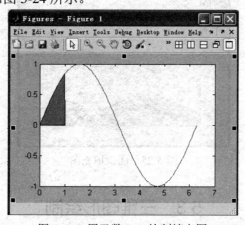

图 5-24　用函数 fill()绘制填充图

3．area()函数

函数 area()用于填充图绘制向量构成的曲线，或者当输入参数为矩阵时，绘制矩阵的每一列为一条曲线，并填充曲线间的区域。填充图可以直观显示向量的每个元素或矩阵的每一列对总和的贡献大小。面积填充图由函数 area() 绘制。该函数的调用格式为

(1) area(Y)：绘制向量 Y 或矩阵 Y 各列的和。

(2) area(X,Y)：若 X 和 Y 是向量，则以 X 中的元素为横坐标，Y 中元素为纵坐标绘制图像，并且填充线条和 x 轴之间的空间；如果 Y 是矩阵，则绘制 Y 每一列的和。

(3) area(...,basevalue)：设置填充的底值，默认为 0。

例 5-2-6 已知 Y = [1, 5, 3;3, 2, 7; 1, 5, 3;2, 6, 1]。

该例根据变量 Y 的数据绘制面积图，Y 的每个随后子列堆积在以前的数据上，该图由颜色表 colormap 控制不同区域的色彩，可以使用 EdgeColor 和 FaceColor 属性明确地设置某个面积的颜色。

解 程序如下：

```
Y = [1, 5, 3;
     3, 2, 7;
     1, 5, 3;
     2, 6, 1];
area(Y)
grid on
colormap summer
set(gca,'Layer','top')
title 'Stacked Area Plot'
```

该程序的绘制结果如图 5-25 所示。

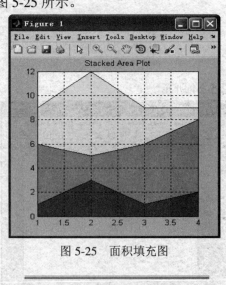

图 5-25 面积填充图

5.3 三维图形绘制

三维图形包括三维曲线图和三维曲面图。MATLAB 语言提供了三维图形的处理功能，与二维图形相似，绘制三维图形时可以使用 MATLAB 语言提供的相关函数：

- 三维线图指令：plot3。
- 三维网线图 mesh 和三维曲面图 surf。

5.3.1 plot3()函数

在 MATLAB 中，plot3()函数用于绘制三维曲线。该函数调用的基本格式与 plot()函数的类似。

例 5-3-1 绘制三维的螺旋曲线图。

解 程序如下：

```
%该程序用于绘制三维的螺旋曲线图
t = 0:pi/50:20*pi;
plot3(sin(t),cos(2*t),sin(t)+cos(t))
```

该程序的运行结果如图 5-26 所示。

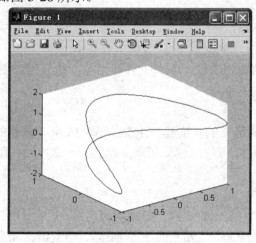

图 5-26 plot3 绘制三维曲线

5.3.2 mesh()和 surf()函数

mesh()函数可以绘制出在某一区间内完整的网格曲面，mesh(Z)语句可以给出矩阵 Z 元素的三维消隐图，网络表面由 Z 坐标点定义，与前面叙述的 x-y 平面的线格相同，图形由邻近的点连接而成。它可用来显示用其他方式难以输出的包含大量数据的大型矩阵，也可用来绘制 Z 变量函数。

surf()函数可以绘制三维曲面图。这两个函数的调用方法基本相同，其格式如下：

(1) mesh(X,Y,Z)，surf (X,Y,Z)：绘制出一个网格图(曲面图)，图像的颜色由 Z 确定，即图像的颜色与高度成正比。如果函数参数中，X 和 Y 是向量，length(X) = n，length(Y) = m，size(Z) = [m,n]，则绘制的图形中，X(j), Y(i), Z(i,j)为图像中的各个节点。

(2) mesh(Z)，surf (Z)：使用 X = 1:n 和 Y = 1:m，[m,n] = size(Z)，高度为 Z，它是一个单值函数，图像的颜色与高度 Z 成正比，即以 Z 的元素为 z 坐标，元素对应的矩阵行和列分别为 x 坐标和 y 坐标，绘制图像。

(3) mesh(...,C), surf(...,C)：其中 C 为矩阵，该函数所绘制出图像的颜色由 C 指定。MATLAB 对 C 进行线性变换，得到颜色映射表。如果 X、Y、Z 为矩阵，则矩阵维数应该与 C 相同。

1. mesh()函数的应用

例 5-3-2 绘制 sin(R)/R 函数的三维网格图。

解 程序如下：

```
x=-8:0.5:8;
y=x';
X=ones(size(y))*x;
Y=y*ones(size(y))';
R=sqrt(X.^2+Y.^2)+eps;
Z=sin(R)./R;
mesh(Z)
```

其中，各语句的意义如下：

(1) 首先建立行向量 x，列向量 y：

第 1 条语句 x 的赋值为定义域，在其上估计函数、建立行向量 x；

第 2 条语句建立列向量 y。

(2) 生成 X 矩阵：

ones(size(y))语句按向量 y 的长度建立 1_矩阵(即 33 个 1 元素的列向量)；

第 3 条语句，该 1_矩阵与行向量 x 相乘，建立一个 33×33 重复行的 X 矩阵，每行都是向量 x。

(3) 生成 Y 矩阵：

建立一个 33×33 重复列的 Y 矩阵，每列均为向量 y：

ones(size(y))生成一个 33 个 1 元素的 1_列向量，ones(size(y))'生成一个 33 元素的 1_行向量(1_矩阵)。

第 4 条语句产生 Y 的响应：用列向量 y 乘以产生的 1_矩阵(1_行向量)，建立一个 33×33 重复列的 Y 矩阵，每列均为向量 y。

(4) 生成三维网格曲面图：

- 计算各网格点的半径：第 5 条语句产生矩阵 R(其元素为各网格点到原点的距离)，它们的值对应于 x–y 坐标平面。
- 生成网格矩阵：最后计算函数值矩阵 Z。
- 用 mesh(Z)函数即可以得到图形。

该程序运行后得到三维网格曲面图，如图 5-27 所示。

2. surf()函数

surf()函数也是 MATLAB 中常用的三维绘图函数，其一般调用格式如下：

surf(x,y,z,c)

该函数输入参数的设置与 mesh()相同，不同的是 mesh()函数绘制的是一网格图，而 surf()函数绘制的是着色的三维表面。MATLAB 语言对表面进行着色的方法是：在得到相应网格后，对每一网格依据该网格所代表的节点的色值(由变量 c 控制)，来定义这一网格的颜色，若不输入 c，则默认为 c=z。

使用 surf()函数来绘制三维表面图形，并将例 5-3-2 的最后一句 mesh(Z)改为 surf(X,Y,Z)，程序运行后得到三维着色曲面图，如图 5-28 所示。

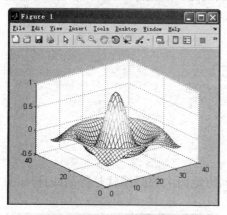

图 5-27　三维网格曲面图

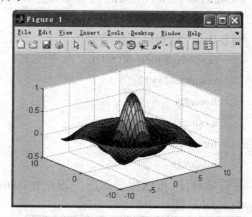

图 5-28　三维着色曲面图

5.3.3　meshgrid()函数

meshgrid()函数为 3D 绘图生成 X、Y 矩阵，类似于函数 ndgrid()，不同的是前两个输入和输出参数的顺序倒换。meshgrid()仅限于二维或三维 Cartesian 空间，meshgrid()更适合在二维或三维 Cartesian 空间解决问题，而 ndgrid()更适合那些不基于空间的多维问题。meshgrid()函数的语法如下：

　　　　[X,Y] = meshgrid(x,y)

把向量 x 和 y 指定的域转换成矩阵 X、Y，用来实现两个变量和三维 mesh()、surface()绘图的功能。输出矩阵 X 的行复制于向量 x，输出矩阵 Y 的列复制于向量 y。

[X,Y] = meshgrid(x)等同于[X,Y] = meshgrid(x,x)。

　　　　[X,Y,Z] = meshgrid(x,y,z)

三维矩阵用来实现三个变量和三维立体绘图的功能，结果与函数[Y,X,Z]=ndgrid(y,x,z)相同。

例 5-3-3　上例中的前 4 行用 meshgrid()函数代替。

解　程序如下：

```
[X, Y]=meshgrid(−8:0.5:8)
R=sqrt(X.^2+Y.^2)+eps;
Z=sin(R)./R;
mesh(Z)
```

运行结果与图 5-27 的相同。

5.3.4　meshc()和 meshz()函数

1．meshc()函数

meshc()与 mesh()函数的调用方式相同，只是该函数在 mesh()的基础上又增加了绘制相应等高线的功能。

2. meshz()函数

meshz()与mesh()函数的调用方式也相同,不同的是,该函数在mesh()函数的作用之上增加了屏蔽作用,即增加了边界面屏蔽。

例5-3-4 已知以下程序：

```
[x,y]=meshgrid([-4:.5:4]);
z=sqrt(x.^2+y.^2);
figure(1)
meshc(z)
figure(2)
meshz(z)
```

运行该程序,可以得到如图5-29所示的meshc图(地面上的圆圈就是等高线)和如图5-30所示的meshz图。

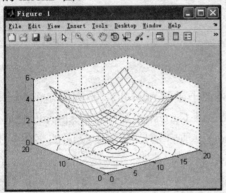

图 5-29   meshc 图

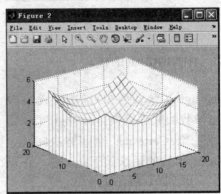

图 5-30   meshz 图

5.3.5 sphere()函数

在MATLAB中,有一个专门绘制圆球体的函数sphere(),其调用格式如下：

- [x,y,z]=sphere(n)：此函数可生成三个(n+1)×(n+1)阶的矩阵,还可利用函数surf(x,y,z)生成单位球面。
- [x,y,z]=sphere：此形式使用了默认值n=20。
- sphere(n)：只绘制球面图,不返回值。

例5-3-5 绘制多个圆球体,各球的中心离原点的距离由各x、y、z值决定。

解 程序如下：

```
[x,y,z] = sphere;
surf(x,y,z)              %sphere centered at origin
hold on
surf(x+3, y-2,z)         %sphere centered at (3, -2,0)
surf(x,y+1, z-3)         %sphere centered at (0,1, -3)
daspect([1 1 1])
```

运行结果如图 5-31 所示。

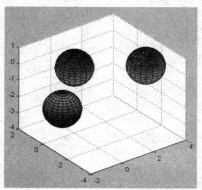

图 5-31　绘制多个圆球体

5.3.6　彗星图

彗星图是一个动画图，其中彗星头(一个圆)跟踪屏幕上的数据点，彗星体是尾随彗星头后动态画出的拖曳线段，是跟踪整个函数的实线。函数 comet()、comet3()可用来绘制 2D 和 3D 彗星图，其调用格式如下：

- comet(y)：显示向量 y 的彗星图。
- comet(x,y)：显示向量 y 相对于向量 x 的彗星图。
- comet(x,y,p)：指定彗星体的长度为：p*length(y)，p 默认为 0.1。
- comet3(z)、comet3(x,y,z)、comet3(x,y,z,p)：绘制 3D 彗星图。

例 5-3-6　已知以下程序：

```
t = 0:.01:2*pi;
x = cos(2*t).*(cos(t).^2);
y = sin(2*t).*(sin(t).^2);
comet(y);
figure;
comet(x,y);
```

运行程序，所绘制的 2D 彗星图如图 5-32 和图 5-33 所示。

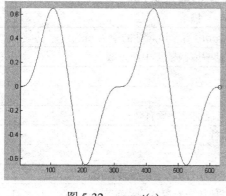

图 5-32　comet(y)

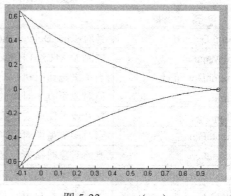

图 5-33　comet(x, y)

使用 comet3(x,y,t)绘制的 3D 彗星图如图 5-34 所示。

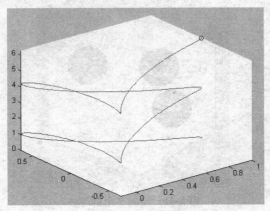

图 5-34 comet3(x,y,t)绘制 3D 彗星图

5.4 绘 图 控 制

在本节中，我们将讨论简单的二维图像的附加特性。这些特性将允许我们对绘图进行控制，例如控制 x、y 轴上值的范围，在一个坐标系内打印多个图象或创建多个图，或在一个图像窗口内创建多个子图像，或提供更加强大的轨迹文本字符控制等。

5.4.1 图形窗口的创建、控制与 figure 命令

1. 图形窗口的创建

图形窗口的创建使用 figure 命令。figure 命令有以下几种形式：
(1) figure：以默认属性创建一个独立的图形窗口，默认名称和编号为 figure 1、……。
(2) figure('PropertyName',PropertyValue,...)：按照指定的属性创建图形窗口。

图形对象 figure 的属性包含公共属性和特有属性，控制图形的外观和显示特点。一部分属性如表 5-3 所示。

表 5-3 图形对象 figure 的部分属性

属 性	描 述
BeingDeleted	当对象的 DeleteFcn()函数被调用后，该属性的值为 on
BusyAction	控制 MATLAB 图形对象句柄响应函数点中断方式
ButtonDownFcn	当单击按钮时执行响应函数
Children	该对象所有子对象的句柄
Clipping	打开或关闭剪切功能(只对坐标轴子对象有效)
CreateFcn	当对应类型的对象创建时执行
DeleteFcn	删除对象时执行该函数
HandleVisibility	用于控制句柄是否可以通过命令行或者响应函数访问
HitTest	设置当鼠标点击时是否可以使选中对象成为当前对象

续表

属 性	描 述
Interruptible	确定当前的响应函数是否可以被后继的响应函数中断
Parent	该对象的上级(父)对象
Selected	表明该对象是否被选中
SelectionHighlight	指定是否显示对象的选中状态
Tag	用户指定的对象标签
Type	该对象的类型
UserData	用户想与该对象关联的任意数据
Visible	设置该对象是否可见
Position	4元素向量，定义窗口位置：rect = [left, bottom, width, height]
MenuBar	none | {figure}，控制标准主菜单栏的显示，默认为显示(figure)，不控制使用 uimenu 命令建立的自定义菜单
Toolbar	none | {auto} | figure，控制工具栏是否显示。none 为不显示图形窗口 figure 工具栏。auto 为默认，显示图形窗口 figure 工具栏。但是如果添加了 uicontrol 控件，就删除 figure 工具栏。figur 为显示图形窗口 figure 工具栏

(3) figure(h)：如果句柄 h 对应的窗口已经存在，该命令使得该图形窗口为当前窗口；如果不存在，则创建以 h 为句柄的窗口。

(4) h = figure(...)：返回图形窗口的句柄。

在命令窗口中输入命令"figure"，按下回车，生成的图形窗口如图 5-35 所示。

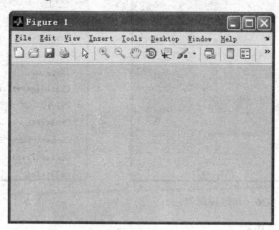

图 5-35　图形窗口

2．关闭图形窗口命令

close 命令用于关闭指定的图形窗口。

3．设置为当前窗口图形

图形可以在当前窗口输出或在其他窗口输出，当前窗口的图形是输出的目标图形。可使用两种不同的方法设置要输出的图形为当前图形，其结果有以下两种类型：

(1) figure(h)：设置 h 为当前图形、可视并且在其他窗口前面显示；

(2) set(0,'CurrentFigure',h)：设置 h 为当前图形，不改变其可视性和其他性质。

4．指定图像位置和大小

例如创建一个 figure 窗口，位置是在屏幕左上角、大小是 1/4，可使用根对象 ScreenSize 的属性来确定屏幕尺寸的大小。ScreenSize 是一个 4 元素的向量：[left, bottom, width, height]，包含了计算机屏幕的尺寸。

  scrsz = get(0 'ScreenSize');

  figure('Position' [1 scrsz(4)/2 scrsz(3)/2 scrsz(4)/2])

在此使用了 figure 命令的第二种形式，PropertyName= Position，PropertyValue=[1 scrsz(4)/2 scrsz(3)/2 scrsz(4)/2]，但是显示的只有图像窗口，如果要显示完整的窗口，包括菜单、窗口标题、工具条及边线轮廓等，可使用 OuterPosition、Name、NumberTitle 等属性设置。

5．编辑图形的属性

创建图形窗口后，用户可以对其属性进行编辑。编辑图形的属性可以通过两种方式进行：一是通过属性编辑器；二是通过 set() 函数。

在图形窗口中，选择 view 菜单中的 Porperty Editor 选项，激活属性编辑器，如图 5-36 所示。

在该窗口中可以设置标题、颜色表等属性。若要对更多属性进行设置，可以通过点击"More Properties…"项打开属性管理器，在此编辑更多属性，如图 5-37 所示。

除此之外，还可以通过 get() 函数和 set() 函数对图形窗口的属性进行查看和编辑。

图 5-36　属性编辑器

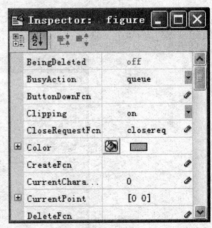
图 5-37　属性管理器

6．图形窗口的菜单栏

图形窗口的菜单栏有以下几项：

(1) File 菜单。File 菜单与 Windows 系统的其他菜单类似，包括"新建"、"保存"、"打开"等命令。

(2) Edit 菜单。包括以下几项：

● Copy Options…：将图形复制到剪切板。

● Figure Properties…：点击该选项，激活属性编辑器。在该窗口中可以设置图形的属性，包括图形窗口的标题、颜色映射表、图形彩色等。另外，点击"More Properties…"项可以设置更多属性，点击"Export Setup…"项可以设置图像导出属性。

● Axes Properties…：点击该选项弹出窗口如图所示。在该窗口中可以设置图形坐标系的属性，包括标题、坐标轴标记、范围等。

● Current Object Properties…：设置当前对象的属性，即图形中当前选中的对象，包括坐标轴、曲线、图形等。

● Color Map…：用于设置图形的颜色表。

(3) Insert 菜单：在图像中插入对象，如箭头、直线、椭圆、长方形、坐标轴等。

(4) Tools 菜单：包括一些常用图形工具，如平移、旋转、缩放、视点控制等；另外，Tools 菜单包含了两个数据分析工具，即 Basic fitting 工具和 Data Statistics 工具，用于对图像中的数据进行基本的分析和拟合等。

5.4.2 图形保持与多重线绘制

1．图形保持

当采用绘图命令 plot 时，MATLAB 默认在当前图形窗口中绘制图像，如果不存在图形窗口，则新建一个图形窗口。如果该窗口中已经存在图像，则将其清除，绘制新的图像。

如果要保持原有图像，并且在原图像中添加新的内容，在同一坐标系内画出多个图像，则可以使用 hold 命令。该命令的用法为：

● hold on：打开图形保持功能；保留当前图形与当前坐标轴的属性值，后面的图形命令只能在当前存在的坐标轴中增加图形。但是，当新图形的数据范围超出了当前坐标轴的范围，则命令会自动地改变坐标轴的范围，以适应新图形。

● hold off：关闭图形保持功能。

● hold all：当利用函数 ColorOrder()和函数 LineStyleOrder()设置线型和颜色列表时，该命令用于打开图形保持功能，并保持当前的属性。关闭图形保持时，下一条绘图命令将回到列表的开始处，打开图形保持时，将从当前位置继续循环。

● hold：改变当前的图形保持状态，在打开和关闭中间切换。

● hold(axes_handle,…)：对指定坐标系进行操作。

当 hold on 命令执行后，所有的新的图像都会叠加在原来存在的图像上。hold off 命令可恢复默认情况，用新的图像来替代原来的图像。

例 5-4-1　在同一坐标轴内画出 sinx 和 cosx 的图像，如图 5-38 所示，其代码如下：

```
x=-pi:pi/20:pi;
y1=sin(x);
y2=cos(x);
plot(x,y1,'b-');
hold on;
plot(x,y2,'k--');
hold off;
legend ('sin x','cos x');
```

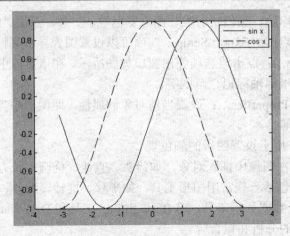

图 5-38 在同一坐标轴内画出 sinx 和 cosx 的图像

2. 绘制多重线

有三种在一个单线图上绘制多重线的办法。

(1) 利用 plot 命令的多变量方式绘制。多变量方式绘图是允许不同长度的向量显示在同一图形上，其语法格式如下：

  plot(x1,y1,x2,y2,...,xn,yn)

x1,y1,x2,y2,...,xn,yn 是成对的向量，每一对 x, y 在图上产生如上方式的单线。

(2) 使用 hold 命令。第二种方法也是利用 plot 命令绘制，但需要 hold on/off 命令来配合，其语法格式如下：

  plot(x1,y1)
  hold on
  plot(x2,y2)
  hold off
  plot(x1,y1)

(3) 代入矩阵。第三种方法还是利用 plot 命令绘制，但需代入矩阵。如果 plot 用于两个变量 plot(x,y)，并且 x、y 是矩阵，则有以下情况：

- 如果 y 是矩阵、x 是向量，plot(x,y) 用不同的画线形式绘出 y 的行或列及相应的 x 向量，y 的行或列的方向与 x 向量元素的值选择是相同的。
- 如果 x 是矩阵、y 是向量，则除了 x 向量的线族及相应的 y 向量外，以上的规则也适用。
- 如果 x、y 是同样大小的矩阵，plot(x,y) 绘制 x 的列及 y 相应的列。

5.4.3 子图控制与 subplot() 函数

在绘图过程中，经常要把几个图形在同一个图形窗口中表现出来，而不是简单地叠加，这就需要使用 subplot() 函数，其调用格式如下：

  subplot(m,n,p)

subplot() 函数把一个图形窗口分割成 m×n 个子区域，按 m 行、n 列排列，这些子图像从左向右从上到下编号。用户可以通过参数 p 调用个各子绘图区域进行操作，并选择子图像 p 来接受当前所有画图命令。例如，命令 subplot(2,3,4)将会创建 6 个子图像，而且 subplot 4 是当前子图像。

例 5-4-2 绘制子图的程序代码如下：

```
x=0:0.1*pi:2*pi;
subplot(2,2,1)
plot(x,sin(x),'-*');
title('sin(x)');
subplot(2,2,2)
plot(x,cos(x),'--o');
title('cos(x)');
subplot(2,2,3)
plot(x,sin(2*x),'-.*');
title('sin(2x)');
subplot(2,2,4);
plot(x,cos(3*x),':d')
title('cos(3x)')
```

运行该程序，得到图形如图 5-39 所示。

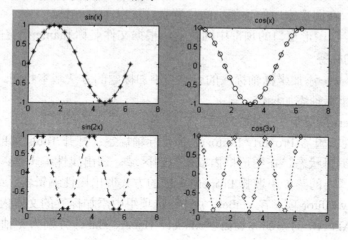

图 5-39 绘制子图

5.4.4 图形的注释和标记

图形的注释和标记包括以下内容：
- 图题的标注。
- 坐标轴的标签。
- 文本标注和交互式文本标注。
- 图例的添加。
- 坐标网格的添加。

- 使用矩形或是椭圆在图形中圈出重要部分。

如果图形既没有 x 轴和 y 轴的标注，也没有标题，那么用 xlabel、ylabel、title 命令可以加标注和标题，命令如表 5-4 所示。

表 5-4　MATLAB 图形标注和标题命令

命　　令	用　　途
title	图形标题
xlabel	x 坐标轴标注
ylabel	y 坐标轴标注
text	标注数据点
grid	给图形加上网格
hold	保持图形窗口的图形

1．图题的标注

在 MATLAB 中，标题与文本注释不同，文本注释可以位于图形中的任何部分，标题位于图形的顶部，是一个文本串，并且标题不随图形的改变而改变。

在 MATLAB 中，通常可以使用三种方式给图形添加图题：

(1) 使用 Insert 菜单中的 Title 命令；

(2) 使用属性编辑器(Property Editor)；

(3) 使用 title 函数。

title('string')：在图形窗口的顶部中间位置直接输出文本 string。

title(fname)：在图形窗口的顶部中间位置，根据文件名称 fname 指定的文本输出。

2．坐标轴的标签

在 MATLAB 中，添加坐标轴标注的方法与添加标题的方法基本相同。可以使用如下三种方式给图形的坐标轴添加标签：

(1) 使用 Insert 菜单下的 Label 选项；

(2) 使用属性编辑器(Property Editor)添加坐标轴标签：打开 Tools 菜单，选择 Edit Plot 命令，激活图形编辑状态。在图形框内双击空白区域，调出属性编辑器；也可以采取在图形框内右击，从弹出的菜单中选择 Properties 项的方式调出属性编辑器；或者是在 View 菜单中选择 Property Editor 项，在 xlabel、ylabel 选项组中添加标签的文本内容。

(3) 使用 MATLAB 的添加标签命令 xlabel、ylabel、zlabel 分别为 x 轴、y 轴、z 轴添加标注。

- xlabel('string')：在 x 轴中间位置直接输出文本 string。
- xlabel(fname)：在 x 轴中间位置，根据文件名称 fname 指定的文本输出。
- xlabel('标注文本','PropertyName',PropertyValue,...)：根据属性名称和属性值输出文本，这里的属性是标注文本的属性，包括字体大小、字体名、字体粗细等。

ylabel、zlabel 使用方法与此相同。

3．文本标注和交互式文本标注

用户可以在 MATLAB 图形窗口的任意地方添加文本注释，从而更好地解释图形窗口的数据。MATLAB 提供了 text()函数和 gtext()函数来进行文本标注。其中，gtext()函数的使用

第 5 章　图形绘制

形式更为灵活，可以实现交互式文本标注。

(1) 在图像中添加文本可以通过工具栏中的文本框来实现，具体步骤如下：
- 显示注释工具栏；
- 使图像处于编辑状态，然后选择文本框工具；
- 在图像中需要添加文本的位置处单击即可以激活输入框；
- 输入文本内容。

(2) 使用 text()函数和 gtext()函数进行文本标注，其调用格式如下：
- text()函数：它是一个底层函数，用于创建文本图形对象，该函数可以在图形中的指定位置添加文本注释。
- text(x,y,'string')、text(x,y,z,'string')：在二维、三维图形中，在指定位置添加、输出文本 string。
- text(x,y,z,'string','PropertyName',PropertyValue....)：在指定位置，根据属性名称和属性值添加、输出文本 string。
- gtext('string')：在当前图形窗口，根据鼠标选择的位置添加、显示文本 string。
- gtext({'string1','string2','string3',...})：在当前图形窗口，根据鼠标选择的位置显示文本，单击一次，显示一个串 string1，…。
- gtext({'string1';'string2';'string3';...})：与上面的命令相同，通过鼠标一次指定添加位置，每个字符串为一行，文本排列成一个序列。
- h = text(...)，h = gtext(...)：添加文本，同时返回图像句柄。

4．使用 legend 命令或函数添加图例

图例可以对图像中的各种内容做出注释，每幅图像可以包含一个图例。为了更好地区分所绘制的多条曲线，可以使用图例加以说明，以对它们表示的数据进行更准确的区分。通常，可使用如下方法生成图例。

1) 通过界面添加图例

(1) 首先设置图像为编辑模式。点击工具栏中的图例按钮，或者选择 Insert 菜单中的 Legend 选项，MATLAB 则会自动在图像中生成图例，每条曲线对应图例的一项，图例中的标志为曲线对应的线型和颜色，注释默认为 data1、data2…。

(2) 接下来对图例中的文字进行编辑。在需要编辑的文本上双击鼠标，会出现光标提示输入，在此输入新的文本内容。

(3) 添加图例后可以对图例进行编辑。改变图例的位置、改变图例的外观或删除图例。

2) 通过 legend()函数添加图例

(1) legend()函数可以在任何图形上添加图例。对于曲线，legend()函数为每条曲线生成一个标志，该标志包括线型示例、标记和颜色；对于填充图，legend()函数的标记为该区域的颜色。

(2) 通过 legend()函数来指定图例中的文本，对图例进行显示控制或者编辑图例的属性等。

(3) 利用 legend()函数在图例中添加文本的指令有：legend('string1','string2',...)、legend(h, 'string1', 'string2', ...)，在(h 指定的)图像中添加图例，图例中的文本通过字符串 string1、string2 等指定，字符串的顺序与图形对象绘制的顺序对应，字符串的个数对应图例中对象的个数。

· 163 ·

例如，legend('cos_x','sin_x',1)表示在右上角用指定的文本显示图例，数字 1 代表右上角，2 代表左上角，3、4 分别代表左下角和右下角。

legend(string_matrix)、legend(h,string_matrix)表示在(h 指定的)图像中添加图例，图例中的文本由字符串矩阵 string_matrix 指定；

legend(axes_handle, ...)表示在由坐标系句柄 axes_handle 指定的坐标系中添加图例。

5．坐标网格的添加

在图形绘制过程中，为了更精确地知道图形上某点的坐标，则需要通过绘制坐标网格来定位。在 MATLAB 中通过 grid()函数来实现这一功能：

- grid off：关闭坐标网格命令；
- grid on：打开坐标网格命令，在图形中绘制坐标网格；
- grid mirror：使用更细化的网格命令；
- grid(AX,…)：使用 AX 坐标系代替当前坐标系命令。

例 5-4-3 图形注释和标记演示。

解 程序如下：

```
x=linspace(-3,5,100);
y1=cos(x); y2=sin(x);
    plot(x,y1,x,y2)
title('正弦曲线  余弦曲线');
text(3,0.2,' \leftarrow sin(\pi)','FontSize',18)
text(1.5,0,' \leftarrow cos(\pi)','FontSize',18)
text(0, -0.9,'这是文本标注的演示');
xlabel('(x)')
ylabel('y1、y2 ')
legend(' y1=cos(x)',' y2=sin(x)',1)
grid on
```

该程序运行后，得到如图 5-40 所示的图形。

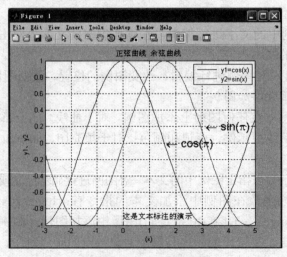

图 5-40 图形注释和标记

6. 使用矩形或椭圆在图形中圈出重要部分

基本注释包括线头、箭头、文本框和用矩形或椭圆圈画出的重要区域。这些注释的添加可以通过图形注释工具栏直接完成。

打开 Insert 菜单，选择矩形(或椭圆)命令，在图形区域使用矩形(或椭圆)在图形上圈出重要部分，从而使得该区域能引起用户的注意。

Insert 菜单的部分选项及对应的功能如表 5-5 所示。

表 5-5 Insert 菜单功能表

选 项	功 能	选 项	功 能
X Label	插入 X 轴	Arrow	插入箭头
Y Label	插入 Y 轴	Text Arrow	插入文本箭头
Z Label	插入 Z 轴	Double Arrow	插入双箭头
Title	插入标题	TextBox	插入文本框
Legend	添加图例	Rectangle	插入矩形
Colorbar	添加颜色条	Ellipse	插入椭圆
Line	插入直线	Axes	添加坐标系
Light	亮度控制		

当其中的一个矩形(或椭圆)被选中时，用户可以移动并改变它的大小。当右击矩形或椭圆时，将弹出一个快捷菜单，点选相应选项，可以改变图形的属性和外观。

使用同样方法也可以添加箭头等图标。

5.4.5 线型和颜色的控制

如果不指定划线方式和颜色，MATLAB 会自动选择点的表示方式及颜色，也可以用不同的符号指定不同的曲线绘制方式。例如：

　　plot(x,y,'*')　　　　　　　　//用'*'作为点绘制的图形
　　plot(x1,y1,':',x2,y2,'+')　　//用':'画第一条线，用'+'画第二条线

线型、点标记及颜色的取值有如表 5-6 所示几种。

表 5-6 线型和颜色控制符

线 型		点 标 记		颜 色	
-	实线	.	点	y	黄
:	虚线	o	小圆圈	m	棕色
-.	点划线	x	叉子符	c	青色
- -	间断线	+	加号	r	红色
		*	星号	g	绿色
		'square' 或 s	方形	b	蓝色
		'diamond' 或 d	菱形	w	白色
		∧	朝上三角	k	黑色
		∨	朝下三角		
		>	朝右三角		
		<	朝左三角		
		'pentagram'或 p	五角星		
		'hexagram' 或 h	六角星		

例如：

```
t=-3.14:0.2:3.14;
x=sin(t);   y=cos(t);
plot(t,x, '+r',t,y, '−b')
```

由此程序绘制不同线型与颜色的 sin 及 cos 图形，如图 5-41 所示。

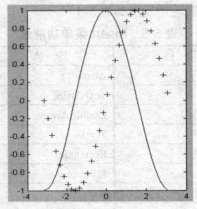

图 5-41　不同线型与颜色的 sin、cos 图形

5.4.6　坐标轴控制

1．坐标轴的控制函数 axis()

在默认情况下，MATLAB 会根据绘图命令和数据自动选择坐标轴，图像的 X、Y 轴的范围宽到能显示输入值的每一个点。但有时只显示这些数据的一部分则更为有利，因为用户可指定坐标轴，以满足特殊的需求。在 MATLAB 中，使用函数 axis()来控制坐标轴，调用格式如下：

- axis([xmin xmax ymin ymax])：此函数将会返回一个 4 元素行向量[xmin xmax ymin ymax]，其中，xmin、xmax、ymin、ymax 指定当前图像中 x 轴和 y 轴的上、下限范围。
- axis([xmin xmax ymin ymax zmin zmax cmin cmax])：此函数指定当前图像中 x 轴、y 轴和 z 轴的范围。
- v = axis：此函数返回当前图像中 x 轴、y 轴和 z 轴的范围。当图像是二维时，返回结果有四个元素；当图像是三维时，返回结果有六个元素。
- axis auto：自动模式，使图形的坐标范围满足图中所有的图元素。根据 x、y、z 轴数据的最大及最小值自动选择坐标轴的范围。用户还可以对指定的坐标轴设置自动选择，如命令"auto x"自动设置 x 轴，命令"auto y z"自动设置 y 轴和 z 轴。

与 axis 相关的几条常用命令还有以下几个：

- axis equal：严格控制各坐标的分度使其相等，将横轴、纵轴的尺度比例设成相同值。
- axis square：使绘图区为正方形，横轴及纵轴比例是 1∶1。
- axis on：恢复对坐标轴的一切设置。
- axis off：取消对坐标轴的一切设置。
- axis manual：以当前的坐标限制图形的绘制。

- axis normal：以预设值画纵轴及横轴。

为了说明 axis 的应用，我们将画出函数 f(x)=sinx 从 -2π 到 2π 之间的图像，然后限定坐标的区域为 $0 \leq x \leq \pi$，$0 \leq y \leq 1$，其代码如下：

```
x=-2*pi:pi/20:2*pi;
y=sin(x);
axis([0 pi 0 1])
plot(x,y);
title('sin(x)');
```

2. 轴的方位设置与 daspect() 函数

使用 daspect() 函数可以设置或查询轴的方位和缩放比率，其语法如下：

(1) daspect：没有参数，返回当前轴的方位和数据缩放比率。

(2) daspect([aspect_ratio])：根据 aspect_ratio 值，按 x、y、z 轴三个方向设置当前轴的方位和数据缩放比率，[1 1 3] 表示 x、y 方向是 1 个单位，z 方向是 3 个单位。

(3) daspect('mode')：返回当前轴的方位和数据缩放比率模式的值。模式可以是 "auto"（默认）或 "manual"。

(4) daspect('auto')：设置当前轴的方位和数据缩放比率模式为 "auto"。

(5) daspect('manual')：设置当前轴的方位和数据缩放比率模式为 "manual"。

(6) daspect(axes_handle,…)：根据参数 axes_handle 查询轴的方位和缩放比率。

类似的函数还有 pbaspect()，用于设置或查询绘图框的方位和缩放比率，用法与 daspect() 函数相同。

例 5-4-4 绘制函数 $z=x \cdot e^{(-x^2-y^2)}$ 的三维曲面图，取值范围为 $-2 \leq x \leq 2$，$-2 \leq y \leq 2$，求出当前轴的方位和数据缩放比率，并重新设置为 [1 1 1]。

解 (1) 绘制函数 $z=x \cdot e^{(-x^2-y^2)}$，取值范围为 $-2 \leq x \leq 2$，$-2 \leq y \leq 2$ 的三维曲面图。程序如下：

```
>> [x,y] = meshgrid([-2:.2:2]);
>> z = x.*exp(-x.^2 - y.^2);
>> surf(x,y,z)
```

绘制出的三维曲面图如图 5-42 所示。

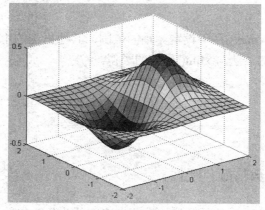

图 5-42　绘制出函数的三维曲面图

(2) 使用没有参数的 daspect，返回当前轴的方位和数据缩放比率。

```
>> daspect
ans =
        4     4     1
```

(3) 根据参数 axes_handle，使用 daspect(axes_handle)函数设置当前轴的方位和缩放比率。

```
>> axes_handle=[1 1 1];
>> surf(x,y,z)
>> daspect(axes_handle)
```

设置当前轴的方位和缩放比率为[1 1 1]，如图 5-43 所示。

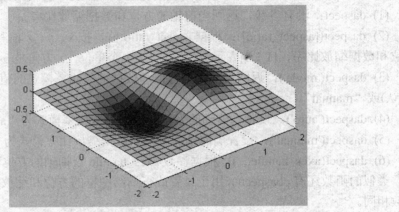

图 5-43　重新设置当前轴的方位和缩放比率为[1 1 1]

3. xlim()、ylim()、zlim()函数

xlim()、ylim()、zlim()函数用于设置或查询轴的限定值。xlim()的语法有以下几种：
- xlim;
- xlim([xmin xmax]);
- xlim('mode');
- xlim('auto');
- xlim('manual');
- xlim(axes_handle, ...)。

其中，语法 xlim([xmin xmax])用于设定 x 轴的范围，其他语法的用法与 daspect()函数的类似。ylim()、zlim()函数的语法与 xlim()函数的类似。

5.5　图形的高级控制

5.5.1　colormap()函数与颜色映像

影响图形的一个重要因素就是图形的颜色，丰富的颜色变化能让图形更具有表现力。

在 MATLAB 中，用数据结构 colormap 代表颜色值。每个图形或图像都有自己的 colormap(颜色映像)属性，MATLAB 使用 colormap()函数设置或获取该属性，图形的颜色控制主要由函数 colormap()完成。

函数 plot()、plot3()、contour()和 contour3()不使用颜色映像，它们使用列在 plot()颜色和线型表中的颜色。大多数其他绘图函数(比如 mesh、surf、fill、pcolor)及它们的各种变形函数，都使用当前的颜色映像。

MATLAB 采用颜色映射表来处理图形颜色，即 RGB 色系。计算机中的各个颜色都是通过三原色按照不同比例调制出来的。每一种颜色的值表达为一个 1×3 的向量[R G B]，其中 R、G、B 分别代表三种基色颜色的值，其取值范围位于[0, 1]区间内，如表 5-7 所示。

表5-7 三原色取值

Red(红)	Green(绿)	Blue(蓝)	颜 色
0	0	0	黑
1	1	1	白
1	0	0	红
0	1	0	绿
0	0	1	蓝
1	1	0	黄
1	0	1	洋红
0	1	1	青蓝
2/3	0	1	天蓝
1	1/2	0	橘黄
0.5	0	0	深红
0.5	0.5	0.5	灰色

颜色映像 colormap 定义为 0.0～1.0 之间的 m×3 的实数矩阵。矩阵的每一行都是一个 RGB 向量，它代表了一种色彩。colormap 的任一行数字都指定了一个 RGB 值，第 k 行定义第 k 种颜色，如 map(k,:) = [r(k) g(k) b(k)])，r(k)、g(k)、b(k)指定了 red、green、blue 三种颜色的强度，从而形成了一种特定的颜色。

可使用如下方法设置或修改 colormap 属性：

(1) 使用 Property Editor 选择内置的 colormap：在 Figure 窗口中，单击"View | Property Editor"菜单，打开属性编辑器 Property Editor，选择一种颜色映像。

内置在 MATLAB 的 colormap 使用春、夏、秋、冬、热、冷等命名变量进行描述，如变量 Autumn(秋)从 red(红)，通过 orange(橙)平滑过渡到 yellow(黄)。如表 5-8 和图 5-44 所示。

表5-8 内置的颜色映像 colormap

函 数	功 能 描 述
hsv	色彩饱和值(以红色开始和结束)
hot	从黑到红到黄到白
cool	青蓝和洋红的色度
pink	粉红的彩色度
gray	线性灰度
bone	带一点蓝色的灰度
jet	hsv 的一种变形(以蓝色开始和结束)
copper	线性铜色度
prim	三棱镜，交替为红色、橘黄色、黄色、绿色和天蓝色
flag	交替为红色、白色、蓝色和黑色

(2) 使用 Colormap Editor 修改当前的 colormap：在 Figure 窗口中，单击"Edit | Colormap"菜单，打开 Colormap 编辑器，编辑、修改颜色映像，如图 5-45 所示。

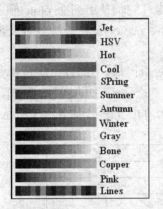

图 5-44　内置的 Colormap

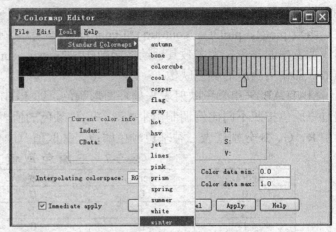

图 5-45　Colormap 编辑器

使用 Colormap()函数的语法如下：

- Colormap(map)：设置 Colormap 为矩阵 map，Colormap 取值在[0,1]之间，超出该范围，将收到出错信息。例如，Colormap(M)若将矩阵 M 作为当前图形窗口所用的颜色映像，Colormap(cool)装入一个有 64 个输入项(64 级颜色)的 cool 颜色映像。
- Colormap('default')：设置当前的 Colormap 为默认值，使用默认的颜色映像(hsv)。
- Cmap = Colormap：返回当前的 Colormap，其值在[0 1]之间。

每一个颜色映像 Colormap 接受一个指定大小的变量，例如：Colormap(hsv(128))。用 128 级色彩生成一个 hsv 的 Colormap，如果不指定大小，则使用当前的值。

可以用多种途径来显示一个颜色映像，其中一种方法是观察颜色映像矩阵的元素，如：

>> cool(8)

ans =

0	1.0000	1.0000
0.1429	0.8571	1.0000
0.2857	0.7143	1.0000
0.4286	0.5714	1.0000
0.5714	0.4286	1.0000
0.7143	0.2857	1.0000
0.8571	0.1429	1.0000
1.0000	0	1.0000

反映了从青蓝(011)过渡到洋红(101)的 8 个色度。

例 5-5-1　运行以下程序：

```
[x,y,z]= sphere(40);
t=abs(z);        %求绝对值
surf(x,y,z,t);
axis square;
```

axis equal
colormap('hot')

得到如图 5-46 所示的圆球体图形，这是地球表面的气温分布示意图。

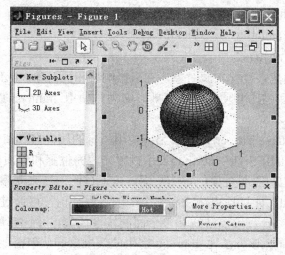

图 5-46　等温线示意图

5.5.2　光照控制

颜色映像就是矩阵，可以像其他数组那样对它们进行操作。函数 brighten()就通过调整一个给定的颜色映像来增加或减少暗色的强度。

MATLAB 提供了许多函数，用于在图形中进行对光源的定位并改变光照对象的特征。光照通过模拟自然光照条件(如阳光)下的光亮和阴影向场景中添加真实性。MATLAB 中用于控制光照的函数如表 5-9 所示。

表 5-9　控制光照的函数

函　数　名	功　能　描　述
camlight()	创建、设置或移动关于摄像头的光源，位置为与摄像机之间的相对位置
lightangle()	在球坐标下设置或定位一个光源
light()	创建、设置光源对象
lighting()	选择光源模式、照明方案
material()	设置图形表面对光照的反映模式(反射系数属性)

1．camlight()函数

camlight()函数用于设置光源的位置和性质属性，但 camlight()创建的光源不跟踪摄像头。语法如下：

- camlight('headlight')：在摄像头的位置创建光源。
- camlight('left')/camlight('right')：在摄像头左、右上方的位置创建光源。当 camlight()不带变量时，相当于 camlight('right')。
- camlight(az,el)：在相对于摄像头的指定的方位(az)和高度(el)位置创建光源。该相机的目标是在 az 和 el 旋转中心位置。

- camlight(...,'style')：可以使用以下两个值来定义 style 变量，设置光源的性质，即 local 和 infinite。local 为默认值，点光源，从光点向所有方向发射；infinite 表示平行光。
- camlight(light_handle,...)：使用句柄 light_handle 指定的光源。
- light_handle = camlight(...)：返回光源句柄。

2. light()、lighting() 函数

light() 函数用于创建、设置光源对象，它只影响块和面对象。lighting() 选择算法用于计算光对块和面对象的影响，要使该函数有效，必须是使用 light() 函数创建了源对象以后再使用。语法如下：

- light('PropertyName',propertyvalue,...)：使用指定的属性名和值创建、设置光源对象。例如 light('Position',[1 0 0],'Style','infinite') 表示设置光源的位置和性质属性。
- lighting flat：均匀照明对象的每一个面，可通过此方法来观察平面对象。
- lighting gouraud：计算顶点法线和整个面的线性插值，可通过此方法来观察曲面。
- lighting phong：计算顶点法线和整个面的线性插值，并计算每个像素的反射率。选择此选项可以查看曲面。该方法比 gouraud 产生的效果更好，但需要更长的时间来渲染。
- lighting none：关闭 lighting。

3. material() 函数

material() 函数用于设置块和面对象的 lighting 属性。语法如下：

- material shiny：设置反射特性，使该对象有一个相对高于散射光和环境光的镜面反射光，反射光的颜色只取决于光源的颜色。
- material dull：设置反射特性，使该对象反射更多的漫射光，而无镜面反射光。但其反射光的颜色只取决于光源。
- material metal：设置反射特性，使该对象有一个非常高的镜面反射率，非常低的环境光和漫反射光，而反射光的颜色取决于光源和对象的两种颜色。
- material([ka kd ks])：设置对象的环境光 ambient、漫射光 diffuse、反射光 specular 的光强度。
- material([ka kd ks n])：设置对象的环境光、漫射光、反射光的光强度和对象的反射指数。
- material([ka kd ks n sc])：设置对象的环境光、漫射光、反射光的光强度和对象的反射指数和反射颜色。
- material default：使用上述属性的默认值。

4. peaks() 函数

peaks() 函数是具有两个变量的函数，由高斯(Gaussian)分布函数转换和缩放得来，MATLAB 用于 mesh、surf、pcolor、contour 等函数功能的演示。

Z = peaks：返回 49 × 49 矩阵。

Z = peaks(n)：返回 n × n 矩阵。

Z = peaks(V)：返回 n × n 矩阵，n = length(V)。

Z = peaks(X,Y)：根据 X、Y 返回矩阵。

peaks(...)：无变量，surf 绘制 peaks 函数。

例 5-5-2 本例首先要绘制一个膜面图，然后使用位置向量 [1 0 0] 设置光源的位置和属性。运行结果如图 5-47 所示。

```
Z = peaks(20);
h = surf(Z);
set(h,'FaceLighting','phong','FaceColor','interp',...
      'AmbientStrength',0.5)
light('Position',[1 0 0],'Style','infinite');
lighting phong;
material shiny
```

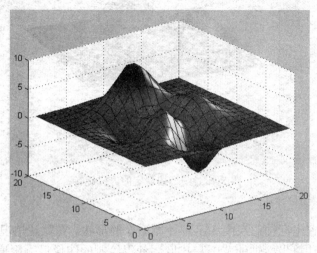

图 5-47　光照控制

5.5.3　视点控制和图形的旋转

为了使图形的效果更逼真，有时需要从不同的角度观看图形。

在 MATLAB 中，用户可以设置图形的显示方式，包括视点、查看对象、方向和图形显示的范围。这些性质由一组图像属性控制，用户可以直接指定这些属性，或者通过 view()、viewmtx()和 rotate3d()等 3 个函数命令设置这些属性，或者采用 MATLAB 默认设置。用户可以在 MATLAB 命令窗口中调用这 3 个函数。其中，view()函数主要是从不同的角度观察图形，viewmtx()给出指定视角的正交转换矩阵，而 rotate3d()函数可以让用户方便地用鼠标来适时旋转视图。

1. 设置方位角和俯仰角

方位角和俯仰角是视点相对于坐标原点而言，可以通过 view()函数指定，既可以通过视点的位置指定，也可以通过设置方位角和俯仰角的大小指定。view()函数的用法如下：

- view(az,el)、view([az,el])：指定方位角和俯仰角的大小；
- view([x,y,z])：指定视点的位置；
- view(2)：选择二维默认值，即 az = 0、el = 90；

- view(3)：选择三维默认值，即 az = –37.5、el = 30；
- view(T)：通过变换矩阵 T 设置视图，T 是一个 4×4 的矩阵，如通过 viewmtx 生成的透视矩阵；
- [az,el] = view：返回当前的方位角和俯仰角；
- T = view：返回当前的变换矩阵。

view()函数的举例：在上例中加上语句 view([20 30])，则图形会按规定的方位旋转，如图 5-48 所示。

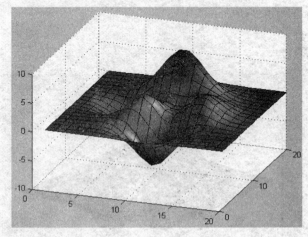

图 5-48 图形按规定的方位旋转

2．坐标轴

坐标轴通过设置坐标轴的尺度和范围控制图像的形状。在默认情况下，MATLAB 通过数据的分布，自动计算坐标轴的范围和尺度，使得绘制的图像最大限度地符合绘图区域。用户也可以通过 axis()、daspect()、pbaspect()、xlim()、ylim()、zlim()函数设置图像的坐标轴。

3．通过摄像机工具栏设置查看方式

通过摄像机工具栏可以实现交互式视图控制。在图形窗口的 View 菜单中选中 Camera Toolbar，调出摄像机工具栏。该工具栏包括五组工具，分别为摄像机控制工具、坐标轴控制工具、光照变换、透视类型和重置、停止工具。用户可以通过这些工具改变图像的查看方式等。

5.5.4 使用绘图工具绘制

MATLAB 提供了一个绘图工具集(Plotting Tools)，包括绘图工具和交互形式的绘图环境。绘图工具可以完成以下操作：
- 产生图形类型的变量。
- 直接选择变量在工作空间绘图。
- 在绘图环境(figure)中轻松创建和操纵子图(subplots)。
- 添加注释，如箭头、线条和文字说明等。

- 设置图形对象的属性等。

1. 使用 Plotting Tools 绘制图形

使用 Plotting Tools 可以很方便地绘制图形。单击菜单命令"Insert",可以插入线条(line)、矩形(rectangle)和椭圆(ellipse),调节椭圆的水平和垂直方向长度相等,则得到圆形。还可以插入文本、箭头等。

例 5-5-3 (1) 在工作空间生成变量:

```
>> x = 2*pi:pi/25:2*pi;
```

(2) 使用 plottools 命令生成该变量的图形,在命令窗口输入命令:

```
>> plottools
```

打开绘图工具(Plotting Tools)界面,如图 5-49 所示,绘图工具界面由四部分组成:

- `Figure Palette:用它来创建和排列子轴,查看工作区变量和绘制图形,并添加注释。使用"figurepalette"命令可显示该面板。
- Plot Browser:用于选择和控制 Figure Palette 中的坐标轴以 2D 或 3D 显示,或隐藏坐标轴,也可以单击 Add Data 按钮为所选择的轴添加数据。使用 plotbrowser 命令可显示该浏览器。
- Property Editor:设置所选择图形对象的普通属性,如曲线类型、颜色等。
- 绘图区:根据 Property Editor 中设置的属性绘制图形。

图 5-49 绘图工具(Plotting Tools)界面

(3) 选择坐标轴:在 Figure Palette 的 New Subplot 选项组中单击 2D Axes。

(4) 添加数据。一旦 axes 出现,Plot Browser 中的"Add Data"按钮就被激活,单击该按钮显示"Add Data to Axes"对话框。然后按图 5-50 所示的添加数据,在对话框中输入或设置下列值。

- 选择绘图类型:单击"Plot Type"选项组的下拉列表按钮,选择一种绘图类型,例如选择"线型"。
- 在"X Data Source"中设置 x。
- 在"Y Data Source"中设置 y,即 sin(x).^2。

(5) 单击"OK"按钮，绘制该数据的图形，如图 5-51 所示。

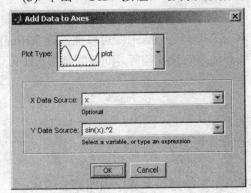

图 5-50　添加数据

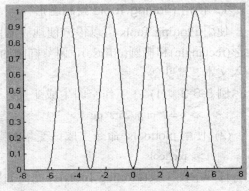

图 5-51　绘制图形

2．在同一 axes 中添加另一个图形

(1) 再次单击"Add Data"按钮，输入下列数据：
- 在"X Data Source"中设置 x。
- 在"Y Data Source"中设置 y，即 sin(x).^8。

(2) 单击"OK"按钮，绘制该数据的图形。如图 5-52 所示。

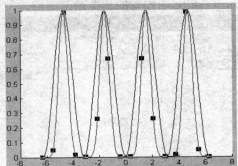

图 5-52　绘制第 2 个数据的图形

3．设置属性

选择第二条曲线，在"Property Editor"中设置"Plot Type"为 Stem，则显示为离散图形，如图 5-53 所示。

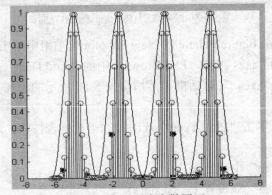

图 5-53　显示为离散图形

5.6 特殊图形的绘制

5.6.1 使用 bar()函数绘制柱状图

1．绘制二维柱状图

函数 bar()和 barh()用于绘制二维柱状图，分别绘制纵向和横向图形。在默认情况下，bar()函数绘制的条形图将矩阵中的每个元素表示为"条形"，"条形"的高度表示元素的大小，横坐标上的位置表示不同的行。在图形中，每一行的元素会集中在一起。

MATLAB 中主要有四个函数用于绘制条形图，如表 5-10 所示。

表 5-10　绘制条形图函数

函数	说明	函数	说明
bar	绘制纵向条形图	bar3	绘制三维纵向条形图
barh	绘制横向条形图	bar3h	绘制三维横向条形图

bar()函数的调用格式如下：

(1) bar(Y)：使用 bar()函数水平或垂直显示、绘制向量或矩阵值，bar()函数不接受多变量。bar(Y)对 Y 绘制条形图。如果 Y 为矩阵，Y 的每一行聚集在一起。横坐标表示矩阵的行数，纵坐标表示矩阵元素值的大小。

(2) bar(x,Y)：指定绘图的横坐标。x 的元素可以非单调，但是 x 中不能包含相同的值。

(3) bar(...,width)：指定每个条形的相对宽度。条形的默认宽度为 0.8。

(4) bar(...,'style')：指定条形的样式。style 的取值为"grouped"或者"stacked"，如果不指定，则默认为"grouped"。两个取值的意义分别为：

- grouped：绘制的图形共有 m 组，其中 m 为矩阵 Y 的行数，没一组有 n 个条形，n 为矩阵 Y 的列数，Y 的每个元素对应一个条形。

- stacked：绘制的图形有 m 个条形，每个条形为第 m 行的 n 个元素的和，每个条形由多个(n 个)色彩构成，每个色彩对应相应的元素。

(5) bar(...,'bar_color')：指定绘图的色彩，所有条形的色彩由"bar_color"确定，"bar_color"的取值与 plot 绘图的色彩相同。

bar(x)显示 x 向量元素的条形图。输入下列命令：

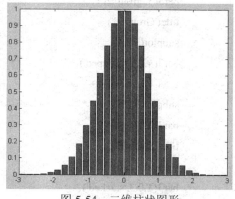

图 5-54　二维柱状图形

```
x = -2.9:0.2:2.9;
bar(x,exp(-x.*x),'r')
```

绘制出二维条状图形，如图 5-54 所示。

2．绘制三维柱状图

bar3()和 bar3h()用于绘制三维柱状图，分别绘制纵向图形和横向图形。这两个函数的用法相同，并且与函数 bar()和 barh()的用法类似，读者可以与 bar()函数和 barh()函数进行比较学习。下面以 bar3()函数为例介绍这两个函数的用法。bar3()函数的调用格式如下：

(1) bar3(Y)：绘制三维条形图，Y 的每个元素对应一个条形，如果 Y 为向量，则 x 轴的范围为[1:length(Y)]，如果 Y 为矩阵，则 x 轴的范围为[1:size(Y,2)]，即为矩阵 Y 的列数，图形中，矩阵每一行的元素聚集在相对集中的位置。

(2) bar3(x,Y)：指定绘制图形的行坐标，规则与 bar 函数相同。

(3) bar3(...,width)：指定条形的相对宽度，规则与 bar 函数相同。

(4) bar3(...,'style')：指定图形的类型，"style"的取值可以为"detached"、"grouped"或"stacked"，其意义分别为：

- detached：显示 Y 的每个元素，在 x 方向上，Y 的每一行为一个相对集中的块；
- grouped：显示 m 组图形，每组图形包含 n 个条形，m 和 n 分别对应矩阵 Y 的行和列；
- stacked：意义与 bar 中的参数相同，将 Y 的每一行显示为一个条形，每个条形包括不同的色彩，对应于该行的每个元素。

(5) bar3(...,LineSpec)：将所有的条形指定为相同的颜色，颜色的可选值与 plot()函数的可选值相同。

例 5-6-1 绘制三维柱状图。

解 程序如下：

```
Y = cool(7);
subplot(3,2,1)
bar3(Y,'detached')
title('Detached')
subplot(3,2,2)
bar3(Y,0.25,'detached')
title('Width = 0.25')
subplot(3,2,3)
bar3(Y,'grouped')
title('Grouped')
subplot(3,2,4)
bar3(Y,0.5,'grouped')
title('Width = 0.5')
subplot(3,2,5)
bar3(Y,'stacked')
title('Stacked')
subplot(3,2,6)
bar3(Y,0.3,'stacked')
title('Width = 0.3')
colormap([1 0 0;0 1 0;0 0 1])
```

绘制三维柱状图，如图 5-55 所示。

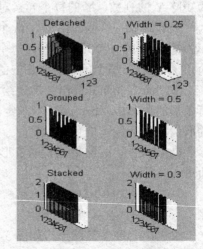

图 5-55 三维柱状图

5.6.2 使用 stairs()绘制阶梯图形

阶梯图主要用于绘制数字采样数据的时间关系曲线图,使用 stairs()函数可以绘制阶梯状图形。stairs()函数的调用格式如下:

- stairs(Y):绘制 Y 的元素的阶梯状图形。当 Y 是向量时,X 轴的缩放范围是 1~length(Y),当 Y 是矩阵时,X 轴的缩放范围是 1~Y 的行数。
- stairs(X,Y):在 X 指定的位置绘制 Y 的元素的阶梯图形。X 必须与 Y 的大小相同,当 Y 是矩阵时,X 可以是行或列向量,例如:length(X) = size(Y,1)。
- stairs(...,LineSpec):指定线型、符号和颜色等属性。

例如,输入下列命令:

```
x=0:0.25:10;
stairs(x,sin(x));
```

绘制阶梯状图形,如图 5-56 所示。

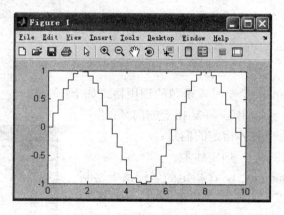

图 5-56 阶梯图形

5.6.3 方向和速度矢量图形

MATLAB 提供了一些函数用于绘制方向矢量和速度矢量图形,这些函数有 compass()、feather()、quiver()和 quiver3()。如表 5-11 所示。

表 5-11 绘制矢量图形的函数

函 数	功 能 描 述
compass	罗盘图,绘制、显示极坐标图形中的极点发散出来的矢量图
feather	羽状图,绘制向量,显示从一条水平线上均匀间隔的点所发散出来的矢量图。向量起点位于与 x 轴平行的直线上,长度相等
quiver	二维矢量图,绘制二维空间中指定点的方向矢量,显示由(u,v)矢量特定的二维矢量图
quiver3	三维矢量图,绘制三维空间中指定点的方向矢量,显示由(u,v,w)矢量特定的三维矢量图

1. 罗盘图的绘制

在 MATLAB 中，罗盘图由函数 compass() 绘制，该函数的调用格式如下：

(1) compass(U,V)：绘制罗盘图，数据的 x 分量和 y 分量分别由 U 和 V 指定；

(2) compass(Z)：绘制罗盘图，数据由 Z 指定；

(3) compass(...,LineSpec)：绘制罗盘图，指定线型；

(4) compass(axes_handle,...)：在"axes_handle"指定的坐标系中绘制罗盘图；

(5) h = compass(...)：绘制罗盘图，同时返回图形句柄。

例 5-6-2 绘制罗盘图。

解 程序如下：

```
compass(z)
w=0:0.1:10;
compass(z)
z=sin(w).*exp(j*w);
```

程序运行结果如图 5-57 所示。

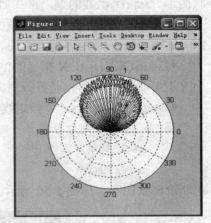

图 5-57 绘制罗盘图

2. 羽状图的绘制

羽状图由函数 feather() 绘制，该函数的调用格式如下：

(1) feather(U,V)：绘制由 U 和 V 指定的向量；

(2) feather(Z)：绘制由 Z 指定的向量；

(3) feather(...,LineSpec)：指定线型；

(4) feather(axes_handle,...)：在指定的坐标系中绘制羽状图；

(5) h = feather(...)：绘制羽状图，同时返回图像句柄。

例 5-6-3 绘制羽状图。

解 程序如下：

```
theta = (-90:10:90)*pi/180;
r = 2*ones(size(theta));
[u,v] = pol2cart(theta,r);
feather(u,v);
```

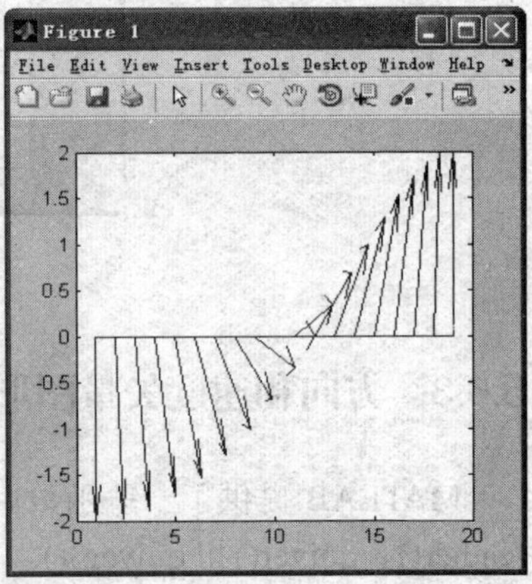

程序运行结果如图 5-58 所示。

图 5-58 绘制羽状图

3. 矢量图的绘制

矢量图在空间中指定点绘制矢量。矢量图通常绘制在其他图形中，显示数据的方向，如在梯度图中绘制矢量图用于显示梯度的方向。

MATLAB 用于绘制二维矢量图和三维矢量图的函数，分别为 quiver() 和 quiver3()，两个函数的调用格式基本相同。函数 quiver() 的主要调用格式如下：

(1) quiver(x,y,u,v)：绘制矢量图，参数 x 和 y 用于指定矢量的位置，u 和 v 用于指定待绘制的矢量；

(2) quiver(u,v)：绘制矢量图，矢量的位置采用默认值。

函数 quiver3()的主要调用格式如下：

(3) quiver3(x,y,z,u,v,w)：函数 quiver3()使用元素(u,v,w)在点(x,y,z)绘制三维矢量图，u,v,w,x,y 和 z 都是实数值，不是复数，并且大小相同。

(4) quiver3(z,u,v,w)：在矩阵 z 指定的等距离表面的点绘制三维矢量图，quiver3()根据它们之间的距离自动缩放，以防止它们重叠。

(5) quiver3(...,scale)：按照缩放系数 scale 自动缩放，以防止它们重叠。scale = 2 时，长度放大一倍；cale = 0.5 时，长度缩小一倍；scale = 0 时，无缩放。

(6) quiver3(...,LineSpec)：LineSpec 指定线型和颜色。

例 5-6-4 绘制函数 $xe^{(-x^2-y^2)}$ 的梯度场。

解 (1) 使用下列程序绘制二维矢量图，如图 5-59 所示。

[X,Y] = meshgrid(-2:0.2:2);
Z = X.*exp(-X.^2 - Y.^2);
[DX,DY] = gradient(Z,.2,.2); %gradient：梯度
hold on
quiver(X,Y,DX,DY)
colormap hsv;hold off

(2) 使用下列程序绘制三维矢量图，如图 5-60 所示。

[X,Y] = meshgrid(-2:0.25:2, -1:0.2:1);
Z = X.* exp(-X.^2 - Y.^2);
[U,V,W] = surfnorm(X,Y,Z);
quiver3(X,Y,Z,U,V,W,0.5);
hold on;
surf(X,Y,Z);
colormap hsv
view(-35,45)
axis ([-2 2 -1 1 -.6 .6]);hold off

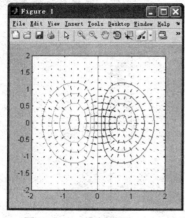

图 5-59　二维矢量图

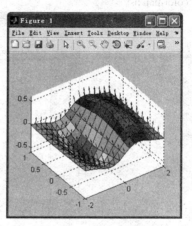

图 5-60　三维矢量图

5.6.4 等值线的绘制

等值线函数为创建、显示并标注由一个或多个矩阵确定的等值线图,如表 5-12 所示。

表 5-12 等 值 线 函 数

函 数 名	功 能 描 述
clabel	使用等值矩阵生成标注,在二维等值线中添加高度值标注,并将标注显示在当前图形
contour	绘制、显示指定数据矩阵 Z 的二维等高线图
contour3	绘制、显示指定数据矩阵 Z 的三维等高线图
contourf	绘制、显示矩阵 Z 的二维等高线图,并在各等高线之间用实体颜色填充
contourc	用于计算等值线矩阵,通常由其他函数调用
meshc	创建一个与二维等高线图匹配的网格线图
surfc	创建一个与二维等高线图匹配的曲面图

1. 二维等值线

contour()、contour3()等函数用于绘制二维、三维等值线,其调用格式如下:

(1) contour(Z):绘制矩阵 Z 的等值线,绘制时将 Z 在 x-y 平面上进行插值,等值线的数量和数值由系统根据 Z 自动确定;

(2) contour(Z,n):绘制矩阵 Z 的等值线,等值线数目为 n;

(3) contour(Z,v):绘制矩阵 Z 的等值线,等值线的值由向量 v 确定;

(4) contour(X,Y,Z)、contour(X,Y,Z,n)、contour(X,Y,Z,v):绘制矩阵 Z 的等值线,坐标值由矩阵 X 和 Y 指定,矩阵 X、Y、Z 的维数必须相同;

(5) contour(...,LineSpec):利用指定的线型绘制等值线;

(6) [C,h] = contour(...):绘制等值线,同时返回等值线矩阵和图形句柄。

例如,上例的函数用 contour()函数绘制二维等值线,如图 5-61 所示。

```
[X,Y] = meshgrid(−2:0.2:2);
Z = X.*exp(−X.^2 −Y.^2);
contour(X,Y,Z)
colormap hsv
```

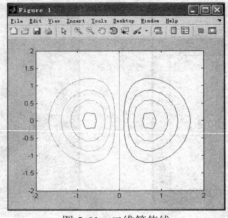

图 5-61 二维等值线

2. 三维等值线

contour3()函数用于绘制三维等值线，其调用格式与contour()函数的基本相同。

(1) contour3(Z)：绘制矩阵 Z 的三维等值线，Z 看做是相对于 x-y 平面的高度，Z 最少是包含 2 个不同值的 2×2 的矩阵，contour 号和值基于 Z 的最小和最大值自动选择，x、y 轴的范围是[1:n]和[1:m]，[m,n] = size(Z)。

(2) contour3(Z,n)：根据 n 的值绘制矩阵 Z 的三维等值线。

例如，上例用 contour3()函数绘制三维等值线，如图 5-62 所示。

```
[X,Y] = meshgrid([−2:.25:2]);
Z = X.*exp(−X.^2−Y.^2);
contour3(X,Y,Z,30)
surface(X,Y,Z,'EdgeColor',[.8 .8 .8],'FaceColor','none')
grid off
view(−15,25)
colormap cool
```

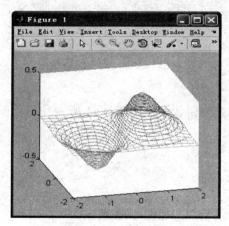

图 5-62　三维等值线

5.6.5　饼形图

饼状图是一种统计图形，用于显示每个元素占总体的百分比。在统计学中，人们经常用饼形图来表示各个统计量占总量的份额，饼形图可以显示向量或矩阵中的元素占所有元素总和的百分比。MATLAB 提供了 pie()函数和 pie3()函数，分别用于绘制二维饼形图和三维饼形图。函数 pie()的调用格式如下：

(1) pie(X)：绘制 X 的饼状图，X 的每个元素占一个扇形，其顺序为从饼状图上方正中开始，逆时针为序，分别为 X 的各个元素，如果 X 为矩阵，则按照各列的顺序排列。

- 在绘制饼状图时，如果 X 的元素和超过 1，则按照每个元素所占有的百分比绘制图形；
- 如果 X 的元素的和小于 1，则按照每个元素的值绘制图形，绘制的图形不是一个完整的圆形。

(2) pie(X,explode)：参数 explode 设置相应的扇形偏离整体图形，用于突出显示。explode

是一个与 X 维数相同的向量或矩阵，其元素为 0 或者 1，非 0 元素对应的扇形从图形中偏离。

(3) pie(...,labels)：标注图形，labels 为元素为字符串的单元数组，元素个数必须与 X 的个数相同。

pie3()函数的调用方法与 pie()函数相同。

例如：

>> x=[2,4,8,3];explode = [0 1 0 0];

>> labels={'教授','副教授','讲师','助教'};

>> pie3(x,explode,labels)

绘制带标注的三维饼状图，如图 5-63 所示。

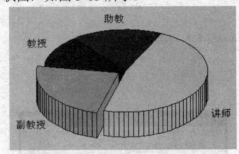

图 5-63 带标注的三维饼状图

例 5-6-5 绘制二、三维饼状图。

解 (1) 下列程序绘制二维饼状图，如图 5-64 所示。

```
x = [1 3 0.5 2.5 2];
explode = [0 1 0 0 0];
pie(x,explode)
colormap jet
```

(2) 下列程序绘制三维饼状图，如图 5-65 所示。

```
x = [1 3 0.5 2.5 2];
explode = [0 1 0 0 0];
pie3(x,explode)
colormap hsv
```

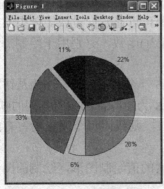
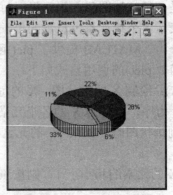

图 5-64 绘制二维饼状图　　　图 5-65 绘制三维饼状图

思考与练习

5.1 (1) 绘制曲线 $y = x^3 + x + 1$，x 的取值范围为 $[-5, 5]$。

(2) 设 $y = \cos x \left[0.5 + \dfrac{3\sin x}{(1+x^2)} \right]$，把 $x=0\sim 2\pi$ 分为 101 个点，画出以 x 为横坐标，y 为纵坐标的曲线。

5.2 有一组测量数据满足 $y = e^{-at}$，t 的变化范围为 $0\sim 10$，用不同的线型和标记点画出 $a=0.1$、$a=0.2$ 和 $a=0.5$ 三种情况下的曲线。

5.3 在 5.2 题结果图中添加标题 $y=e^{-at}$，并用箭头线标识出各曲线 a 的取值。

5.4 在 5.3 题结果图中添加标题 $y=e^{-at}$ 和图例框。

5.5 表中列出了 4 个观测点的 6 次测量数据，将数据绘制成为分组形式和堆叠形式的条形图。

	第1次	第2次	第3次	第4次	第5次	第6次
观测点1	3	6	7	4	2	8
观测点2	6	7	3	2	4	7
观测点3	9	7	2	5	8	4
观测点4	6	4	3	2	7	4

5.6 $x = [66\ 49\ 71\ 56\ 38]$，绘制饼图，并将第五个切块分离出来。

5.7 $z = xe^{-x^2-y^2}$，当 x 和 y 的取值范围均为 -2 到 2 时，用建立子窗口的方法在同一个图形窗口中绘制出三维线图、网线图、表面图和带渲染效果的表面图。

5.8 绘制 peaks() 函数的表面图，用 colormap() 函数改变预置的色图，观察色彩的分布情况。

5.9 用 sphere() 函数产生球表面坐标，绘制不通明网线图、透明网线图、表面图和带剪孔的表面图。

5.10 将 5.9 题中的带剪孔的球形表面图的坐标改变为正方形，以使球面看起来是圆的而不是椭圆的，然后关闭坐标轴的显示。

5.11 设 $x = r\cos t + 3t$，$y = r\sin t + 3$，分别令 $r = 2, 3, 4$，画出参数 $t=0\sim 10$ 区间生成的 x-y 曲线。

5.12 分别画出坐标为 (i, i^2)，$(i^2, 4i^2 + i^3)$，$(i = 1, 2, \cdots, 10)$ 的散点图，并画出折线图。

5.13 日光灯在正常发光时启辉器断开，日光灯等效为电阻，在日光灯电路两端并联电容，可以提高功率因数。如图 5-66 所示，已知日光灯等效电阻 $R = 250\ \Omega$，镇流器线圈电阻 $r = 10\ \Omega$，镇流器电感 $L = 1.5\ H$，$C = 5\ \mu F$。画出电路的等效模型、日光灯支路、电容支路电流和总电流，镇流器电压、灯管电压和电源电压相量图及相应的电压-电流波形。

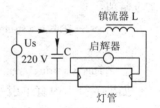

图 5-66 电路图

第 6 章 MATLAB 字符串与文件操作

字符和字符串是 MATLAB 语言的重要组成部分,MATLAB 提供了强大的字符串处理功能。本章主要介绍 MATLAB 字符串与文件操作,包括字符串的运算、操作和转换等。文件操作常使用字符串作为文件名,包括文件的打开、存储和关闭,数据的导入与导出等。

6.1 字符串与字符串矩阵

6.1.1 字符串的生成

1. 字符串

MATLAB 具有强大的数值处理、符号运算和图形处理能力等,然而在应用中也经常需要文本操作和文本处理,例如在绘图时把标号和标题放在图上等。文件的打开、关闭等操作都要使用字符串,在 MATLAB 中,文本当做特征字符串或简单地当做字符串来处理。

MATLAB 的字符串是由单引号括起来的简单文本,一个字符串是存储在一个行向量中的文本,这个行向量中的每一个元素代表一个字符。

实际上,元素中存放的是字符的内部代码,也就是 ASCII 码。当在屏幕上显示字符变量的值时,显示出来的是文本,而不是 ASCII 数字。由于字符串是以向量的形式来存储的,因此可以通过它的下标对字符串中的任何一个元素进行访问。

字符矩阵也是如此,但是它的每行字符数必须相同。

由于字符串实际上是 ASCII 值的数值数组,因此可以直接生成字符串,其语法如下:

(1) 由单引号确定赋值。

S = 'Any Characters':产生一个字符数组或字符串,S 为字符数组或字符串的名称,它实际上是一个向量,其元素是字符的数值,S 的长度是所含字符个数。如可以使用下面的命令赋值:

```
>> S= 'This is a string!'
S =
This is a string!
```

如果字符串内有单引号出现,字符串内的单引号使用两个连续的单引号来表示。例如:

```
>> v =' I can''t find GREEN! '
```

v =

I can't find GREEN!

字符串中的每个字符(含空格)都是字符数组的一个元素，因此字符串和字符数组实际上是等价的。

>> s2=['matlab_R2010a']

s2 =

matlab_R2010a

(2) S = [S1 S2 ...]：由字符数组 S1、S2…连接生成一个新的字符数组 S。例如：

>> v =' I can"t find GREEN! ';

>> s2=['matlab_R2010a'];

>> S=[v s2]

S =

I can't find GREEN! matlab_R2010a

MATLAB 提供了大量的字符串函数，如表 6-1 所示。

表 6-1　字 符 串 函 数

字 符 串 函 数	作　　用
eval(string)	作为一个 MATLAB 命令求字符串的值
blanks(n)	返回一个 n 个零或空格的字符串，创建由空格组成的字符串
deblank(string)	去掉字符串 string 中尾部的空格
feval	求由字符串给定的函数值
findstr(s1,s2)	测试字符串，在字符串 s1 内找出子字符串 s2
isletter	要找的字母存在时返回真，用于判断数组是否由字母组成
isspace	判断是否空格，空格字符存在时返回真
isstr	如果输入是一个字符串，返回真值
ischar	判断变量是否为字符串
iscellstr	判断字符串单元数组
lasterr	返回上一个所产生 MATLAB 错误的字符串
strcmp(s1,s2)	比较 s1 和 s2 字符串是否相同。字符串相同，返回真值
strncmp(s1,s2,n)	比较字符串的前 n 个字符
strrep(string,s1,s2)	在 string 中用字符串 s2 替换字符串 s1
strtok	在一个字符串里找出第一个标记，选择字符串中的一部分
length(string)	测试字符串 string 的长度
double(string)	字符串转换为双精度数据
strcat	横向连接字符串
strvcat	纵向连接字符串
strmatch	字符串匹配
strjust	字符串对齐
strings	MATLAB 字符串句柄

2. 字符串的尺寸

字符串实际是一个字符数组，在字符串里的每个字符是数组里的一个元素。同MATLAB 的其他变量一样，字符串的存储要求每个字符 8 个字节。由于 ASCII 字符只要求一个字节，7/8 所分配的存储空间没有使用，故这种存储要求是很浪费的。然而，对字符串保持同样的数据结构，可简化 MATLAB 的内部数据结构。

用 size() 函数可测量字符串的字符数。例如：

```
>> t='学习 MATLAB，非常有用！';
>> size(t)
ans =
         1    14
```

测试出字符串 t 有 14 个字符，而 whos() 函数可以显示字符串的详细信息，例如：

```
>> whos
  Name      Size                    Bytes   Class
  t         1x14                       28   char array
```

用 size() 函数测量出该字符串是一个 1×14 的数组，由于中文字符占 2 个字节，因此 whos() 函数命令会显示该数组占 28 个字节。

6.1.2 字符串矩阵

在 MATLAB 中，字符串一般是 ASCII 值的数值数组，它作为字符串表达式进行显示。与普通数组一样，字符串也可以形成矩阵，表现为一个字符串有多行，但是这些行的列数必须相同。如果列数不同，要用空格补齐以使所有行有相同长度，例如：

```
>> v=[' Character strings having more   than '
      ' one row must have the same number '
      ' of column just like matrices!          ']
v =
Character strings having more than
one row must have the same number
   of column just like matrices!
```

1. str2mat() 函数

多个字符串可以用 str2mat() 函数构造出字符串矩阵。例如：

```
>> B=str2mat(S, 'MARY','GREEN','BUSH')
B =
This is a string!
MARY
GREEN
BUSH
```

每行有同样数目的元素，较短行用空格补齐，使结果形成一个有效的矩阵。

2. char() 函数

使用 char() 函数可以创建长度不一致的字符串矩阵。char() 函数自动将所有字符串的长

第 6 章　MATLAB 字符串与文件操作

度设置为输入字符串中长度的最大值。语法如下：

(1) S = char(X)：将正整数数组 X 转换为 MATLAB 字符数组 S，X 超出 0～65 535 范围的数值是没定义的。

(2) S = char(C)：当 C 是串的一个单元数组时，将其元素排列为字符数组的行元素。使用 cellstr()函数可以将其转换回来。

(3) S = char(t1,t2,t3,..)：生成字符数组 S，它包含按行排列的文本串 t1、t2、t3...，每一个文本参数 ti，可以是一个字符数组。char()函数自动将所有字符串的长度设置为输入字符串中长度的最大值，其余串自动用空格填充，这就允许生成任意大小的字符数组，空串也是合法的。例如：

```
>> s3=char('M','a ','t','l','a','b')
s3 =
    M
    a
    t
    l
    a
    b
>> s3'
ans = Matlab
```

3．列串与 strvcat()函数

strvcat()函数可生成垂直排列的串，命令格式为 strvcat('Hello','Yes')，其效果等同于 ['Hello';'Yes ']。例如：

```
>> t1 = 'first'; t2 = 'string'; t3 = 'matrix'; t4 = 'second';
>> S1 = strvcat(t1, t2, t3)
S1 =
    first
    string
    matrix
>> S2 = strvcat(t4, t2, t3)
S2 =
    second
    string
    matrix
>>S3 = strvcat(S1, S2)
S3 =
    first
    string
    matrix
    second
```

string
matrix

6.2 字符串运算

由于字符串一般是 ASCII 值的数值数组，因此可以进行算术运算。

6.2.1 abs()函数取数组的绝对值

最简单和计算上最有效的方法是取数组的绝对值。函数 abs(t)将字符串 t 转换为 ASCII 值的数值向量。例如：

>> t='学习 MATLAB，非常有用！';
>> u=abs(t)
u =23398　20064　77　65　84　76　65　66　65292　38750 24120　26377　29992　65281

6.2.2 字符串逆转换与setstr()函数

MATLAB 提供了逆转换，可将 ASCII 值的数值转换为字符串。

>> v=setstr(u)
v =
  学习 MATLAB，非常有用！

6.2.3 字符的加法运算

字符的加法运算实际上是字符 ASCII 值的加法。

>> abs('O')
ans =　79
>> abs('K')
ans =　75
>>　'O'+'K'
ans =
　154

(1) 在上节的例子里，字符串加零，但 ASCII 值并不改变，逆转换后仍为原字符串。例如：

>> u0=t+0
u0 =
　　23398　　　20064　　　　77　　　　65　　　　84
　　　76　　　　65　　　　66　　　65292　　　38750
　　24120　　　26377　　　29992　　　65281

```
>> setstr(u0)
ans =
    学习 MATLAB,非常有用!
```

(2) 如果改变了字符串的 ASCII 值,逆转后已经不是原字符串。例如:

```
>> u1=t+1
u1 =
    23399    20065      78      66      85
       77       66      67   65293   38751
    24121    26378   29993   65282
>> setstr(u1)
ans =
    挈乡 NBUMBC－毛崚朊甩 "
```

但在上面的第 2 个例子里,加 1 到字符串改变了它的 ASCII 值,逆转换后已经不是原字符串,这里是乱码。

6.3 字符串操作

字符串操作类似于 C 语言,主要有链接、比较、查找、替代、转换等。

6.3.1 字符串寻址、编址与子字符串

字符串可以像数组一样进行寻址与编址,并生成子字符串。

1. 字符串寻址

因为字符串是数值数组,它们可以用 MATLAB 中所有可利用的数组操作工具进行操作。例如,字符串寻址:

```
>> u=t(3:end)
```

找出字符串 t 中,从第 3 个字符到字符串结束的子串。

```
u =
MATLAB,非常有用!
>> u=t(1:8)
```

找出字符串 t 中,从第 1 个字符到第 8 个字符的子串。

```
u =
学习 MATLAB
```

2. 字符串编址

字符串也可以像数组一样进行编址。这里元素 3 到 8 包含单词 MATLAB:

```
>> u=t(8:-1:3)
u =
BALTAM
```

这是单词 MATLAB 的反向拼写。

6.3.2 字符串转置

用转置算子将单词 MATLAB 变换成一个列。例如：

```
>> u=t(3:8)'
u =
    M
    A
    T
    L
    A
    B
```

6.3.3 字符串的连接

1. 直接连接字符串

字符串连接不可以使用加法符号"+"，但可以直接从数组连接中得到。例如：

```
>> t='学习 MATLAB,非常有用！';
>> s='OK,';
>> ts=[s t]
ts =
    OK,学习 MATLAB,非常有用！
```

2. 横向连接字符串

使用 strcat()函数可以实现字符串的横向连接。语法如下：

S = strcat(S1, S2, ...)：由 S1、S2...连接生成一个新的字符数组 S。S1、S2...，可以是字符数组或字符串单元数组，当输入是字符数组时，输出也是字符数组，函数自动删除尾部的白空格，包括空格、回车、换行、tab 和 vertical tab 等 ASCII 码；当输入有字符串的单元数组时，strcat 返回串的单元数组，函数不删除尾部的白空格。

(1) 直接连接字符串。例如：

```
>> st=strcat(s,t)
st =
    OK,学习 MATLAB,非常有用！
>> a = 'hello, ';b = 'goodbye';c='!';
>> abc = strcat(a, b, c)
abc =
    hello,goodbye!
```

(2) 连接单元字符数组，所有单元数组的行数必须相同，对应元素直接连接。例如：

```
>> a = {'abcde','fghi'};b = {'jkl', 'mn'};
```

```
>> ab = strcat(a, b)
ab =
    'abcdejkl'    'fghimn'
>> c = {'Q'};
>> abc = strcat(a, b, c)
abc =
    'abcdejklQ'    'fghimnQ'
```

3．纵向连接字符串

使用 strvcat()函数可以实现字符串的纵向连接。语法如下：

S = strvcat(S1, S2, ...)：由 S1、S2…连接生成一个新的字符或串的列数组 S。例如：

```
>> t1 = 'first'; t2 = 'string'; t3 = 'matrix'; t4 = 'second';
>> S1 = strvcat(t1, t2, t3)
S1 =
    first
    string
    matrix
>> S2 = strvcat(t4, t2, t3)
S2 =
    second
    string
    matrix
>> S3 = strvcat(S1, S2)
S3 =
    first
    string
    matrix
    second
    string
    matrix
```

6.4 字符串显示、打印与格式转换

6.4.1 disp()函数

函数 disp(X)显示一个数组，而不打印数组名，如果 X 包含文本串，该串则被显示。

```
>> disp('Displays an array!')
Displays an array!
```

另一种方法是使用变量显示，首先使用 "X =…" 进行赋值，然后调用该变量进行显示，函数 disp(X)允许不打印它的变量名而显示一个字符串。例如：

```
>> u='Displays an array!';
>> disp(u)
Displays an array!
```

注意，函数 disp()不显示一个空数组。

6.4.2 fprintf()函数

函数 fprintf()可提供对结果更多的控制，是用途较广的常用函数之一，主要用于显示文本、把数据写入文本文件或设备中。

1．把数据写入文本文件

fprintf()函数可以把数据写入文本文件，其使用语法如下：

(1) fprintf(fileID, format, A, ...)：该语句将数据 A 及后面其他参数中数字的实部以 format 指定的格式写入到 fileID 指定的文件中，如果 A 是矩阵，则包括矩阵中的所有元素。

(2) fprintf(format, A, ...)：同上。该语句以 format 指定的格式显示。

(3) count = fprintf(fileID, format, A, ...)：同上。返回写入数据的字节数。

上面语句中，各参数的意义如下：

(1) fileID 是下列取值之一：

● 从 fopen()函数获得的文件标识的整型数字。

● 1：输出到标准输出设备(显示器)，该值为默认，常省略。

● 2：标准出错信息。

(2) 参数 format 是由单引号括起来的，且以%开头的串，共由五个部分组成，format 参数的选项如图 6-1 所示。

图 6-1 format 参数的选项

它们分别为：

● 打头的"%"与标志符：标志符包括转换符号和子类，用于指示输出的类型和格式，可以选择的内容如表 6-2 所示。

● 标记(flag)：为可选部分，用于控制输出的对齐方式，可以选择的内容如表 6-3 所示。

表 6-2　format 的转换符号和子类

标志符	意　义
%c	输出单个字符
%d	输出有符号十进制数
%e	采用指数格式输出，采用小写字母 e，如：3.1415e+00
%E	采用指数格式输出，采用大写字母 E，如：3.1415E+00
%f	以定点数的格式输出
%g	%e 及 %f 的更紧凑的格式，不显示数字中无效的 0
%G	与 %g 相同，但是使用大写字母 E
%i	有符号十进制数
%o	无符号八进制数
%s	输出字符串
%u	无符号十进制数
%x	十六进制数(使用小写字母 a~f)
%X	十六进制数(使用大写字母 A~F)

第 6 章　MATLAB 字符串与文件操作

表 6-3　flag 参数的意义

flag 参数(可选)	意　义	例　子
−	左对齐	%−5.2d
+	打印符号+或−	%+5.2d
0	用 0 取代前面的空格	%05.2d
空格	在数字前插入空格	% 5.2d

- 宽度和精度指示，为可选部分。用户可以通过数字指定输出数字的宽度及精度，格式如下：

%6f，指定数字的宽度位数；

%6.2f，指定数字的宽度及精度；

%.2f，指定数字的精度。

- 要打印(显示)的文本。
- 结束符号，为必需部分。包括转义符，转义符用于指定输出的符号，可以选择的内容如表 6-4 所示。

表 6-4　转　义　符

转　义　符	功　能
\b	退格
\f	表格填充
\n	换行符
\r	回车
\t	tab
\\	\，反斜线
\" 或 "	'，单引号
%%	%，百分号

例 6-4-1　利用 fprintf()函数在显示器上输出字符串"It's Friday."

解　程序如下：

```
>> fprintf(1,'It''s Friday.\n')
It's Friday.
```

在该例中，利用 1 表示显示器，格式中用两个单引号显示一个单引号，并且使用\n 进行换行。

```
>> fprintf(' Printing the Documentation！')
Printing the Documentation！ >>
```

在上面例子里，fprintf 显示字符串，然后立即给出 MATLAB 提示符。如果在该例子里，使用"\n"插入一个换行符，则在 MATLAB 提示符出现之前创建一个新行。

```
>> fprintf(' Printing the Documentation！\n')
 Printing the Documentation！
>> B = [8.8   7.7 ; ...
        8800 7700];
fprintf('X is %4.2f meters or %8.3f mm\n', 9.9, 9900, B)
X is 9.90 meters or 9900.000 mm
X is 8.80 meters or 8800.000 mm
X is 7.70 meters or 7700.000 mm
```

%号前面的是要显示的文本,B是矩阵。

2. 显示文本

fprintf()函数经常代替 disp()函数。默认情况下,fprintf()函数把格式化的数据写到当前的命令窗口显示结果。fprintf()函数的使用语法如下:

(1) fprintf(text):fprintf()函数以默认的格式显示文本 text 的内容。
(2) fprintf(format, var):var 的内容以 format 指定的格式显示。

```
>> fprintf('Hello China!');
```
显示结果:Hello China!>>
加上换行符号:
```
>> fprintf('Hello China!\n');
```
显示结果:Hello China!

6.4.3 sprintf()函数

无论是 fprintf()还是 sprintf()函数,都以同样的方式处理输入参量,但 fprintf()把输出送到显示屏或文件中,而 sprintf()则把输出返回到一个字符串中。

sprintf()函数的语法如下:

[s, errmsg] = sprintf(format, A, ...)

其中,s 是 sprintf()输出返回的字符串,errmsg 是出错信息,如果没有出错信息,则 errmsg 是一个空矩阵。format 参数是一个包含 C 语言转换特性的串,矩阵 A 中的数据按照 format 参数的格式进行转换。

%是格式符号的开始标记,其他符号的意义与 fprintf()函数的意义相同。

例如:

```
>> p=sprintf('%-8.5g\n',pi);
>> disp(p)
3.1416
>> p=sprintf('%+8.5g\n',pi);
>> disp(p)
 +3.1416
>> p=sprintf('%08.5g\n',pi);
>> disp(p)
003.1416
>> t=sprintf(' 半径为%4g 的圆,其面积为:%4g。',rad,area );
>> disp(t)
 半径为 2.5 的圆,其面积为 19.635。
>> t=sprintf(' 半径为%.4g 的圆,其面积为:%.4g。',rad,area );
>> disp(t)
 半径为2.5 的圆,其面积为 19.63。
```

当需要比缺省函数 disp()、num2str()和 int2str()所提供的更多的控制时,使用 fprintf()和 sprintf()是比较方便的。

表 6-5 显示了在各种不同转换下，pi 的输出显示结果。

表 6-5 数值格式转换

数值格式转换命令	结 果
fprintf(' %.0e\n ',pi)	3e+00
fprintf(' %.1e\n ',pi)	3.1e+00
fprintf(' %.3e\n ',pi)	3.142e+00
fprintf(' %.5e\n ',pi)	3.14159e+00
fprintf(' %.10e\n ',pi)	3.1415926536e+00
fprintf(' %.0f\n ',pi)	3
fprintf(' %.1f\n ',pi)	3.1
fprintf(' %.3f\n ',pi)	3.142
fprintf(' %.5f\n ',pi)	3.14159
fprintf(' %.10f\n ',pi)	3.1415926536
fprintf(' %.0g\n ',pi)	3
fprintf(' %.1g\n ',pi)	3
fprintf(' %.3g\n ',pi)	3.14
fprintf(' %.5g\n ',pi)	3.1416
fprintf(' %.10g\n ',pi)	3.141592654
fprintf(' %8.0g\n ',pi)	3
fprintf(' %8.1g\n ',pi)	3
fprintf(' %8.3g\n ',pi)	3.14
fprintf(' %8.5g\n ',pi)	3.1416
fprintf(' %8.10g\n ',pi)	3.141592654

注意，对 e 和 f 格式，小数点右边的十进制数就是小数点右边要显示的多少位数字。相反，在 g 的格式里，小数点右边的十进制数指定了显示数字的总位数。另外，注意最后的五行，其结果指定为 8 个字符长度，且是右对齐。在最后一行，8 被忽略，因为指定超过了 8 位。

6.5 字符串转换

除了上面所讨论的字符串可以与它的 ASCII 表示之间互相转换外，MATLAB 还提供了大量的其他有用的字符串转换函数，如表 6-6 所示。

表 6-6 MATLAB 字符串转换函数

函 数	功 能
abs	字符串转换到 ASCII 码
dec2hex	十进制数到十六进制字符串转换
fprintf	把格式化的文本写到文件中或显示屏上
hex2dec	十六进制字符串转换成十进制数
hex2num	十六进制字符串转换成 IEEE 浮点数
int2str	整数转换成字符串
str2num	字符串转换成数字
num2str	数字转换成字符串
setstr(u)	ASCII 码矩阵 u 转换成字符串
sprintf	用格式控制，数字转换成字符串
sscanf	用格式控制，字符串转换成数字
str2mat	字符串转换成一个文本矩阵
upper	字符串转换成大写
lower	字符串转换成小写

6.5.1 数字转换成字符串

函数 int2str()和 num2str()把数值转换成字符、字符串或字符变量，这些函数是很有用的，例如：

- 把数值转换成字符串，作为绘图的题头或标签；
- 字符串连接用来把所转换的数嵌入到一个字符串句子中。

1．int2str()函数将整形数转换为字符

int2str()函数将整型数转换为字符、字符串或字符变量，命令形式如下：

（1）str = int2str(N)：把整型数值 N 转换成字符、字符串 str，N 可以是单个数字、向量、数组、矩阵或表达式。例如：

```
>> int2str(2+3)
ans = 5
```

（2）s = int2str (x)：将数 x 转换为字符变量 s。当 x 是普通有理数时，将对其四舍五入后再进行转换。当 x 是复数时，将只对其实部进行转换。例如：

```
>> x1 = 19; s1 = int2str(x1)
s1 =19
>> x2 = 2.4;
>>s2 = int2str(x2)      %先把变量 x2 四舍五入，然后再转换为字符型变量 s2
s2 =2
>> x3 = 2.9 + 5 * i ;   %变量 x3 是复数，只对其实部进行转换，对其四舍五入后再进行转换
>> s3 = int2str(x3)
s3 =3
```

2．num2str()函数将数值转换为字符

num2str()函数可以将数值转换为字符、字符串，也可以用于将普通数值变量转换为字符变量。函数 num2str()的使用方法如下：

（1）str = num2str(A)：转换数组 A 为串表达式 str。转换浮点数的最大精度为 4 位小数，如果需要可以转换为指数形式。对于整型数值，num2str()返回该值精确的字符串值。

（2）str = num2str(A, precision)：precision 指定转换的精度。

（3）str = num2str(A, format)：使用 format 提供的格式转换数组 A 为串表达式 str。与 fprintf()函数类似，默认使用"%11.4g"格式，转换浮点数的最大精度为 4 位小数，如果需要可以转换为指数形式。

（4）s = num2str (x)：将普通数值 x 转换为字符变量 s。规则是在 int2str()命令中对 x 的限制则全部取消，这条命令在图形与图例的标注中非常有用。

无论是 num2str()还是 int2str()都需调用函数 sprintf()，它用类似 C 语言的语法把数值转换成字符串。例如：

- 希望把一个数值嵌入到字符串中：

```
>> rad=2.5;   area=pi*rad^2;
>> t=[' 半径为' num2str(rad) '的圆，其面积为：' num2str(area) '。' ];
```

```
>> disp(t)
```
半径为 2.5 的圆，其面积为：19.635。

- 把数值转换成字符串，作为绘图的题头或标签：
```
>> title(['case number ' int2str(n)])
```

6.5.2 字符串转换成数字

在字符串转换成数字的逆方向转换中，使用 str2num()函数是很方便的。串可以是普通的数字串、小数串、带符号的数字串、幂或比例因子串，以及复数串等。命令形式如下：

x = str2num(s)：把字符串变量 s 转化为数值 x。当 s 是一个包含非数字的字符变量时，str2num(s) 将返回一个空矩阵[]。

例如：
```
>> s='123e+5';          %a string containing a simple number
>> a=str2num(s)
a = 12300000
>> class(a)
ans =double
>> s2 = '12a';          %字符串变量 s2 包含非数字的字符变量 a
>> x2 = str2num(s2)
x2 =
     []
```

使用 str2num()函数也可以转换字符矩阵。例如：
```
>> s= ' [1   2; pi   4] ';   % a string of a MATLAB matrix
>>str2num(s)
      ans =
          1.0000    2.0000
          3.1416    4.0000
```

函数 str2num()既不能接受用户定义的变量，也不能执行转换过程的算术运算。

6.5.3 字符的大小写转换

下面将举例说明把一个字符串转换成大写的过程。首先，函数 find()找出小写字符的下标值；然后，从小写元素中减去小写与大写之差；最后，用 setstr()函数把求得的数组转换成它的字符串表示。

```
>> u=' If You Are Using MATLAB for the First Time ';
>> disp(u)
  If You Are Using MATLAB for the First Time
>> i=find(u>='a' & u<= 'z')
i =
```

```
Columns 1 through 11
    3    6    7   10   11   14   15   16   17   26   27
Columns 12 through 22
   28   30   31   32   35   36   37   38   41   42   43
```
>> u(i)=setstr(u(i)-('a'-'A'))
u =
   IF YOU ARE USING MATLAB FOR THE FIRST TIME

使用 upper()、lower()函数可以直接实现字符的大小写转换，例如：
>> u=' If You Are Using MATLAB for the First Time ';
>> U=upper(u)
U =
   IF YOU ARE USING MATLAB FOR THE FIRST TIME
>> lower(U)
ans =
   if you are using matlab for the first time

6.6 字符串的搜索与替换

字符串的搜索查找与替换是字符串操作中的一项重要内容，用于查找的函数主要有 findstr()、strmatch()、strrep()、strtok()等，其中，strrep()函数执行简单的字符串替代。

6.6.1 strtok()函数

使用 strtok()函数可以寻找出字符串中由特定字符指定的、第一次出现的标记前面的字符，空格是缺省限定字符，其语法如下：
- token = strtok('str')
- token = strtok('str', delimiter)
- [token, rem] = strtok(...)

(1) token = strtok('str')：使用默认的限定符(白空格，包括 ASCII 9 的 tab、ASCII 13 的回车和 ASCII 32 的空格)，白空格前面的任何限定符都被忽略。如果 str 是一个串的单元数组，则 token 是标记的单元数组。例如：
>> s = '   This is a simple example.';
>> token = strtok(s)
返回串中第一个空格前的字符串：
token =
   This

(2) token = strtok('str', delimiter)：返回文本串 str 的第一个标记，向量 delimiter 使用所有合法的限定符号，delimiter 前面的任何限定符都被忽略。

```
>> token = strtok(s,'a')
```
返回串中第一个限定符 a 前的字符串：
```
token =
    This is
>> token = strtok(s,'s')
```
返回串中第一个限定符 s 前的字符串：
```
token =
    Thi
```

(3) [token, rem] = strtok(...)：返回字符串的剩余部分，如果 str 是一个串的单元数组，则 token 是标记的单元数组，rem 是字符数组。例如：
```
>> [token,rem] = strtok(s,'a')
token =
    This is
rem =
    a simple example.
```

6.6.2 strfind()和 findstr()函数

1. strfind()函数

使用 strfind()函数在长字符串 s1 内找出短字符串 s2，其语法如下：

k = strfind (str1,str2)：findstr()函数大小写敏感，在双精度数组 k 中返回每个子字符串 s2 出现的开始索引值，如果没有找到 s2 或者字符串 s2 的长度大于字符串 s1 则返回空数组。例如：
```
>> s = '   This is a simple example.';
>> k = strfind(s,'s')
k =
    6    9    13
```

2. findstr()函数

findstr()函数用于在一个字符串 s1 中查找子字符串 s2，返回子字符串的起始位置下标值，执行时系统首先判断两个字符串的长短，然后在长的字符串中检索短的子字符串。语法如下：

k = findstr(str1,str2)：findstr()函数大小写敏感，在双精度数组 k 中返回每个子字符串 s2 出现的开始索引值，当不匹配时，如果没有找到则返回空数组，findstr()函数对字符串矩阵不起作用。例如：
```
>> k=findstr(s,'s')
k =
    6    9    13
```

与 strfind()函数不同之处是，findstr()函数的两个输入参数的次序无关紧要，这在不知道两个输入串哪个长哪个短的情况下是非常有用的。例如：

```
>> s = 'Find the starting indices of the shorter string.';
>> findstr(s,'the')
ans =
     6    30
>> findstr('the',s)
ans =
     6    30
```

3．strmatch()函数

strmatch()函数在字符数组的每一行中查找是否存在待查找的字符串，存在则返回 1，否则返回 0。语法为：

strmatch('str', STRS)：查找 str 中以 STRS 开头的字符串。另外，可以用 strmatch('str', STRS, 'exact')，查找精确包含 STRS 的字符串。

6.6.3 字符串的替换

strrep()函数执行简单的字符串替代，用于查找字符串中的子字符串，并将其替换为另一个子字符串。该函数对字符串矩阵不起作用。语法如下：

str = strrep(str1, str2, str3)：用串 str3 替换在串 str1 中出现的所有字符或字符串 str2。例如：

```
>> b=' Peter Piper picked a peck of pickled peppers ';
>> strrep(b,'p','P')
ans =
    Peter PiPer Picked a Peck of Pickled PePPers
>> strrep(b,'Peter','Pamela')
ans =
    Pamela Piper picked a peck of pickled peppers
```

6.7 字符串的比较与判断

字符串的比较，主要为比较两个字符串是否相同，字符串中的子串是否相同和字符串中的个别字符是否相同。用于比较字符串的函数主要是 strcmp()、strcmpi()和 strncmp()、strncmpi()等。

6.7.1 字符串的比较

1．strcmp()、strcmpi()函数

使用 strcmp()、strcmpi()函数可进行字符串比较，strcmp()函数对大小写敏感，而 strcmpi()函数对大小写不敏感。语法如下：

(1) TF = strcmp('str1', 'str2')：用于比较两个字符串是否相同。比较串 str1 与 str2，如果

相同,则 TF 为 1(真);否则为 0(假),即 str1 与 str2 不相同。当所比较的两个字符串是单元字符数组时,返回值为一个列向量,元素为相应行比较的结果。

(2) TF = strcmp('str', C):串 str 与单元矩阵 C 中的每一个元素比较,str 是一个字符向量或 1×1 的单元矩阵,C 是一个串单元矩阵。TF 是与 C 的维数相同的矩阵,如果比较结果相同则 TF 中该元素为 1(真),否则为 0(假)。该函数要比较的两个输入参数的次序是无关紧要的,即比较结果与两个输入参数的次序无关。

(3) TF = strcmp(C1, C2):单元矩阵 C1 与单元矩阵 C2 中的每一个对应元素比较,TF、C1 和 C2 的大小相同。TF 是与 C1、C2 的维数相同的、元素为逻辑值 0、1 的矩阵,如果比较结果相同则 TF 中该元素为 1(真),否则为 0(假)。

strcmpi()函数的使用方法与此相同。例如,比较字符串:

```
>> strcmp('Yes', 'No')
ans =
     0
>>strcmp('Yes', 'Yes')
ans =
     1
>> strcmp('Yes', 'yes')
ans =
     0
>> strcmpi('Yes', 'yes')
ans =
     1
```

例如,比较单元数组元素:

```
>> B = {'Handle Graphics', 'Real Time Workshop';
       'Toolboxes', 'The MathWorks'};
   C = {'handle graphics', 'Signal Processing';
       ' Toolboxes', 'The MATHWORKS'};
>> TF0=strcmpi('Handle Graphics', C)
TF0 =
     1     0
     0     0
>> TF1=strcmpi(B, C)
TF1 =
     1     0
     0     1
>> TF2=strcmp(B, C)
TF2 =
     0     0
     0     0
```

2. strncmp()、strncmpi()函数

使用strncmp()、strncmpi()函数可进行字符串中的前几个字符比较，strncmp()函数对大小写敏感，而strncmpi()函数对大小写不敏感。语法如下：

(1) TF = strncmp('str1', 'str2' ,n)：串str1的前n个字符与str2比较，如果相同则TF为1(真)，否则为0(假)。当所比较的两个字符串是单元数组时，返回值为列向量，元素为相应行比较的结果。

(2) TF = strncmp('str', C ,n)：串str的前n个字符与单元矩阵C中的前n个元素比较，str是一个字符向量或1×1的单元矩阵，C是一个串单元矩阵。TF是与C的维数相同的矩阵，如果比较结果相同，则TF中该元素为1(真)，否则为0(假)。该函数要比较的两个输入参数的次序是无关紧要的，即比较结果与两个输入参数的次序无关。

(3) TF = strncmp(C1, C2 ,n)：单元矩阵C1的前n个元素与单元矩阵C2中的前n个元素比较，TF、C1和C2的大小相同。TF是与C1、C2的维数相同的、元素为逻辑值0、1的矩阵，如果比较结果相同则TF中该元素为1(真)，否则为0(假)。

例如：

```
>> A = 'MATLAB' ,B='MathWorks', C = {'handle graphics', 'Signal Processing';
        'Toolboxes', 'The MATHWORKS'};
>> strncmpi(A, B, 3)
ans =
     1
>>  strncmp(A, B, 3)
ans =
     0
>> T=strncmpi('Handle Graphics', C, 4)
T =
     1     0
     0     0
```

3. 通过简单运算比较两个字符串

除了利用上面4个函数进行比较之外，还可以通过简单运算比较两个字符串。当两个字符串拥有相同的维数时，可以利用MATLAB运算法则，对字符数组进行比较。

字符数组的比较与数值数组的比较基本相同，不同之处在于字符数组比较时进行比较的是字符的ASCII码值。进行比较返回的结果为一个数值向量，元素为对应字符比较的结果。需要注意的是，在利用这些运算比较字符串时，相互比较的两个字符串必须有相同数目的元素。比较字符串的运算符号和意义如表6-7所示。

表6-7　比较字符串的运算符号和意义

符 号	符 号 意 义	英文简写
==	等于	eq
~=	不等于	ne
<	小于	lt
>	大于	gt
<=	小于等于	le
>=	大于等于	ge

6.7.2 字符串判断

除上面介绍的两个字符串之间的比较之外,MATLAB 还可以判断字符串中的字符是否为空格字符或者字母。实现这两个功能的函数分别为 isspace()和 isletter()。

(1) isspace():用法为 isspace(str),判断字符串 str 中的字符是否为空格,是空格字符则返回 1,否则返回 0。

(2) isletter():用法为 isletter(str),判断字符串 str 中的字符是否为字母,是字母则返回 1,否则返回 0。

6.8 字符串执行与宏

6.8.1 eval()函数与字符串求值

函数 eval()提供 MATLAB 宏的能力,该函数执行由串组成的 MATLAB 命令表达式,提供了将用户创建的函数名传给其他函数的能力,以便求值。相当于把字符串中的字符赋予它的实际内容,当被求值的字符串是由子字符串连接而成,或将字符串传给一个函数以求值时,eval 非常有用。命令 eval 使得 MATLAB 成为一个可灵活编程的语言,比如这个命令用来调用 MATLAB 中没有预定义的函数。

eval()语法如下:

(1) eval(expression):执行 MATLAB 命令表达式 expression,expression 可以由包含在中括号内的子串、变量组成。

expression = [string1, int2str(var), string2, ...]

应用例子如:

>> d='cd';
>> eval(d);
D:\My Documents\MATLAB
>> a=eval('sqrt(2)')
a =
    1.4142
>> eval('a=sqrt(2)')
a =
    1.4142

(2) [a1, a2, a3, ...] = eval('myfun(b1, b2, b3, ...)'):执行参数为 b1, b2, b3, ...的 MATLAB 函数 smyfun,并将结果返回到指定的变量 a1, a2, a3, ...中。

例 6-8-1 向 MATLAB 工作空间加载系列 MAT 文件 August1.mat～August10.mat。程序如下:

```
        for d=1:10
            s = ['load August' int2str(d) '.mat']
            eval(s)
        end
```

运行结果是逐个加载文件，如果该文件保存在当前目录下，就被加载，否则如果该文件没有保存在当前目录下，或不存在该文件将会出错。

```
s =
    load August1.mat
s =
    load August2.mat
s =
    load August3.mat
    …
```

例 6-8-2 在 MATLAB 工作空间生成系列变量名，并使用 eval()函数为每一个变量赋值。程序如下：

```
        for k = 1:5
            t = clock;
            pause(uint8(rand * 10));
            v = genvarname('time_elapsed', who);
            eval([v ' = etime(clock,t)'])
        end
```

运行结果如下：

```
    time_elapsed = 9.0620
    time_elapsed1 = 9.0150
    time_elapsed2 = 1
    time_elapsed3 = 9.0160
    time_elapsed4 = 6.0000
```

如果字符串传递到 eval()不能被辨认，MATLAB 提供下列语法：

```
>> eval(' a=sqrtt(2) ',' a=[  ] ')
    a =
        [ ]
```

由于第一个参量有误，即 sqrtt 多误打一个字母 t，因此它不是一个有效的 MATLAB 函数，这里第二个参量被执行，这种形式经常被描述为 eval(try,catch)。

6.8.2 feval()函数

函数 feval()与 eval()类似，但在用法上有更多的限制。feval(' fun ',x)求由字符串"fun"给定的函数值，其输入参量是变量 x，即 feval(' fun ',x)等价于求 fun(x)值。例如：

```
>>a=feval(' sqrt ',2)
a = 1.4142
```

函数 eval()、feval()的基本用途限定在用户创建的函数内。一般地，feval()可求出有多个输入参量的函数值，例如，feval('fun', x, y, z) 等价于求 fun(x, y, z)值。

例 6-8-3 在 MATLAB 工作空间生成 3 个函数，用户选择一种函数，并输入自变量值，使用 feval()函数为每一个变量赋值。程序如下：

```
fun=['sin'; 'cos'; 'log'];
k=input('Choose function number:');
x=input('Enter value:');
feval(fun(k,:),x)
```

运行结果如下：

```
Choose function number:2
Enter value:6
ans =    0.9602
Choose function number:3
Enter value:6
ans = 1.7918
```

6.9 文 件 操 作

文件操作包括文件的打开、存储和关闭，数据的导入与导出等。

6.9.1 文件、数据的存储

1．保存整个工作区

把 MATLAB 工作空间中一些有用的数据长久保存下来的方法是生成 MAT 数据文件。

点击"File"菜单中的"Save Workspace As…"选项，或者点击工作区浏览器工具栏中的"Save"按钮，可以将工作区中的变量保存为 MAT 文件。

2．保存工作区中的变量

在工作区浏览器中，右键单击需要保存的变量名，选择"Save As…"菜单项，将该变量保存为 MAT 文件。

3．利用 save 命令保存

save 命令可以保存工作区或工作区中任何的指定文件。save 命令的调用格式如下：

(1) save filename …：将工作区中的所有变量保存在当前工作区中的文件中，如果不指定文件名的扩展名，则默认为 MAT 文件；如果不指定文件名和扩展名，则默认文件名为"matlab.mat"，MAT 文件可以通过 load()函数再次导入工作区，MAT 函数可以被不同的机器导入，甚至可以通过其他的程序调用。例如：

>> save data：将工作空间中所有的变量存入"data.mat"文件中。

>> save data a b：将工作空间中 a 和 b 变量存入"data.mat"文件中。下次运行 MATLAB 时即可用 load 指令调用已生成的 MAT 文件。

MAT 文件是标准的二进制文件，还可以 ASCII 码形式保存或加载。例如：

>> save data a b –ascii
>> load data a b –ascii

以二进制的方式储存变量，通常档案会比较小，而且在载入时速度较快，但是无法用普通的文本软件(例如记事本等)看到档案内容。若想看到档案内容，则必须加上-ascii 选项。

>>save filename x -ascii：将变量 x 以八位数存到名为 filename 的 ASCII 档案。

二进制和 ASCII 档案的比较：

在 save 命令使用-ascii 选项后，会有以下现象：

● 对于相同的变量，ASCII 档案通常比二进制档案大。

● save 命令就不会在档案名称后加上 MAT 的扩展名。因此以扩展名 MAT 结尾的档案通常是 MATLAB 的二进制资料档。

● 通常只储存一个变量。若在 save 命令中加入多个变量，仍可执行，但所产生的档案则无法以简单的 load 命令载入。参阅有关 load 命令的用法。

● 原有的变量名称消失。因此在将档案以 load 载入时，会取用档案名称为变量名称。

● 对于复数，只能储存其实部，而虚部则会消失。

若非有特殊需要，我们一般应该尽量以二进制方式储存资料。

(2) save('filename')：将工作区中的所有变量保存为 MAT 文件，文件名由字符串 filename 指定。如果 filename 中包含路径，则将文件保存在相应目录下，否则默认路径为当前路径。

(3) save('filename', 'var1', 'var2', ...)：保存指定的变量在 filename 指定的文件中。

(4) save('filename', '-struct', 's')：保存结构体 s 中全部域作为单独的变量。

(5) save('filename', '-struct', 's', 'f1', 'f2', ...)：保存结构体 s 中的指定变量。

(6) save('-regexp', expr1, expr2, ...)：通过正则表达式指定待保存的变量需满足的条件。

(7) save('...', 'format')：指定保存文件的格式，格式可以为 MAT 文件、ASCII 文件等。

6.9.2 数据导入

1. 函数 load()

在 MATLAB 中，导入数据通常由函数 load()实现，该函数的用法如下：

(1) load：如果 matlab.mat 文件存在，导入 matlab.mat 中的所有变量，如果不存在，返回 error；

(2) load filename：将 filename 中的全部变量导入到工作区中；

(3) load filename X Y Z ...：将 filename 中的变量 X、Y、Z 等导入到工作区中，如果文件为 MAT 文件，在指定变量时可以使用通配符"*"；

(4) load filename -regexp expr1 expr2 ...：通过正则表达式指定需要导入的变量；

(5) load -ascii filename：无论输入文件名是否包含有扩展名，将其以 ASCII 格式导入，如果指定的文件不是数字文本，则返回 error；

(6) load -mat filename：无论输入文件名是否包含有扩展名，将其以 mat 格式导入，如果指定的文件不是 MAT 文件，则返回 error。

2. 函数 importdata()

在 MATLAB 中，另一个导入数据的常用函数为 importdata()，与 load()函数不同，importdata()将文件中的数据以结构体的方式导入到工作区中。该函数的用法如下：

(1) importdata('filename')：将 filename 中的数据导入到工作区中。

(2) A = importdata('filename')：将 filename 中的数据导入到工作区中，并保存为变量 A。

(3) importdata('filename', 'delimiter')：将 filename 中的数据导入到工作区中，以 delimiter 指定的符号作为分隔符。

6.9.3 文件的打开

在 MATLAB 中，可以使用 open 命令打开各种格式的文件，MATLAB 自动根据文件的扩展名选择相应的编辑器。open()函数的用法如下：

open('name')：打开一个名称由字符串 name 指定的对象。打开后采取的具体操作取决于对象的类型。例如：

```
>> open copyfile.m
>> open('D:\temp\data.mat')
```

需要注意 open('filename.mat')和 load('filename.mat')的不同，前者将 filename.mat 以结构体的方式打开在工作区中，后者将文件中的变量导入到工作区中，如果要访问其中的内容，则需以不同的格式进行。

6.9.4 文本文件的读/写

在上一节中介绍的函数和命令主要用于读/写 mat 文件。在实际应用中，经常需要读/写更多格式的文件，如文本文件(txt)、word 文件、xml 文件、xls 文件及图像、音/视频文件等。

在 MATLAB 中，实现文本文件读/写的函数如表 6-8 所示。

表 6-8 文本文件的读/写函数

函　　数	功　　能
csvread()	读入以逗号分隔的数据
csvwrite()	将数据写入文件，数据间以逗号分隔
dlmread()	将以 ASCII 码分隔的数值数据读入到矩阵中
dlmwrite()	将矩阵数据写入到文件中，以 ASCII 分隔
textread()	从文本文件中读入数据，将结果分别保存
textscan()	从文本文件中读入数据，将结果保存为单元数组

1. fscanf()函数

读取 ASCII 文本文件的用法如下：

A = fscanf(fid,format)：从 fid 所指定的文件读取的所有数据，将它转换为字符串 format 指定的格式，并将其返回矩阵 A 中。参数 fid 是整数型文件标识符，从 fopen 操作中获得。

2. csvread()函数

csvread()函数读取逗号分隔值的文件。用法如下：

(1) M = csvread('filename')：将文件 filename 中的数据读入，并且保存为 M，filename 中只能包含数字，并且数字之间以逗号分隔。M 是一个数组，行数与 filename 的行数相同，列数为 filename 列的最大值，对于元素不足的行，以 0 补充。

(2) M = csvread('filename', row, col)：读取文件 filename 中的数据，起始行为 row，起始列为 col。需要注意的是，此时的行列从 0 开始。

(3) M = csvread('filename', row, col, range)：读取文件 filename 中的数据，起始行为 row，起始列为 col，读取的数据由数组 range 指定，range 的格式为 [R1 C1 R2 C2]，其中，R1、C1 为读取区域左上角的行和列，R2、C2 为读取区域右下角的行和列。

例如：

csvlist.dat
  02, 04, 06, 08, 10, 12
  03, 06, 09, 12, 15, 18
  05, 10, 15, 20, 25, 30
  07, 14, 21, 28, 35, 42
  11, 22, 33, 44, 55, 66
\>\> csvread('csvlist.dat')
ans =

2	4	6	8	10	12
3	6	9	12	15	18
5	10	15	20	25	30
7	14	21	28	35	42
11	22	33	44	55	66

3. dlmread()函数

dlmread()函数读取以 ASCII 分隔值的文件。用法如下：

- M = dlmread('filename')
- M = dlmread('filename', delimiter)
- M = dlmread('filename', delimiter, R, C)
- M = dlmread('filename', delimiter, range)

其中，参数 delimiter()用于指定文件中的分隔符，其他参数的意义与 csvread()函数中参数的意义相同，这里不再赘述。dlmread()函数与 csvread()函数的差别在于，dlmread()函数在读入数据时可以指定分隔符，不指定时默认分隔符为逗号。

4. dlmwrite()函数

dlmwrite()函数将矩阵数据写入以 ASCII 分隔值的文件中。用法如下：

- dlmwrite('filename', M)：将矩阵 M 的数据写入文件 filename 中，默认以逗号分隔；
- dlmwrite('filename', M, 'D')：将矩阵 M 的数据写入文件 filename 中，采用指定的分隔符 D 分隔数据，如果需要 tab 键，可以用"\t"指定；
- dlmwrite('filename', M, 'D', R, C)：指定写入数据的起始位置；
- dlmwrite('filename', M, attribute1, value1, attribute2, value2, ...)：指定任意数目的参数，

可以指定的参数如表 6-9 所示：

● dlmwrite('filename', M, '-append')：如果 filename 指定的文件存在，在文件后面写入数据，不指定时则覆盖原文件。

● dlmwrite('filename', M, '-append', attribute-value list)：叙写文件，并指定参数。

● dlmwrite()：函数的可用参数如表 6-9 所示。

● textread、textscan：当文件的格式已知时，可以利用 textread()函数和 textscan()函数读入。

表 6-9 dlmwrite()函数的参数

参数名	功 能
delimiter	用于指定分隔符
newline	用于指定换行符，可以选择"pc"或者"unix"
roffset	行偏差，指定文件第一行的位置，roffset 的基数为 0
coffset	列偏差，指定文件第一列的位置，coffset 的基数为 0
precision	指定精确度，可以指定精确维数，或者采用 C 语言的格式，如"%10.5f"

6.9.5 低层文件 I/O 操作

一些基本的低层文件操作函数如表 6-10 所示。

表 6-10 低层文件操作函数

函 数	功 能
fclose()	关闭打开的文件
feof()	判断是否为文件结尾
ferror()	文件输入输出中的错误查找
fgetl()	读入一行，忽略换行符
fgets()	读入一行，直到换行符
fopen()	打开文件，或者获取打开文件的信息
fprintf()	格式化输入数据到文件
fread()	从文件中读取二进制数据
frewind()	将文件的位置指针移至文件开头位置
fscanf()	格式化读入
fseek()	设置文件位置指针
ftell()	文件位置指针
fwrite()	向文件中写入数据

1．打开和关闭文件

打开和关闭文件分别使用 fopen()、fclose()函数。

（1）fopen()函数。语法及功能如下：

● fid = fopen(filename)：打开文件名为 filename 的文件，用于读/写，返回一个 integer 类型的文件标识 fid。

文件标识符号 fid 是一个整型数值，MATLAB 分别识别文件标识符 fid 为 0 是标准输入、

1 是标准输出(屏幕)和 2 是标准错误。如果 fopen ()函数打不开文件，fid = –1。如果 fopen()函数打开文件成功，fid 大于或等于 3。

- fid＝fopen(filename, permission)：permission 是一个字符串，描述访问的文件类型的字符串：读取、写入、追加或更新，指定是以二进制或文本模式打开文件。permission 的具体内容和意义如表 6-11 所示。

表 6-11 permission 的内容和意义

permission	意义
'r'	默认，打开一个文件，用于读
'w'	打开或生成一个新文件，用于写
'a'	打开或创建新的文件，将数据追加到文件的末尾
'r+'	打开文件，用于读写
'w+'	打开或创建新的文件，用于读和写。放弃现有的内容，如果有的话
'a+'	打开或创建新的文件，用于读和写。将数据追加到文件的末尾
'A'	追加文件，不自动刷新
'W'	写文件，不自动刷新

- fid=fopen(filename, permission, machineformat)：machineformat 是一个串，指定文件以字节或位读/写的次序，用于不同的操作系统。
- [fid, message]=fopen(filename,…)：message 是依赖不同操作系统所提供的出错信息。
- fid =fopen('all')：fid 是一个向量，代表所有打开文件的标识。
- [filename, permission, machineformat]=fopen(fid)：返回所打开文件的各种信息。

(2) fclose()函数。
- status=fclose(fid)：此处的 fid 的意义与 fopen()函数中的意义相同，即把在 fopen()函数中以文件标识符号为 fid 的文件关闭。
- status=fclose('all')：此处的 all 的意义与 fopen()函数中的意义相同，即把在 fopen()函数中以文件标识符号为 fid 的列向量所代表的所有文件关闭。

例：打开一个名为 std.dat 的数据文件并进行读操作的命令为
  fid＝fopen('my.txt','r')

2．文件定位和状态

文件定位和状态使用 feof()、fseek()、ftell()、ferror()、frewind()等函数，使用方法与 C 语言相同。

3．二进制文件的读/写

可使用 fread()和 fwrite()函数进行二进制文件的读/写。

(1) fread()：从文件中读取二进制数据。语法如下：
- A = fread(fid)
- A = fread(fid, count)
- A = fread(fid, count, precision)
- A = fread(fid, count, precision, skip)
- A = fread(fid, count, precision, skip, machineformat)
- [A, count] = fread(...)

第 6 章　MATLAB 字符串与文件操作

从 fid 指定的文件中读取二进制格式数据到矩阵 A，在调用 fread 之前先使用 fopen 打开文件。参数 fid 是整数型文件标识符，从 fopen 操作中获得。MATLAB 从头到尾完整读取该文件，然后将文件指针定位在文件的末尾。

count 是一个可选项，指定读取的元素数，如果不指定该参数，则读取整个文件。字符串 precision 指定文件所读取的精度格式，默认为无符号的字符格式 uchar。如果包括一个可选项 skip 参数，指定读取每个 precision 值后要跳过的字节数。如果 precision 指定一个位格式，如 'bitN' 或 'ubitN'，skip 参数将被解释为跳过的位数。

例如：

  fid=fopen('std.dat','r');

  A= fread(fid, 100,'long');

  Sta=fclose(fid);

以"读"数据形式打开文件"std.dat"，并按长整型方式读取前 100 个数据到 A 中，然后关闭文件。

(2) fwrite(fid,A,precision)：从文件中读取二进制数据。语法如下：

count = fwrite(fid,A,precision)：把矩阵 A 的元素，以 precision 指定的精度写入 fid 指定的文件。count 保持成功写入的元素数目。

6.9.6　串口设备文件操作

1．连接、关闭设备

fopen()、fclose()函数还用于把串口连接于设备或断开连接。语法如下：

(1) fopen(obj)：把串口对象 obj 连接于设备。连接成功后的状态如下：

- 输入、输出缓冲区的数据被刷新。
- 将 Status 属性设置为 open。
- 将 BytesAvailable、ValuesReceived、ValuesSent 和 BytesToOutput 属性设置为 0。

(2) fclose(obj)：断开串口对象 obj 与设备的连接。

2．格式写函数

fprintf()格式写函数：可以把文本写入串口设备。调用形式如下：

(1) fprintf(obj,'cmd')：该语句把字符串 cmd 写入与串口对象 obj 连接的设备中，默认格式是"%s\n"。写是命令行阻塞的同步操作，直到执行完成。

(2) fprintf(obj,'format','cmd')：该语句将串 cmd 写入到串口设备 obj 中，输入参数 format 是写入格式(C 语言格式)，其意义如表 6-3 所示，默认格式为 %s\n。

(3) fprintf(obj,'cmd','mode')：同上。输入参数 mode 指定是同步(synchronously)或异步(asynchronously)写入字符串命令 cmd。

- sync：默认，cmd 被同步写入，命令行被阻塞。
- async：cmd 被异步写入，命令行不会被阻塞。

(4) fprintf(obj,'format','cmd','mode')：同上。

在对设备执行读或写操作之前，用户需要使用 fopen()函数打开一个串行端口对象 obj 的连接，当 obj 连接于设备后，就返回一个状态属性 Status 值 open，供程序使用。

例 6-9-1 产生一个串口对象，并连接于 Tektronix TDS 210 示波器。

解 在 Windows 系统中，使用 fprintf() 函数和 "RS232?" 命令向串口设置写数据，"RS232?" 命令指示示波器返回串行端口的通信设置参数。程序如下：

(1) 创建、连接串行端口对象，并写命令：

```
>> s = serial('COM1');          %创建一个串行端口对象 s
>> fopen(s)                     %连接 s 于泰克 Tektronix TDS 210 示波器
>> fprintf(s,'RS232?')          %使用 fprintf()函数写 "RS232?" 的命令， "RS232?" 指示串行
                                 端口通信设置的返回
>> s

   Serial Port Object : Serial-COM1
   Communication Settings
       Port:            COM1
       BaudRate:        9600
       Terminator:      'LF'
   Communication State
       Status:          open
       RecordStatus:    off
   Read/Write State
       TransferStatus:  idle
       BytesAvailable:  17
       ValuesReceived:  0
       ValuesSent:      7
```

fprintf() 函数默认的格式是 "%s\n"，因此终止符一般由 Terminatoris 属性自动写入，但有时可能禁止写终止符。如果指定的格式是一个数组，程序如下：

```
>> s = serial('COM1');
>> fopen(s)
>> fprintf(s,['ch:%d scale:%d'],[1 20e-3],'sync');
```

如果指定一个格式不带终止符或配置终止符为空，可使用以下命令：

```
>> s = serial('COM1');
>> fopen(s)
>> fprintf(s,'%s','RS232?')
```

(2) 使用 fgets() 函数读取前面的写操作数据，并返回包括终止符的数据。可使用以下命令：

```
>> settings = fgets(s)
   settings =
            9600;0;0;NONE;LF
>> length(settings)
   ans =17
```

(3) 断开连接，释放内存和工作空间：

```
>> fclose(s)
>> delete(s)
>> clear s
```

3. 格式读

从串口设备读出格式文本可使用 fscanf()、fgetl()、fgets()等函数。

(1) fscanf()函数。fscanf()函数从串口设备读出格式文本。调用形式如下：
- A = fscanf(obj)
- A = fscanf(obj,'format')
- A = fscanf(obj,'format',size)
- [A,count] = fscanf(...)
- [A,count,msg] = fscanf(...)

从与串口对象 obj 连接的设备中读出数据，数据返回到 A，数据量返回到 count，如果读操作没有完全成功，警告信息返回到 msg。

size 是指定读回数据的长度，在 InputBufferSize 属性中指定输入缓冲区的 size 的字节数，不能是 inf。如果在输入缓冲区没有保存指定的数值，将返回一个出错信息。如果 size 不是[m,n]形式，A 以行向量形式返回。

(2) fgetl()和 fgets()函数。fgets()函数可从设备中读取一行文本，包括终止符。fgetl()函数可从设备中读取一行文本，不包括终止符，其用法与 fgets ()函数相同。

在用户从设备中读取文本之前，它必须连接到 fopen()函数的 obj 对象。已连接的串口对象有一个已打开的状态属性值 Status。如果用户试图对没有连接的设备执行读取的操作，则返回一个错误。使用 fgets()函数完成读取操作需遵循以下规则。

要使用 fgets()函数访问 MATLAB 命令行完成读取操作，必须完成下列设置：
- Terminator 属性指定了终止符号；
- Timeout 属性指定了访问时间；
- 输入缓冲区已填充。

fgets()函数的调用方法如下：
- tline = fgets(obj)：从连接的设备中读取一行文本到串行端口对象 obj，并将数据返回到 tline。该函数返回的数据包括带终止符的文本行。若要排除终止符，请使用 fgetl()函数。
- [tline,count] = fgets(obj)：读取的文本值返回到 count，包括终止符的数。
- [tline,count,msg] = fgets(obj)：如果读取的操作不成功，则返回一条警告消息到 msg。

例 6-9-2 假设用户要返回连接到串行端口 COM1(Windows 平台)上的 Tektronix TDS 210 双通道示波器的标识信息。这就要使用 fprintf()函数写"*IDN？"，并使用 fscanf()函数读回该命令的结果。

```
>> s = serial('COM1');
>> fopen(s)
>> fprintf(s,'*IDN?')
>> out = fscanf(s)
out =
TEKTRONIX,TDS 210,0,CF:91.1CT FV:v1.16 TDS2CM:CMV:v1.04
```

断开连接，释放内存和工作空间：

>> fclose(s)

>> delete(s)

>> clear s

4．非格式化读/写

fread()函数从串口设备读出二进制数据，fwrite()函数将二进制数据写入串口设备。

(1) fread()函数。

A = fread(obj)

A = fread(obj,size,'precision')

[A,count] = fread(...)

[A,count,msg] = fread(...)

(2) fwrite()函数。

fwrite(obj,A)

fwrite(obj,A,'precision')

fwrite(obj,A,'mode')

fwrite(obj,A,'precision','mode')

其中，precision 表示精度。控制写入或读出每个值的位(bit)数，这些位值解读为整数、浮点或字符值。如果未指定精度，则使用 uchar 无符号字符(8 位)。

思考与练习

6.1 用 input()函数从键盘输入一个字符串向量，然后对该向量做如下处理：

(1) 显示该字符串，统计字符串中小写字母的个数。

(2) 取该字符串向量第 3 个字符以后的字符组成一个子字符串，如果字符个数少于 3 个，则给出提示。

(3) 将该子字符串倒过来重新排列。

6.2 判断两个字符串是否相等，以区别大小写和不区别大小写两种情况判断：S1='我喜欢 MATLAB!', S2='我喜欢 Matlab!'。

6.3 比较 6.2 题中前 7 个，以区别大小写和不区别大小写两种情况判断是否相等，并显示由前 7 个字符组成的子串。

6.4 在字符串 S1='我喜欢 MATLAB!'中，找出 MATLAB 的位置，并提取子串。

6.5 (1) 假设矩阵 **A** 被定义为 $\mathbf{A}=\begin{vmatrix} 12 & 13 \\ 21 & 2 \end{vmatrix}$，将其转换为字符矩阵。

(2) 已知 $\pi = 3.14$，将其转换为字符。

6.6 (1) 输入一个字符串，将其小写转换为大写。

(2) 在大写字符串中，查找全部与第 2 个字母相同的字母位置。

(3) 将大写字符串中，与第2个字母相同的字母全部替换为小写。

6.7 已知 $y = e^x$，使用 fopen()函数建立一个文本文件"exp.txt"，求 x 从 0~1 的函数值 y，步长为"0.1"。使用 fprintf()函数将 x、y 值写入文件，使用 fclose()函数关闭文件，然后使用 type 命令查看结果。

6.8 参照上题，将数值 2π、100 和字符串"中国人民"写入一个文件，然后使用 type 命令查看结果。

第 7 章 数值计算与分析

现代科学的三个组成部分是：科学理论、科学实验和科学计算。科学计算的核心内容是以现代化的计算机及数学软件为工具，以数学模型为基础进行模拟研究。

在建立了数学模型之后，并不能立刻用计算机直接求解，还必须寻找用计算机计算这些数学模型的数值方法，即将数学模型中的连续变量离散化，转化成一系列相应的算法步骤，编制出正确的计算程序，然后计算出满意的数值结果。

本章介绍的数值计算与分析，实际上就是介绍在计算机上解决数学问题的数值计算方法及其理论，是 MATLAB 的一项重要用途之一。

7.1 MATLAB 多项式

7.1.1 概述

多项式在数学中有着极为重要的作用，同时多项式的运算也是工程和应用中经常遇到的问题。曲线拟合、插值运算在具有数据统计、信号处理和图像处理等领域应用十分广泛，是工程中经常要用到的技术之一。每当难以对一个函数进行积分、微分或者解析上确定一些特殊的值时，就可以借助计算机进行数值分析。

MATLAB 提供了一些专门用于处理多项式的函数，包括多项式求根、多项式的四则运算及多项式的微积分等，如表 7-1 所示。

表 7-1 多项式函数

函　　数	功　　能
conv(a, b)	乘法
[q, r]=deconv(a, b)	除法
poly(r)	用根构造多项式
polyder(a)	对多项式或有理多项式求导
polyfit(x, y, n)	多项式数据拟合
polyval(p, x)	计算 x 点中多项式的值
[r, p, k]=residue(a, b)	部分分式展开式
[a, b]=residue(r, p, k)	部分分式组合
roots(a)	求多项式的根

1. 多项式与行向量

在 MATLAB 中,多项式可用一个行向量表示,向量中的元素为该多项式的系数,按照降序排列。如多项式 $p(x) = 9x^3 + 7x^2 + 4x + 3$ 可以表示为向量 p=[9 7 4 3]。

用户可以先用创建向量的方式创建一个多项式,然后按照降序排列其表示为多项式,也可用 ployzstr(p) 函数将向量 p 转换为多项式。

2. 多项式的运算

由于多项式是利用向量来表示的,因此多项式的四则运算可以转化为向量的运算。

因为多项式的加减为对应项系数的加减,所以可以通过向量的加减来实现。但是在向量的加减中两个向量需要有相同的长度,因此在进行多项式加减时,需要将短的向量前面补 0。

多项式的乘法实际上是多项式系数向量之间的卷积运算,可以通过 MATLAB 中的卷积函数 conv() 来完成。

多项式的除法为乘法的逆运算,可以通过反卷积函数 deconv() 来实现。除多项式的四则运算外,MATLAB 还提供了多项式的一些其他运算。

7.1.2 多项式与根

roots() 函数和 poly() 函数是功能互逆的两个函数。roots() 函数用于求解多项式的根,该函数的输入参数为多项式的系数组成的行向量,返回值为由多项式的根组成的列向量。poly() 函数用于生成根为指定数值的多项式。

1. 用 roots() 函数求多项式的根

找出多项式(polynomial)的根,即多项式为零的值,这可能是许多学科共同的问题。MATLAB 求解这个问题,并提供其他的多项式操作工具。

在 MATLAB 中,首先用一个行向量表示多项式的系数,该系数向量按降序排列。

用函数 roots() 找出多项式的根的函数用法如下:

r = roots(c):返回一个列向量,其元素就是多项式 c 的根。行向量 c 包含多项式按降序指数排列的系数,如果 c 有 n+1 个元素,则表示多项式为

$$C_1X^n + C_2X^{n-1} + \cdots + C_nX + C_{n+1} \tag{7.1.1}$$

例 7-1-1 求多项式 $x^4 - 12x^3 + 25x + 116$ 的根。

解 输入多项式系数向量:

```
>> C=[1  -12  0  25  116];
```

注意,向量中必须包括系数为零的项。

```
>> r=roots(C)
r =
   11.7473
    2.7028
   -1.2251 + 1.4672i
   -1.2251 - 1.4672i
```

在 MATLAB 中,无论是一个多项式,还是它的根,都是向量,按惯例,MATLAB 规

定：多项式是行向量，根是列向量。

2．用 poly() 函数根重组多项式

poly() 函数与 roots() 函数是一对逆运算函数。使用 poly() 函数，可用根重组多项式。函数用法如下：

(1) p = poly(r)：r 是一个多项式的根向量，该函数返回多项式系数的行向量。例如：

```
>> pp=poly(r)
pp =
    1.0000   -12.0000   -0.0000   25.0000   116.0000
```

(2) p = poly(A)：A 是一个 n×n 矩阵，返回一个 n+1 个元素的行向量，其元素是多项式的系数。例如：

```
>> A =[ 1    2    3
        4    5    6
        7    8    0]
>> p = poly(A)
p =
    1.0000   -6.0000   -72.0000   -27.0000
```

即多项式为 $x^3-6x^2+0x^2-72x-27$，其根：

```
>> r = roots(p)
r =
   12.1229
   -5.7345
   -0.3884
```

上述过程可简化为

    roots(poly(A))

该语句找出多项式的根，在运算中实际是求 A 的本征值(eigenvalues)，因此也可以使用 eig() 函数求 A 的本征值。

因为 MATLAB 无隙地处理复数，当用根重组多项式时，如果一些根有虚部，由于截断所产生的误差，则 poly() 的结果有一些小的虚部，这是很普通的。要消除虚假的虚部，只要使用函数 real 抽取实部即可。

7.1.3 卷积运算与多项式乘法

conv() 函数用于卷积与多项式乘法。函数的定义和用法如下：

w = conv(u,v)：计算向量 u 和 v 的卷积。在代数计算中，多项式的乘法与此相同，多项式的系数就是 u 和 v 的元素。

定义：若 m = length(u)、n = length(v)，则 w 是长度为 m + n−1 的向量。第 k 个元素是：

$$w(k) = \sum_j u(j)v(k+1-j)$$

总和 w(k) 是所有 u(j) 和 v(k + 1−j) 的乘积的和，j 的取值范围是 j = max(1, k+1−n): min(k, m)。

当 m = n 时，即两向量长度相同，则 w 是长度为 2n −1 的向量，结果是：

$$w(1) = u(1)*v(1)$$
$$w(2) = u(1)*v(2)+u(2)*v(1)$$
$$w(3) = u(1)*v(3)+u(2)*v(2)+u(3)*v(1)$$
$$\cdots$$
$$w(n) = u(1)*v(n) + u(2)*v(n-1) + \cdots + u(n)*v(1)$$
$$\cdots$$
$$w(2*n-1) = u(n)*v(n)$$

conv()函数支持多项式乘法，即执行两个数组的卷积，两个以上的多项式的乘法需要重复使用 conv。

例 7-1-2 计算两个多项式 $a(x)=x^3+2x^2+3x+4$ 和 $b(x)= x^3+4x^2+9x-15$ 的乘积。

解 输入多项式系数向量：

```
>> a=[1 2 3 4] ;b=[1 4 9 −15];
>> c=conv(a , b)
c =
        1     6    20    19    13    −9   −60
```

结果是多项式：

$$c(x) = x^6 + 6x^5 + 20x^4 + 19x^3 + 13x^2 − 9x − 60$$

7.1.4 反卷积运算与多项式除法

函数 deconv()用于反卷积与多项式除法。函数的定义和用法如下：

[q,r] = deconv(v,u)：使用于长除法，输出向量 u 和 v 的反卷积。返回的商是向量 q，余数是向量 r。例如：

```
>> u = [1    2    3    4]
    v = [10    20    30]
```

卷积结果：

```
>> x = conv(u,v)
x =    10   40   100   160   170   120
```

反卷积结果：

```
>> [q,r] = deconv(x,u)
q =   10    20    30
r =    0    0    0    0    0    0
>> [q,r] = deconv(x,v)
q =    1    2    3    4
r =    0    0    0    0    0    0
```

在一些特殊情况，一个多项式需要除以另一个多项式。如果 u 和 v 是多项式系数向量，卷积等于多项式乘，则反卷积等于多项式除，v 被 u 除，商是 q，余数是 r。

在 MATLAB 中，多项式除由函数 deconv 完成。由上面的多项式 a 和 c，得出 b：

```
>> [b , r]=deconv(c , a)
b =   1   4   9  -15
r =   0   0   0   0   0   0   0
```
这个结果是 c 被 a 除，给出商多项式 b 和余数 r，在现在情况下 r 是零，因为 b 和 a 的乘积恰好是 c。

7.1.5 多项式加法

对于多项式的加法，MATLAB 没有提供一个直接的函数。如果两个多项式向量大小相同，则可使用标准的数组加法。例如，将例 7-1-2 中 a(x) 和 b(x) 相加，由于 a = [1 2 3 4]，b = [1 4 9 –15]，故

```
>> d=a+b
d =
     2   6   12   -11
```
结果是

$$d(x) = 2x^3 + 6x^2 + 12x - 11$$

当两个多项式阶次不同时，低阶的多项式必须用首零填补，使其与高阶多项式有同样的阶次。这里要求是首零而不是尾零，是因为相关的系数像 x 幂次一样，必须整齐。

例如，考虑将例 7-1-2 的多项式 c 和 d 相加：

```
>> e=c+[0 0 0 d]
e =
     1   6   20   21   19   3   -71
```
结果是：

$$e(x) = x^6 + 6x^5 + 20x^4 + 21x^3 + 19x^2 + 3x - 71$$

7.1.6 多项式求导数

函数 polyder() 用于多项式的求导。该函数可以用于求解一个多项式的导数、两个多项式乘积的导数和两个多项式商的导数。该函数的用法如下：

(1) q = polyder(p)：该命令计算多项式 p 的导数。

(2) c = polyder(a,b)：该命令实现多项式 a、b 的积的导数。

(3) [q,d] = polyder(a,b)：该命令实现多项式 a、b 的商的导数，q，d 为最后的结果。

例 7-1-3 求多项式 $g(x) = x^6 + 6x^5 + 20x^4 + 21x^3 + 9x^2 + 3x + 11$ 的导数。

解 (1) 输入多项式系数向量：

```
>> g=[ 1 6 20 21 9 3 11];
```
(2) 求导：

```
>> h=polyder(g)
h =   6   30   80   63   18   3
```
结果是

$$h(x) = 6x^5 + 30x^4 + 80x^3 + 63x^2 + 18x + 3$$

例 7-1-4 用 polyzstr() 函数将向量转换为多项式。

解 程序如下：

```
a=[1 2 3 4 5];
>> a=[1 2 3 4 5];
>> poly2str(a,'x')
ans =   x^4 + 2 x^3 + 3 x^2 + 4 x + 5
>> b=polyder(a)
b =    4    6    6    4
>> poly2str(b,'x')
ans = 4 x^3 + 6 x^2 + 6 x + 4
```

7.2 有理多项式的运算

在许多应用中，例如在傅里叶(Fourier)、拉普拉斯(Laplace)和 Z 变换等应用中，会出现有理多项式或两个多项式之比。在 MATLAB 中，有理多项式由它们的分子多项式和分母多项式表示。对有理多项式进行运算的两个函数是 residue() 和 polyder()。函数 residue() 用于执行部分分式的展开，polyder() 对有理多项式求导。

7.2.1 使用 residue() 函数展开部分分式

residue() 函数是执行部分分式展开和多项式系数之间的转换。语法如下：

[r,p,k] = residue(b,a)：返回部分分式展开式中的极点 p(poles)、相应极点对应的留数 r(residues) 和余项 k(direct term)，a、b 为多项式的系数。定义如下：

设 s 的有理分式为

$$F(s) = \frac{B(s)}{A(s)} = \frac{b_1 s^m + b_2 s^{m-1} + \ldots + b_m s + b_{m+1}}{a_1 s^n + a_2 s^{n-1} + \ldots + a_n s + a_{n+1}} \tag{7.2.1}$$

式中，b 和 a 分别表示 F(s) 分子和分母的系数，即

$$b=[b1\ b2\ldots bm]$$
$$a=[a1\ a2\ldots an]$$

(1) 如果没有多重根，将按下式给出 F(s) 部分分式展开式中的留数、极点和余项：

$$F(s) = \frac{B(s)}{A(s)} = \frac{r_1}{s-p_1} + \frac{r_2}{s-p_2} + \ldots + \frac{r_n}{s-p_n} + k(s) \tag{7.2.2}$$

式中，n=length(r)= length(p)= length(a)–1。

① k(s) 是余项，如果 length(b)<length(a)，则 k 返回一个空向量，余项 k 为零。

例 7-2-1 试将下列函数展开成部分分式

$$F(s) = \frac{s^2 + 4s + 6}{(s+1)^3} = \frac{s^2 + 4s + 6}{s^3 + 3s^2 + 3s + 1}$$

解 对于该函数，有

```
>> num=[0  1  4  6];
>> den =[1  3  3  1];
>> [r,p,k]=residue(num,den)
```

将得到如下结果：

r=
   1.0000
   2.0000
   3.0000

p=
  -1.0000
  -1.0000
  -1.0000

k=
   [ ]

所以可得

$$F(s) = \frac{s^2 + 4s + 6}{(s+1)^3} = \frac{1}{s+1} + \frac{2}{(s+1)^2} + \frac{3}{(s+1)}$$

注意，本例的余项 k 为零。

② 否则，余项 k 不为零，其长度为 length(k) = length(b) − length(a) + 1。

例 7-2-2 试求下列函数的部分分式展开式

$$F(s) = \frac{s^4 + 11s^3 + 39s^2 + 52s + 26}{s^4 + 10s^3 + 35s^2 + 50s + 24}$$

解 由此函数得

```
>> num=[1  11  39  52  26];
>> den= [1  10  35  50  24];
>> [r,p,k]=residue(num,den)
```

于是，得到下列结果：

r=
   1.0000
   2.5000
  -3.0000
   0.5000

p=
  -4.0000
  -3.0000
  -2.0000
  -1.0000

k= 1

则得

$$F(s) = \frac{s^4 + 11s^3 + 39s^2 + 52s + 26}{s^4 + 10s^3 + 35s^2 + 50s + 24} = \frac{1}{s+4} + \frac{2.5}{s+3} - \frac{3}{s+2} + \frac{0.5}{s+1} + 1$$

(2) 如果 F(s)中含多重极点，即 $p(j) = \cdots = p(j+m-1)$，则部分分式展开式将包括下列各项

$$\frac{r_j}{s-p_j} + \frac{r_{j+1}}{(s-p_j)^2} + \cdots + \frac{r_{j+m-1}}{(s-p_j)^m} \tag{7.2.3}$$

式中，p_j 为一个 m 重极点。

7.2.2 residue()函数的逆运算

residue()函数也可执行逆运算[b, a]=residue(r, p, k)。

例 7-2-3 试求下列函数的部分分式展开式

$$F(s) = \frac{10(s+2)}{(s+1)(s+3)(s+4)}$$

解 >>num=10*[1 2];
>> den=poly([-1; -3; -4]);
>> [res, poles, k]=residue(num, den)
res =
    −6.6667
    5.0000
    1.6667
poles =
    −4.0000
    −3.0000
    −1.0000
k =
    []

根据上述余数、极点和留数，该部分分式展开的常数项结果是

$$F(s) = \frac{10(s+2)}{(s+1)(s+3)(s+4)} = \frac{-6.6667}{s+4} + \frac{5}{s+3} + \frac{1.6667}{s+1} + 0$$

现在根据上述余数、极点和留数执行逆运算。

>> [b, a]=residue(res, poles, k)
b =   −0.0000   10.0000   20.0000
a =   1.0000   8.0000   19.0000   12.0000
>> roots(a)
ans =
    −4.0000
    −3.0000

−1.0000

在截断误差内，这与我们开始时的分子和分母多项式一致。即

$$F(s) = \frac{10s + 20}{s^3 + 8s^2 + 19s + 12} = \frac{10(s+2)}{(s+1)(s+3)(s+4)}$$

7.2.3　polyder()函数对有理多项式的求导

函数 polyder()可对有理多项式求导，其命令格式如下：

[b, a]=polyder(num , den)：如果给出两个输入，则它可对有理多项式求导，即求多项式 num、den 商的微分。其中，num 为分子，den 为分母。

例 7-2-4　对上述多项式 F(s)求导。

解　>>num=[10 20];den=[1 8 19 12]

>> [b , a]=polyder(num , den)

b = −20　−140　−320　−260

a = 1　16　102　328　553　456　144

即求导结果为

$$\frac{d}{ds}\{F(s)\} = \frac{d}{ds}\left\{\frac{10s + 20}{s^3 + 8s^2 + 19s + 12}\right\} = \frac{-20s^3 - 140s^2 - 320s - 260}{s^6 + 16s^5 + 102s^4 + 328s^3 + 553s^2 + 456s + 144}$$

7.3　多项式估值与拟合

曲线拟合是工程中经常要用到的技术之一。在诸如人口普查等统计数据的分析中，首先进行的数据拟合通常是简单的多项式拟合，MATLAB 提供了曲线拟合工具箱用于满足用户要求。另外，MATLAB 还提供了多项式拟合函数 polyval()和 polyfit()，用来完成拟合，polyval()函数提供多项式拟合的估值，polyfit()函数提供多项式曲线拟合。

7.3.1　多项式拟合的估值与 polyval()函数

在 MATLAB 中，根据多项式系数的行向量，既可对多项式进行加、减、乘、除和求导，也可以对它们进行估值，这由 polyval()或 polyvalm()函数来完成。

对于给定的多项式，利用函数 polyval()可以计算该多项式在任意点的值，其语法如下：

(1) y = polyval(p,x)：表示返回 x 在指数为 n 的多项式值。输入变量 p 是长度为 length=n+1 的向量，其元素是被估值的降幂多项式的系数，即

$$y = p_1 x^n + c_2 x^{n-1} + \cdots + p_n x + p_{n+1}$$

x 可以是矩阵或向量，polyval()函数对 x 的每一个元素进行估值。当 x 是矩阵时，可使

用 polyvalm(p,x)函数。

例如：多项式 $y(x) = 3x^2 + 2x + 1$，估算 x 在 5、7、9 时的值：

```
>> y = [3 2 1];
>> polyval(y,[5 7 9])
ans =
      86   162   262
```

(2) y = polyval(p,X,[],mu)：使用 $X = \dfrac{x - u_1}{u_2}$ 代替 x；u_1 是 x 的平均值，u_1=mean(x)；u_2 是 x 的均方差，u_2=std(x)；可选的 mu=[u_1, u_2]是中心与缩放参数，由 polyfit()函数计算生成输出。

(3) [y,delta] = polyval(p,x,S) 和[y,delta] = polyval(p,x,S,mu)：使用可选的输出结构 S(由 polyfit()函数生成)产生误差估计值 y±delta。

例 7-3-1 求多项式 $p(x) = x^3 + 4x^2 - 7x - 10$ 的估值曲线。

解 (1) 输入多项式系数向量：

```
>> p=[1 4 −7 −10];
```

(2) 选择生成数据点：

```
>> x=linspace(−1, 3);
```

(3) 计算 x 值上的 p(x)，把结果存在 v 里：

```
>> v=polyval(p, x);
```

(4) 然后用函数 plot()绘出结果：

```
>> plot(x , v),title(' x^3+4x^2−7x−10 '),xlabel(' x ')
```

多项式 $p(x) = x^3 + 4x^2 - 7x - 10$ 的估值曲线如图 7-1 所示。

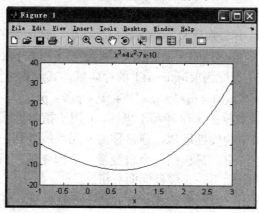

图 7-1 多项式估值曲线

7.3.2 曲线拟合与 polyfit()函数

在许多应用领域中，有些数据通常是各种物理问题和统计问题有关量的多次观测值或由实验总结出来的离散值。离散点组或数据往往是零散的，这不仅不便于处理，而且通常不能确切和充分地体现出其固有的规律。

这种问题可由适当的解析表达式来解决，即需要用一个解析函数来描述数据。对这个问题可以有两种方法解决：曲线拟合和插值法。

在曲线拟合(curve fitting)或回归法中，设法找出某条光滑曲线，它可以最佳地拟合数据，但不必经过任何数据点。在插值法里，数据假定是正确的，要求以某种方法描述数据点之间所发生的情况。

最佳拟合可用许多不同的方法定义，并存在无穷数目的曲线。因此，我们需要一种新的逼近原函数的手段：

- 不要求曲线经过所有的点；
- 尽可能表现数据的趋势，尽量靠近这些数据点。

曲线拟合需要回答两个基本问题：最佳拟合的意义是什么？应该用什么样的曲线？

在数值分析中，曲线拟合就是用解析表达式逼近离散数据，即离散数据的公式化，"最佳拟合"被定义为在数据点的最小误差平方和。

"最小二乘"法(又称"最小平方"法)是一种数学优化技术。它通过最小化误差的平方和寻找数据的最佳函数匹配。利用最小二乘法可以简便地求得未知的数据，并使得这些求得的数据与实际数据之间误差的平方和为最小。最小二乘法可用于曲线拟合，其他一些优化问题也通过最小化能量或最大化熵用最小二乘法来表示。

由于"最小二乘"就是使误差平方和最小，当所用的曲线限定为多项式时，曲线拟合是相当简捷的。数学上称之为多项式的"最小二乘"曲线拟合。

拟合曲线(虚线)和标志的数据点之间的垂直距离是在该点的误差。对各数据点距离求平方，就是误差平方，然后把误差平方全加起来，就是误差平方和。这条虚线是使误差平方和尽可能小的曲线，即是最佳拟合。

曲线拟合是工程中经常要用到的技术之一。MATLAB 提供了曲线拟合工具箱满足用户要求，并可以使用 polyfit()函数求解最小二乘曲线拟合问题。

polyfit()函数给出在最小二乘意义下的最佳拟合系数。该函数的用法如下：

(1) p = polyfit(x,y,n)：找出拟合于数据的 n 阶(或度)多项式 p(x)的系数。以最小二乘，从 p(x(i))到 y(i)，结果 p 是长度为 length=n+1 的行向量，其元素是降幂的多项式系数：

$$p(x) = p_1 x^n + p_2 x^{n-1} + \cdots + p_n x + p_{n+1}$$

其中，x、y 分别为待拟合数据的 x 坐标和 y 坐标，n 用于指定返回多项式的次数。

当 n=1 时，得到最简单的线性近似，通常称为一元"线性回归"。

注意：如果在回归分析中，只包括一个自变量一个因变量，且二者的关系可用一条直线近似表示，这种回归分析称为一元线性回归分析。

(2) [p,S] = polyfit(x,y,n)：返回多项式系数 p 和一个结构 S，用于误差估计或预测。

(3) [p,S,mu] = polyfit(x,y,n)：以下列值取代 x，找出多项式系数：

$$\overline{x} = \frac{x - u_1}{u_2} \tag{7.3.1}$$

其中，u_1 是 x 的平均值，u_1 = mean(x)；u_2 是 x 的均方差，u_2 = std(x)。mu 是一个由 u_1、u_2 组成的元素的向量[u_1, u_2]，$\overline{x}$ 是中心与缩放参数。以此为中心和缩放转换可以改进多项式和拟合算法的数组属性。

例 7-3-2 已知待拟合数据的 x 坐标和 y 坐标如下：

第 7 章　数值计算与分析

x=[0 0.1 0.2 0.3 0.4 0.5 0.6 0.7 0.8 0.9 1];
　　　　y=[−0.405　0.968　1.28　6.18　5.08　7.44　7.60　10.53　8.46　9.55　11.5];
求其最小二乘曲线拟合。

解：(1) 输入多项式系数向量：

>>x=[0 0.1 0.2 0.3 0.4 0.5 0.6 0.7 0.8 0.9 1];
>> y=[−0.405　0.968　1.28　6.18　5.08　7.44　7.60　10.53　8.46　9.55　11.5];

(2) 为了使用 polyfit() 函数，我们必须给函数赋予上面的数据和我们希望最佳拟合数据的多项式的阶次或度。如果我们选 n = 2 作为阶次，可得到一个 2 阶多项式。

>>n=2;

(3) 求最小二乘曲线拟合。

>> p=polyfit(x, y, n)
p = − 8.0404   19.5507   −0.7627

polyfit() 函数的输出是一个多项式系数的行向量，其解是：

$$y = -8.0404 x^2 + 19.5507x - 0.7627$$

(4) 为了将曲线拟合解与数据点比较，让我们把二者都绘成图。

- 选择生成数据点。

>>xi=linspace(0, 1, 100);

- 为了计算在 xi 数据点的多项式值，调用 MATLAB 的函数 polyval()。

>> z=polyval(p, xi);

- 绘制曲线。

>> plot(x, y, ' o ', x, y, xi, z, '.')
>> xlabel(' x '), ylabel(' y=f(x) '), title(' 2 阶曲线拟合')

在此画出了原始数据 x 和 y，用"o"标出该数据点，在数据点之间，再用直线重画原始数据，然后用点"."线画出多项式数据 xi 和 2 阶拟合曲线 z。

根据上述步骤绘制的结果显示于图 7-2 中。

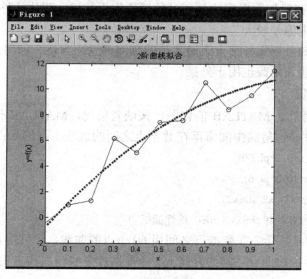

图 7-2　2 阶曲线拟合

· 229 ·

7.4 数据插值

根据已知数据推断未知数据,则需要使用数据插值的概念。插值运算是根据数据的分布规律,找到一个可以连接已知各点函数表达式,并用此函数表达式预测两点之间任意位置上的函数值。

插值运算在信号处理和图像处理领域应用十分广泛。

7.4.1 一维插值与interp1()函数

插值定义为对数据点之间函数的估值方法,这些数据点是由某些集合给定的。当人们不能很快地求出所需中间点的函数值时,插值是一个有价值的工具。

具体地说,插值运算就是根据数据的分布规律,找到一个函数表达式可以连接已知的各点,并用此函数表达式预测两点之间任意位置上的函数值。例如,当数据点是某些实验测量的结果时,就有需要使用插值运算的情况。

MATLAB 提供了对数组的任意一维进行插值的工具,这些工具大多需要用到多维数组的操作,一维插值在曲线拟合和数据分析中具有重要的地位。MATLAB 中的一维插值主要有:

- 多项式插值。
- 快速傅里叶变换(FFT)插值。

本节介绍对数据的一维多项式插值。

1. 内插运算与外插运算

(1) 只对已知数据点集内部的点进行的插值运算称为内插,可比较准确地估测插值点上的函数值。

(2) 当插值点落在已知数据集的外部时的插值称为外插,要估计外插函数值比较困难,MATLAB 的外插结果偏差较大。

MATLAB 对已知数据集外部点上函数值的预测都返回 NaN,但可通过为 interp1()函数添加 'extrap' 参数指明该函数也用于外插。

2. 一维线性插值

最简单插值的例子是 MATLAB 的作图,按缺省情况,MATLAB 作图用直线连接所用的数据点,这个线性插值猜测中间值落在数据点之间的直线上。例如:

```
>> x1=linspace(0, 2*pi, 60);
>> x2=linspace(0, 2*pi, 6);
>> plot(x1, sin(x1), x2, sin(x2), ' - ')
>> xlabel(' x '),ylabel(' sin(x) '),title(' 线性插值 ')
```

运算结果如图 7-3 所示,在数据点之间用 60 个点的曲线,比只用 6 个点的曲线更光滑和精确。线性插值落在数据点之间的直线上。当数据点个数增加和它们之间距离的减小时,线性插值就更精确。

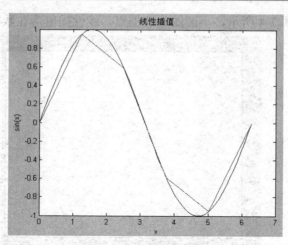

图 7-3　线性插值

3. 一维线性插值与 interp1()函数

如同曲线拟合一样，插值要作决策，根据所作的假设，有多种插值可供选择，而且可以在一维以上空间中进行插值。如果有反映两个变量函数的插值，即已知的数据集是平面上的一组离散点集 z=f(x,y)，那么就可以在 x 值之间和在 y 值之间找出 z 的中间值进行插值，其相应的插值就是一维插值，MATLAB 中一维插值函数是 interp1()。该函数的调用格式为

　　　　yi = interp1([x,]y,xi,[method],['extrap'],[extrapval])

其中：
- []表示可选，缺省时为线性插值；
- x、y 表示采用数据的 x 坐标(独立变量)和 y 坐标(因变量)；
- xi 表示待插值位置的数值数组；
- method 表示采用的插值方法,该语句中的 method 参数可以选择的内容如表 7-2 所示；
- extrap 表示外插运算；
- extrapval 表示外插运算返回值，常用 0 或 NaN。

表 7-2　method 参数

参　　数	对应方法
nearest	最近邻插值
linear	线性插值
spline	三次样条插值
pchip 或 cubic	三次插值

例 7-4-1　上述线性插值的正弦函数使用一维插值函数 interp1()的程序如下：

解　x=linspace(0, 2*pi, 6);

　　y = sin(x);

　　xi = 0:.25:6;

　　yi = interp1(x,y,xi);

　　plot(x,y,'o',xi,yi)

　　　title(' y = sin(x) '),xlabel(' x ')

程序运算结果如图 7-4 所示，小圆圈为数据点，线性插值落在数据点之间的直线上。

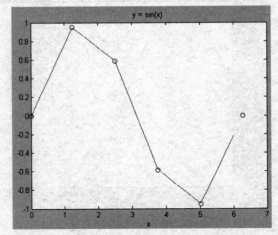

图 7-4 一维插值函数 interp1() 的线性插值

例 7-4-2 在每天 12 小时内，每一小时测量一次室外温度，数据存储在两个 MATLAB 变量 hours 和 temps 中，请绘制出数据点线性插值的曲线。

解 使用一维插值函数 interp1() 的程序如下：

```
%ex7_4_2.m
hours=1:12;
temps=[11 10 9.2 8.5 10.5 13.0 15.1 16.4 19.2 25.4 26.8 28.5];
hi=[1:0.5:12];
t=interp1(hours,temps, hi);
plot(hours,temps, 'o',hi,t,'-');
title('12 小时温度曲线 ')
xlabel(' Time (h)'),ylabel('温度 (C) ')
```

程序绘制出在 12 小时内的室外温度线性插值曲线，如图 7-5 所示，小圆圈为数据点，线性插值落在数据点之间的直线上。

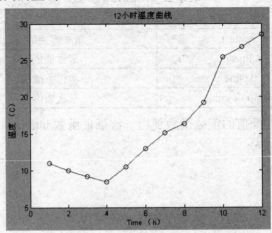

图 7-5 在 12 小时内的室外温度线性插值曲线

我们可用上图对在 1 点钟到 12 点钟的 12 小时内的室外温度作出温度分布分析、对温度变化趋势进行解释、可用 interp1()函数计算在该时间段内任意给定时间的温度。

例如：(1) 求早上 9:30 的室外温度：

>> t=interp1(hours, temps, 9.5)

t =22.3000

(2) 求其他各指定时间的室外温度：

>> t=interp1(hours, temps, [5.2 6.5 7.3 11.2])

t = 11.0000   14.0500   15.4900   27.1400

4. 一维样条插值与 interp1()函数

除了采用直线连接数据点外，还可采用某些更光滑的曲线来拟合数据点。常用的方法是用一个 3 阶多项式，即 3 次多项式，对相继数据点之间的各段建模，每个 3 次多项式的头两个导数与该数据点相一致。这种类型的插值被称为 3 次样条或简称为样条。函数 interp1()也能执行 3 次样条插值。例如：

>> hours=1:12;

>> temps=[11 10 9.2 8.5 10.5 13.0 15.1 16.4 19.2 25.4 26.8 28.5];

>> hi=[1:0.5:12];

>> t=interp1(hours,temps, hi, 'spline');

>> plot(hours,temps, 'o',hi,t,'-');

>> title('12 小时温度样条曲线 ') ;xlabel(' Time (h)'),ylabel('温度(C) ')

程序绘制出在 12 小时内的室外温度样条插值曲线如图 7-6 所示，小圆圈为数据点，插值点落在数据点之间的样条曲线上。

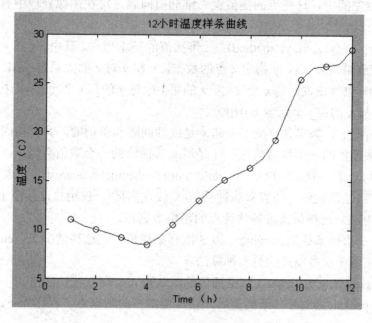

图 7-6 在 12 小时内的室外温度样条插值曲线

求出早上 9:30 的温度：

```
>> t=interp1(hours,temps,9.5,'spline')
   t = 22.4187
```
求出各时间的温度：
```
>> t=interp1(hours, temps, [ 5.2 6.5 7.3 11.2] ,'spline')
   t = 11.0202    14.1463    15.5342    26.8163
```
样条插值得到的结果与上面所示的线性插值的结果不同。因为插值是一个估计或猜测的过程，应用不同的估计规则会导致不同的结果。使用样条插值可获得一个更平滑的插值曲线，但不一定是更精确的温度估计。

注意，这里的interp1()函数有两个很重要的强约束条件：

● 独立变量必须是单调的，即独立变量在值上必须总是增加或总是减小的。在上述例子里，自变量 hours 从 1 点到 12 点是单调的。然而，如果我们已经定义独立变量为 12 小时制一天的实际时间，则独立变量将不是单调的，因为时间从 1 增加到 12 后跌到 1，再增加到 12。如果用 24 小时制，也是单调的。否则，自变量不单调将会返回一个错误。

● 不能要求有独立变量范围以外的结果，例如，interp1(hours, temps, 13.5)导致一个错误，因为 hours 在 1～12 之间变化。

7.4.2 二维插值与 interp2()函数

二维插值(Two-dimensional data interpolation)是对两自变量的函数 z=f(x, y)进行插值，其思路与一维插值基本相同。

二维插值比一维插值复杂，因为有更多的量要保持跟踪。二维插值使用 interp2()函数，已知点集在三维空间中，这些点的插值就二维插值问题，这在图像处理中有广泛的应用，其使用语法如下：

(1) zi=interp2(x, y, z, xi, yi, method)：二维插值的基本形式。其中，x 和 y 是两个独立变量，z 是一个应变量矩阵，x、y 指定 z 点的数据。x 和 y 对 z 的关系是：z(i, :) = f(x, y(i))和 z(:, j) = f(x(j), y)。也就是说，当 x 变化时，z 的第 i 行与 y 的第 i 个元素 y(i)相关；当 y 变化时，z 的第 j 列与 x 的第 j 个元素 x(j)相关。

在所有的情况下，假定独立变量 x 和 y 是线性间隔和单调的，并有相同的格式(栅格)。xi 是沿 x 轴插值的一个数值数组；yi 是沿 y 轴插值的一个数值数组。

method 是可选的参数。可以是 'linear'、'cubic'、'spline'或'nearest'。代表的意义如下：

● linear 方法是默认值，代表双线性插值(双线性内插)，仅用作连接图上数据点。

● nearest 方法只选择最接近各估计点的粗略数据点。

● 'spline'：3 次样条插值。'cubic'：双 3 次样条插值。在这种情况下，cubic 不意味着 3 次样条，而是使用 3 次多项式的另一种算法。

(2) zi = interp2(x, y, z, xi, yi)：二维插值的默认形式，即双线性插值。

例 7-4-3 peaks()函数经二维插值后，获得更细密的数据点。程序如下：

解
```
[X,Y] = meshgrid(−3:.25:3);
Z = peaks(X,Y);
[XI,YI] = meshgrid(−3:.125:3);
```

```
ZI = interp2(X,Y,Z,XI,YI);
mesh(X,Y,Z), hold, mesh(XI,YI,ZI+15)
hold off
axis([-3 3 -3 3 -5 20])
```
程序运行结果如图 7-7 所示，二维插值后的 peaks()函数位于原函数上方。

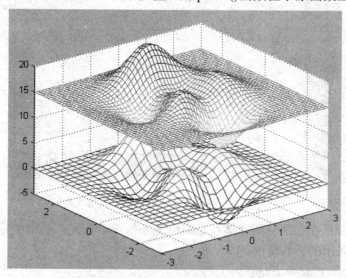

图 7-7 二维插值后的 peaks()函数

(3) zi = interp2(z, xi, yi)：二维插值的默认形式，即双线性插值。假设 x = 1:n 和 y = 1:m，[m,n] = size(z)。

(4) zi = interp2(i,ntimes)：在每两个元素之间插入插值，按 ntimes 递归扩展 z，interp2(Z) 等同于 interp2(Z,1)。

例 7-4-4 要对平板上的温度分布进行估计，给定的温度值取自平板表面均匀分布的格栅。格栅的宽度用自变量 width 表示，在数据矩阵中代表矩阵的行向量，在二维插值中是 x 维；格栅的高度(深度)用自变量 depth 表示，在数据矩阵中代表矩阵的列向量，在二维插值中是 y 维。因变量矩阵 temps 表示整个平板的温度分布，为了估计在数据点之间的点的温度，必须对它们进行插值。

解 采集的数据和插值程序如下：

```
width=1:5;depth=1:3;
temps=[80 81 80 82 84; 79 63 61 65 81; 84 84 82 85 86] ;
wi=1:0.2:5;d=2;
zlinear=interp2(width, depth, temps, wi, d) ;%线性插值
zcubic=interp2(width, depth, temps, wi,d,'cubic') ;% 双 3 次样条插值
plot(wi,zlinear,'-',wi,zcubic)%plot results
xlabel(' 板的宽度(Width)'),ylabel('板的温度(Degrees Celsius)')
title( [' 深度  depth= ' num2str(d) ' 处的温度'])
```

程序运行后，在深度 d=2 处的平板温度分布，如图 7-8 所示。

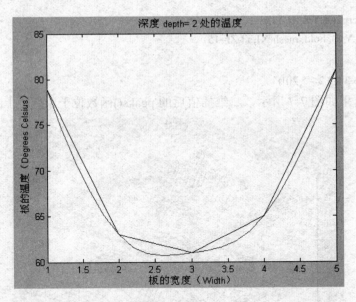

图 7-8　在深度 d=2 处的平板温度

同时，我们可以在三维空间立体观察温度分布情况。首先在三维坐标画出原始数据，观察该原始数据表示的分布情况。

```
>> mesh(width, depth, temps)
>> xlabel('板的宽度(Width)'),ylabel('板的深度(Depth)') ,zlabel('板的温度(Degrees Celsius)')
>> title( [' 深度 depth= ' num2str(d) ' 处的温度']) ,axis(' ij ')
```

原始数据表示的温度的立体分布情况如图 7-9 所示。

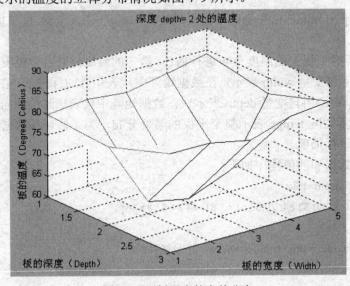

图 7-9　平板温度的立体分布

然后在两个方向上插值，以平滑数据。

```
>> [wi,di]=meshgrid(1:0.2:5, 1:0.2:3, temps) ;
>> zcubic=interp2(width,depth,temps,wi,di,'cubic');
```

```
>> mesh(wi, di, zcubic)
    >> xlabel('板的宽度(Width)'),ylabel('板的深度(Depth)') ,zlabel('板的温度(Degrees Celsius)')
    >> title( [' 深度 depth= ' num2str(d) ' 处的温度']) ,axis('ij')
```
二维插值后的平板温度的立体分布情况如图 7-10 所示。

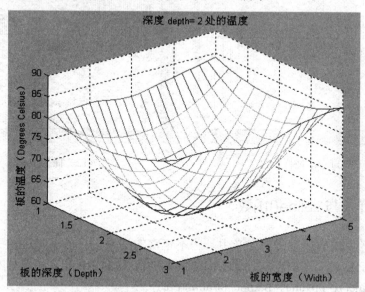

图 7-10 二维插值后的平板温度的立体分布

7.4.3 抽样插值与 interp()函数

interp()函数用一个整数系数(插值)增加采样率，插值的方法是在原序列中插入一些 0 值，以提高采样率。语法如下：

(1) y = interp(x,r)：用一个整数系数(插值) r 增加 x 的采样率，插值后的向量 y 的长度数倍于原始输入信号 x。

(2) y = interp(x,r, length,alpha)：指定滤波器的长度 length，截止频率 alpha，默认值是 length=4，alpha= 0.5。

(3) [y,b] = interp(x,r,l,alpha)：返回插值 y 和滤波器系数 b。

例 7-4-5 抽样信号的插值。

解
```
t = 0:0.001:1; %  时间向量
x = sin(2*pi*30*t) + sin(2*pi*60*t);
y = interp(x,4);
stem(x(1:30));
title('原抽样信号');
figure
stem(y(1:120));
title('插值抽样信号');
```
原抽样信号如图 7-11 所示。插值抽样信号，如图 7-12 所示。

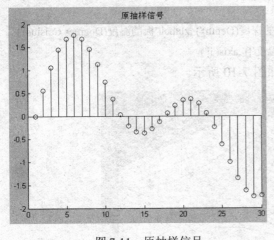

图 7-11 原抽样信号

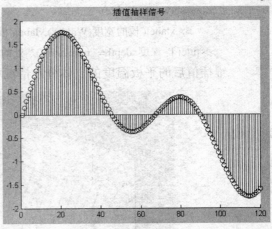

图 7-12 插值抽样信号

7.4.4 三次样条与 spline()函数

使用高阶多项式的插值常常会产生一些不正常的结果，目前消除这种病态的方法有很多种。在这些方法中，三次样条是最常用的一种。在 MATLAB 中，实现基本的三次样条插值的函数有 spline()、ppval()、mkpp()和 unmkpp()。

1. 基本特征

在三次样条中，要找出一个三次多项式，以逼近每对数据点间的曲线。在样条术语中，这些数据点称之为断点。因为两点只能决定一条直线，而在两点间的曲线可用无限多的三次多项式近似。因此，为使结果具有唯一性，在三次样条中，增加了三次多项式的约束条件。通过限定每个三次多项式的一阶和二阶导数，使其在断点处相等，就可以较好地确定所有内部三次多项式。此外，近似多项式通过这些断点的斜率和曲率是连续的。然而，第一个和最后一个三次多项式在第一个和最后一个断点以外，没有伴随多项式。因此必须通过其他方法确定其余的约束。

MATLAB 提供了 spline()函数逼近样条。函数 spline()所采用的方法，也是最常用的方法，就是采用非结(not-a-knot)条件。这个条件强迫第一个和第二个三次多项式的三阶导数相等。对最后一个和倒数第二个三次多项式也做同样地处理。

基于上述描述，人们可能猜想到，寻找三次样条多项式需要求解大量的线性方程。实际上，给定 N 个断点，就要寻找 N−1 个三次多项式，每个多项式有 4 个未知系数。这样，所求解的方程组包含有 4×(N−1)个未知数。把每个三次多项式列成特殊形式，并且运用各种约束，通过求解 N 个具有 N 个未知系数的方程组，就能确定三次多项式。这样，如果有 50 个断点，就有 50 个具有 50 个未知系数的方程组。所幸的是，若使用稀疏矩阵，则这些方程式就能够简明地列出并求解，这就是函数 spline()所使用的计算未知系数的方法。spline()函数的使用方式如下：

(1) cs= spline(x,y)：以已知的断点序列 x，在所有 i 并满足"not-a-knot"(非节点)条件的 x(i)点上的 y(i)值，返回三次样条的 ppform(pp 形式或分段多项式形式)。给出的结果与在样条工具箱中使用命令 cs = csapi(x,y)相同。

(2) yi = spline(x,y,xi)：使用三次样条插值来寻找 y 在矢量 xi 指定的点上的函数值 yi。y 是 x 的函数，即 y = f(x)，x 和 y 是一一对应关系，均是有多个元素的向量，如果 y 是一个矩阵，数据结果是一个向量，插值按 y 的每一行算出。这种情况下，length(x)必须等于 size(y,2)，yy 是 size(y,1)*length(xx)向量。

该语法与一维插值函数 yi = interp1(x,y,xi,'spline')结果相同。

2．分段多项式

在最简单的用法中，spline()获取数据 x 和 y 以及期望值 xi，寻找拟合 x 和 y 的三次样条内插多项式，然后计算这些多项式，对每个 xi 的值，寻找相应的 yi。例如：

```
>> x=0 : 12;
>> y=tan(pi*x/25);
>> xi=linspace(0, 12);
>> yi=spline(x, y, xi);
>> plot(x, y, 'o ', xi, yi), title('Spline 三次样条内插')
```

样条拟合结果如图 7-13 所示。

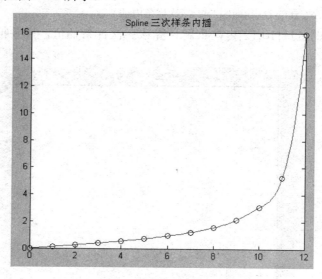

图 7-13 样条拟合结果

这种方法适合于只需要一组内插值的情况。不过，如果用户需要多组内插值数据时，例如需要从相同数据集里获取另一组内插值，再次计算三次样条系数是没有意义的。在这种情况下，可以调用仅带前两个参量的 spline()：

```
>> pp=spline(x, y)
pp =
      form: 'pp'
    breaks: [0 1 2 3 4 5 6 7 8 9 10 11 12]
     coefs: [12x4 double]
    pieces: 12
```

order: 4
dim: 1

上述给定的三次样条 pp 形式存储了断点和多项式系数，以及关于三次样条表示的其他信息。因为所有信息都被存储在单个向量里，所以这种形式在 MATLAB 中是一种方便的数据结构。

当采用这种方式调用时，spline 返回一个称之为三次样条的 pp 形式或分段多项式形式的数组。这个数组 pp 包含了对于任意一组所期望的内插值和计算三次样条所必须的全部信息。给定 pp 形式，可以在样条工具箱中使用，函数 ppval 可以使用 pp 反复计算该三次样条。例如：

```
>> yi=ppval(pp, xi);
```

计算前面计算过的 yi，与图 7-12 所示的结果相同。

利用分段多项式形式可以很方便地在一个更精确的区域[10,12]内重新计算该三次样条插值。例如：

```
>> xi2=linspace(10, 12);
>> yi2=ppval(pp, xi2);
>> plot(x, y, 'o ', xi2, yi2), title('Spline 三次样条内插')
```

在一个更精确的区域[10,12]内，重新计算该三次样条插值，样条拟合结果如图 7-14 所示。

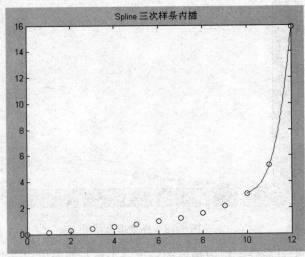

图 7-14　重新计算样条插值拟合结果

运用 pp 形式，还可以计算区域之外的插值。当数据出现在最后一个断点之后或第一个断点之前时，则分别运用最后一个或第一个三次多项式来寻找内插值。

例如，在限定的区间[10, 15]内，再次计算该三次样条，注意 pp 的有效区域是[0,12]。

```
>> xi3=10 : 15;
>> yi3=ppval(pp, xi3);
>> plot(x, y, 'o ', xi3, yi3), title('Spline 三次样条内插')
```

样条拟合结果如图 7-15 所示。

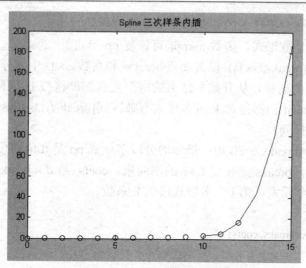

图 7-15 重新计算区域外样条插值拟合结果

3. pp 形式的分解与重构

当要计算三次样条表示时，必须把 pp 形式分解成它的各个表示段。在 MATLAB 中，通过函数 unmkpp()完成这一过程，使用方法如下：

[breaks,coefs,l,k,d] = unmkpp(pp)：从分段多项式 pp 中提取断点 breaks、系数 coefs、分段数 l、阶次 k 和维数 d。

运用上述 pp 形式，该函数给出如下结果：

```
>> [breaks,coefs,npolys,ncoefs,d]=unmkpp(pp)
breaks = 0    1    2    3    4    5    6    7    8    9    10    11    12
coefs =
      0.0007   -0.0001    0.1257         0
      0.0007    0.0020    0.1276    0.1263
      0.0010    0.0042    0.1339    0.2568
      0.0012    0.0072    0.1454    0.3959
      0.0024    0.0109    0.1635    0.5498
      0.0019    0.0181    0.1925    0.7265
      0.0116    0.0237    0.2344    0.9391
     -0.0083    0.0586    0.3167    1.2088
      0.1068    0.0336    0.4089    1.5757
     -0.1982    0.3542    0.7967    2.1251
      1.4948   -0.2406    0.9102    3.0777
      1.4948    4.2439    4.9136    5.2422
npolys = 12
ncoefs = 4
d = 1
```

这里，breaks 是断点，coefs 是矩阵，它的第 i 行是第 i 个三次多项式，npolys 是多项式的分段数目，ncoefs 是每个多项式系数的数目(阶次)。注意，这种形式非常一般，样条多项式不必是三次，这对于样条的积分和微分是很有用的。

如果给定上述分散形式，函数 mkpp() 可恢复 pp 形式。

(1) pp = mkpp(breaks,coefs)：以其断点 breaks 和系数 coefs 生成分段多项式的 pp。breaks 是一个长度为 L+1 的向量，从开始和结束的每个元素都严格按 L 间隔增量。coefs 是 L×k 的矩阵，每一行 coefs(i,:) 都包含 k 阶多项式有效区间[breaks(i),breaks(i+1)]中的系数，从最高到最低的幂指数排列。

(2) pp = mkpp(breaks,coefs,d)：指示的分段多项式 pp 是 d 值向量，即其系数的每个值是长度为 d 的向量，breaks 是长度 L+1 的增向量。coefs 是 d×L×k 数组，coefs(r,i,:) 包含分段多项式的第 r 个元素、第 i 个多项式段的 k 系数。

例如：

```
>> pp=mkpp(breaks, coefs)
pp =
      form: 'pp'
    breaks: [0 1 2 3 4 5 6 7 8 9 10 11 12]
     coefs: [12x4 double]
    pieces: 12
     order: 4
       dim: 1
```

因为矩阵 coefs 的大小确定了 npolys 和 neofs，所以 mkpp 重构 pp 形式不需要 npolys 和 ncoefs。

表 7-3 总结了本节所讨论的三次样条函数。

表 7-3　三次样条函数

三次样条函数	
yi=spline(x,y,xi)	y=f(x)在 xi 中各点的三次样条插值
pp=spline(x,y)	返回 y=f(x)的分段多项式的表示
yi=ppval(pp,xi)	计算 xi 中各点的分段多项式
[break,coefs,npolys,ncoefs]=unmkpp(pp)	分解分段多项式的表示
pp=mkpp(break,coefs)	形成分段多项式的表示

7.5　数值分析

每当难以对一个函数进行积分、微分或者解析运算上确定一些特殊的值时，就可以借助计算机在数值上近似所需的结果。这在计算机科学和数学领域，称之为数值分析。MATLAB 提供了解决这些问题的工具。

7.5.1　求极值

最优化是求最优解，也就是在某个区间内有条件约束或者无条件约束地找到函数的最大值或者最小值。

在许多应用中，需要确定函数的极值，即最大值(峰值)和最小值(谷值)。数学上，可通过确定函数导数为零的点，解析出这些极值点。然而，很容易求导的函数，常常很难找到导数为零的点。在不可能从解析上求得导数的情况下，必须从数值上寻找函数的极值点。

MATLAB 使用数字方法，即迭代算法求函数的最小值，也就是有些步骤要重复许多次。MATLAB 提供了两个完成此功能的函数 fminbnd()和 fmins()，这两个函数分别寻找一维或 n 维函数的最小值。但在 MATLAB R2010 版本中不再包含下列函数：fmin、fmins、icubic、interp4、interp5、interp6、meshdom、nnls 和 saxis。

MATLAB 没有求最大值的命令，因为 f(x)的最大值等于−f(x)的最小值，所以利用相反函数 h(x)= −f (x)的最小值可以求得最大值，故 fminbnd()可用来求最小值和最大值。

1．一元函数的极小值

(1) fminbnd()函数求得在给定区间内的函数极小值的自变量值。该函数的调用格式为
- x = fminbnd(fun,x1,x2)
- x = fminbnd(fun,x1,x2,options)

其中：fun 为函数句柄，可用于 M 文件函数或匿名函数；x1 和 x2 可分别用于指定区间的左右边界；options 为可选项，用于指定程序的其他参数，其取值如表 7-4 所示。

(2) feval()函数求得在给定区间内的函数极小值或极大值。该函数的调用格式为

　　　y= feval (fun,x)

其中，fun 为函数句柄，可用于 M 文件函数或匿名函数，x 是极小值或极大值的自变量值。

(3) [x,fval] = fminbnd(...)：直接求出函数极值的自变量值和函数的极值。

表 7-4　options 参数取值

名　　称	描　　述
Display	控制结果的输出，参数可以为 off，不输出任何结果；iter，输出每个插值点的值；final，输出最后结果；notify 为默认值，仅当函数不收敛时输出结果
FunValCheck	检测目标函数值是否有效。选择 on 则当函数返回数据为复数或空数据时发出警告；off 则不发出警告
MaxFunEvals	允许进行函数评价的最大次数
MaxIter	最大迭代次数
OutputFcn	指定每次迭代时调用的用户自定义的函数
TolX	确定 x 的精度

例 7-5-1　已知函数 $y = 2.0e^{-t} \sin(t)$，求其极大值和极小值。

解　(1) 绘制函数图形：

　　　>> y=@(t) 2.0*exp(−t).*sin(t);

　　　>> fplot(y , [0　8]);

　　　>> title('函数极值') , xlabel('(t)'), ylabel('y=2.0*exp(−t).*sin(t)');

在区间 0≤t≤8 内绘出上述函数，得到图 7-16 所示的图形。

由图可知，在 tmax = 0.7 附近有一个最大值，并且在 tmin = 4 附近有一个最小值。而这些点的解析值为：tmax = π/4≈0.785 和 tmin = 5π/4 ≈ 3.93。

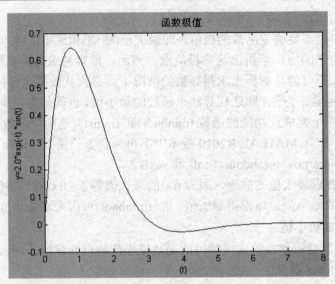

图 7-16 绘制函数曲线图形

(2) 使用 fminbnd()函数求函数在给定区间内的极小值的自变量值：

>> tmin=fminbnd (y , 0 , 8)

tmin = 3.9270

其误差为

>> emin=5*pi / 4−tmin

emin = 1.6528e−005

(3) 使用 fminbnd()函数求反函数在给定区间内的极小值的自变量值，作为该函数的极大值的自变量值：

>> ym=@(t)(−2.0*exp(−t).*sin(t)); %定义反函数

>> tmax=fminbnd (ym , 0 , 8)

tmax = 0.7854

其误差为

>> emax=pi / 4−tmax

emax = −1.0079e−005

(4) 根据极小值的自变量值 tmin 和极大值的自变量值 tmax，使用 feval()函数，求出函数的极小值和极大值。

>> ymin = feval(y,tmin)

ymin = −0.0279

>> ymax = feval(y,tmax)

ymax= 0.6448

上述过程可以直接用下列方式求出极值的自变量值和函数的极值：

>> [tmin ymin]=fminbnd (y, 0 , 8)

tmin = 3.9270

ymin = −0.0279

2．多元函数的极小值

MATLAB 提供的函数 fminsearch()用于计算多元函数的极小值。fminsearch()函数内部应用了 Nelder-Mead 单一搜索算法，通过调整 x 的各个元素的值来寻找 f(x)的极小值。该算法虽然对于平滑函数搜索效率没有其他算法高，但它不需要梯度信息，从而扩展了其应用范围。因此，该算法特别适用于不太平滑、难以计算梯度信息或梯度信息价值不大的函数。

fminsearch()函数与 fminbnd()函数的用法基本相同，不同之处在于：fminbnd() 函数的输入参数为寻找最小值的区间，并且只能用于求解一元函数的极值，fminsearch() 函数的输入参数为初始值。该函数的调用格式为

- x = fminsearch(fun,x0)
- x = fminsearch(fun,x0,options)

例：Rosenbrock 的 banana()函数是一个经典的例子，用于测试 fminsearch()函数计算多元函数的极小值。banana()函数的定义为

$$y(x) = 100(x_2 - x_1^2)^2 + (1-x_1)^2$$

可知函数的最小值在[1 1]点，最小值为 0，传统的起始点选在[−1.2 1]。定义一个匿名函数 banana 如下：

```
>> banana = @(x)100*(x(2)−x(1)^2)^2+(1−x(1))^2;
```

使用 fminsearch()函数计算多元函数的极小值：

```
>> [x,fval] = fminsearch(banana,[−1.2, 1])
x =
     1.0000    1.0000
fval =
     8.1777e−010
```

函数的最小值在[1 1]点，函数的极小值近似于 0，结果与之相符。

7.5.2　求零点

求函数 f(x)的零值就等于求方程 f(x) = 0 的解，对于多项式可以用 roots()函数来求解。单变量函数的零值可以用 fzero()函数来求解。fzero()用迭代法来求解，使得初始的估计值接近理想的零值。

寻找一元函数零点时，可以指定一个初始点，或者指定一个区间，然后使用 fzero()函数来求一元函数的零点。当指定一个初始点时，此函数在初始点附近寻找一个使函数值变号的区间，如果没有找到这样的区间，则函数返回 NaN。该函数的调用格式为

- x = fzero(fun,x0)，x = fzero(fun,[x1,x2])：寻找 x0 附近或者区间[x1,x2]内 fun 的零点，返回该点的 x 坐标；
- x = fzero(fun,x0,options)，x = fzero(fun, [x1,x2],options)：通过 options 设置参数；
- [x,fval] = fzero(...)：返回零点的同时返回该点的函数值；
- [x,fval,exitflag] = fzero(...)：返回零点、该点的函数值及程序退出的标志；
- [x,fval,exitflag,output] = fzero(...)：返回零点、该点的函数值、程序退出的标志及选

定的输出结果。

例 7-5-2 在 MATLAB 中提供一个名为 humps() 的函数,定义为

$$y = \frac{1}{(x-0.3)^2} + \frac{1}{(x-0.9)^2 + 0.04} - 6$$

求该函数的零点。

解 (1) 定义一个匿名函数:

>>y=@(x)(1./((x−.3).^2+ .01)+1./((x−.9).^2+.04)−6);

(2) 绘制出该函数图形:

>> fplot(y , [0   2])

>> line([0 2],[0 0])

>> title('humps 函数')

该函数图形如图 7-17 所示,该函数在 x = 1.3 附近过零。

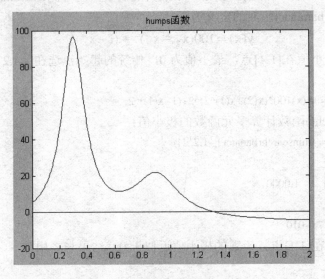

图 7-17   humps() 函数的图形

(3) 使用 fzero() 函数寻找该一维函数的零点。为了说明该函数的使用,让我们再运用 humps 例子。

>> xzero=fzero('humps', [0 2])

xzero =1.2995

所以,fzero() 函数找出 humps 函数的零点接近于 1.3,即 1.2995。

fzero() 函数不仅能寻找零点,还可以寻找函数等于任何常数值的点。例如,为了寻找 f(x)=c 的点,定义函数 g(x)=f(x)−c,然后,在 fzero() 函数中使用 g(x),找出 g(x) 为零的 x 值,即 f(x)=c。

7.5.3 数值积分

一个函数的积分或面积也是它的另一个有用的属性。MATLAB 中提供了用于积分的函数,包括一元函数的自适应数值积分、一元函数的矢量积分、二重积分和三重积分。

这些函数如表 7-5 所示。MATLAT 提供了在有限区间内，数值计算某函数下的面积的三种函数：trapz()、quad()和 quad8()。

表 7-5 积 分 函 数

函 数	功 能
quad()	一元函数的数值积分，采用自适应的 Simpson 方法
quadl()	一元函数的数值积分，采用自适应的 Lobatto 方法。取代 Cotes 求积方法(quad8)
quadv()	一元函数的向量数值积分
dblquad()	二重积分
triplequad()	三重积分
trapz()	梯形数值积分

1．trapz()函数

函数 trapz()通过计算若干梯形面积的和来近似某函数的积分，这些梯形是通过使用函数 humps 的数据点形成。调用格式如下：

- Z = trapz(Y)：使用梯形法(以单位间距)计算 Y 的积分的近似值。若要计算多于 1 个单位间距的积分，就将 Z 乘以间距增量。如果 Y 是向量，trapz(Y)是 Y 的积分。如果 Y 是一个矩阵，trapz(Y) 是一个行向量，每个元素是 Y 的每一列的积分值。
- Z = trapz(X,Y)：使用梯形积分计算 Y 关于 X 的积分。X 表示横坐标向量，Y 为对应的纵坐标向量。要求 X 与 Y 的长度必须相等。
- Z = trapz(...,dim) ：使用梯形积分计算 Y 跨维积分，维度由标量 dim 指定。

例 7-5-3 使用梯形法计算积分。

解 函数 $\int_0^\pi \sin(x)dx = 2$。

```
>> X = 0:pi/100:pi;
>> Y = sin(X);
>> Z = trapz(X,Y)
Z = 1.9998
```

2．一元函数的积分

MATLAB 中一元函数的积分可以用 quad()和 quadl()两个函数来实现。函数 quad()和 quad8()是基于数学上的正方形概念来计算函数的面积，函数 quad()采用低阶的自适应递归 Simpson 方法，quad8()函数采用高阶的自适应递归 Simpson 方法，而且 quad8()比 quad()更精确。quadl()采用高阶自适应 Lobatto 方法，该函数是 quad8()函数的替代。

quad()函数的调用格式如下：

(1) q = quad(fun,a,b)：采用递归自适应方法计算函数 fun()在区间[a,b]的定积分，其精确度为 1e−6，fun 可以是 M 文件，也可以是匿名函数，即定义为

$$q = \int_a^b f(x)dx \qquad (7.5.1)$$

例如，上例对正弦函数的积分：

```
>> f=@(X)sin(X);
>> F = quad(f,0,pi)
F = 2.0000
```

(2) q = quad(fun,a,b,tol)：指定允许误差，指定的误差 tol 需大于 1e-6。该命令运行更快，但是得到的结果精确度降低。

(3) q = quad(fun,a,b,tol,trace)：跟踪迭代过程，输出[fcnt a b-a Q]的值，分别为计算函数值的次数 fcnt、当前积分区间的左边界 a、步长 b-a 和该区间内的积分值 Q。

(4) [q,fcnt] = quadl(fun,a,b,...)：输出函数值的同时输出计算函数值的次数。

例如，估计 humps()函数在[0, 2]区间的面积：

```
>> area=quad('humps' , 0 , 2)
area = 29.3262
>> area=quad8('humps' , 0, 2)
area = 29.3262
```

这两个函数返回完全相同的估计面积。

3．一元函数的矢量积分

矢量积分相当于多个一元函数积分。当被积函数中含有参数，需要对该参数的不同值计算该函数的积分时，可以使用一元函数的矢量积分。

矢量积分返回一个向量，每个元素的值为一个一元函数的积分值。quadv()函数与 quad()和 quadl()函数相似，可以设置积分参数和结果输出。

4．二重积分和三重积分

在 MATLAB 中，二重积分和三重积分分别由函数 dblquad()和函数 triplequad()来实现。首先介绍函数 dblquad()，该函数的基本格式如下：

(1) q = dblquad(fun,xmin,xmax,ymin,ymax)，函数的参数分别为函数句柄、两个自变量的积分上下限，返回二重积分结果。二重积分的定义为

$$q = \int_{x\min}^{x\max} \int_{y\min}^{y\max} f(x,y) dx dy \tag{7.5.2}$$

dblquad()函数通过调用 quad()函数来计算 fun(x,y)在矩形区域 xmin≤x≤xmax、ymin≤y≤ymax 的双重积分，fun()可以是函数句柄、M 文件函数或匿名函数。

(2) q = dblquad(fun,xmin,xmax,ymin,ymax,tol)：指定积分结果的精度 tol，默认值是 tol=1.0e-6。

(3) q = dblquad(fun,xmin,xmax,ymin,ymax,tol,method)：指定结果精度 tol 和积分方法 method，method 的取值可以是@quadl，也可以是用户自定义的积分函数句柄，该函数的调用格式必须与 quad()的调用格式相同。

triplequad()函数的调用格式和 dblquad()基本相同，在调用 triplequad()函数时，需要六个参数指定积分上下限。

例如，匿名函数的二重积分：

```
>> F = @(x,y)y*sin(x)+x*cos(y);
>> Q = dblquad(F,pi,2*pi,0,pi)
Q = -9.8696
```

7.5.4 数值微分

数值积分描述了一个函数的整体或宏观性质，而微分则描述一个函数在一点处的斜率，这是函数的微观性质。与积分不同，数值微分比较困难，积分对函数的形状在小范围内的改变不敏感，而微分却很敏感。一个函数小的变化，容易产生相邻点的斜率的大的改变。

数值微分使用以下函数：
- diff()函数用于求数值微分；
- gradient()函数用于求近似梯度；
- jacobian()函数用于求多元函数的导数。

1．diff()函数

diff()函数可用于数值微分和符号微分，在数值微分中 diff()函数的语法如下：

(1) Y = diff(X)：计算 X 的邻近元素之间的微差，[X(2)–X(1)X(3)–X(2)⋯X(n)–X(n–1)]，如果 X 是一个向量，则 diff(X) 返回一个向量。例如：

```
>> x = [1 2 6 4 7];
>> y = diff(x)
y =  1    4   –2    3
```

如果 X 是一个矩阵，则 diff(X)返回一个行矩阵，元素为[X(2:m,:)–X(1:m–1,:)]。例如：

```
>> xx = [1 2 3 4 5;9 8 7 6 4];
>> yy = diff(xx)
yy =  8    6    4    2   –1
>> xxx = [1 2 3 4 5;9 8 7 6 4;1 3 5 7 9];
>>  yyy = diff(xxx)
yyy =
      8    6    4    2   –1
     –8   –5   –2    1    5
```

(2) Y = diff(X,n)：n 次调用函数计算微分，因此 diff(X,2)等同于 diff(diff(X))。

(3) Y = diff(X,n,dim)：调用函数计算 n 次微分。参数 dim 控制行向或列向差分，dim=1 为行向(默认值)，dim=2 为列向。

由于 diff 计算数组元素间的差分，所以输出比原数组少了一个元素。这样，画微分曲线时，必须舍弃 x 数组中的一个元素。当舍弃 x 的第一个元素时，上述过程给出向后差分近似，而舍弃 x 的最后一个元素，则给出向前差分近似。

如果需要对实验获得的数据进行微分时，最好用最小二乘曲线拟合这种数据，然后对所得到的多项式进行求导、微分，尽量避免使用 diff()进行数值微分。

2．gradient()函数

使用 gradient()函数求近似梯度。如果一个函数有两个自变量 F(x,y)，则梯度定义为

$$\nabla F = \frac{\partial F}{\partial x} i + \frac{\partial F}{\partial y} j \tag{7.5.3}$$

(1) FX = gradient(F)：F 是一个向量，返回 F 的一维数值梯度，FX 对应于 $\frac{\partial F}{\partial x}$，即 x 方向(水平方向)的梯度。

(2) [FX,FY] = gradient(F)：F 是一个矩阵，返回 F 的二维数值梯度，FX 对应于 $\frac{\partial F}{\partial x}$，即 x 方向(水平方向)的梯度。FY 对应于 $\frac{\partial F}{\partial y}$，即 y 方向(垂直方向)的梯度。

(3) [...] = gradient(F,h1,h2,...)：h1、h2、...代表各个方向点之间的空格距离。

例 7-5-4 运行程序如下：

```
>> v = -2:0.2:2;
[x,y] = meshgrid(v);
z = x .* exp(-x.^2 - y.^2);
[px,py] = gradient(z,.2,.2);
contour(v,v,z), hold on, quiver(v,v,px,py), hold off
```

所显示的梯度图形如图 7-18 所示。

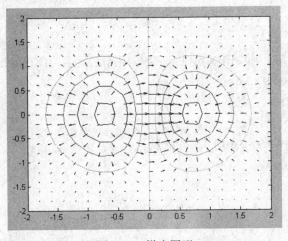

图 7-18　梯度图形

7.5.5　等差数列的求和、求累加和

linspace()函数和冒号操作符，可以生成以线性间隔分布的向量，相邻的两个数据的差保持不变，以构成等差数列。

1．sum()函数

矩阵的求和函数 sum()可用于等差数列求和。

例 7-5-5 求等差数列的值，即 $\sum_{n=1}^{5} n$ 的值。

解　程序如下：

```
>> n=1:5
n =   1   2   3   4   5
>> sum(n)
ans = 15
```

2. cumsum()函数

使用 cumsum()函数求数列累加和，用于矩形求积分。例如：

```
>> cumsum(n)
ans =
    1   3   6   10   15
```

7.5.6 数列求积、求累加积

1. prod()函数

矩阵的求积函数 prod()函数可用于数列求积。

例 7-5-6 求 1*2*3*4*5=?

解
```
>> n=1:5
n =   1   2   3   4   5
>> prod(n)
ans =
    120
```

2. cumprod()函数

求累加积使用 cumprod()函数，例如：

```
>> cumprod(n)
ans =
    1   2   6   24   120
```

7.5.7 factorial()函数与阶乘

函数 factorial(N)用于求 1 到 N 之间所有正整数的积，N 为标量，即求 N 的阶乘：

$$N!=\prod_{i=1}^{N} i = 1*2*3*4\cdots N$$

计算方法相当于 prod(1:M)，但速度更快。例如：

```
>> m=5
m = 5
>> factorial(m)
ans = 120
>> prod(1:m)
ans = 120
```

7.5.8 取整函数

在数值运算或分析中，常需要取整数，下面的几个取整函数具有不同的特点和用途。

1．ceil()函数

ceil()函数是天花板函数，作用是正向最近取整，即加入正小数、舍去负小数至最近整数。语法如下：

B = ceil(A)：向正无穷大方向取最接近的、大于或等于 A 元素的整数，如果 A 是一个复数，则把实部和虚部单独取整。

例如：

```
>> a = [-1.9, -0.2, 3.4, 5.6, 7, 2.4+3.6i]
>> ceil(a)
ans = -1.0000    0    4.0000    6.0000    7.0000    3.0000 + 4.0000i
```

2．floor()函数

floor()函数是地板函数，作用是负向最近取整，即舍去正小数至最近整数。语法如下：

B = floor(A)：向负无穷大方向取最接近的、小于或等于 A 元素的整数，如果 A 是一个复数，则把实部和虚部单独取整。

例如：

```
>> a = [-1.9, -0.2, 3.4, 5.6, 7, 2.4+3.6i]
>>floor(a)
ans =  -2.0000    -1.0000    3.0000    5.0000    7.0000    2.0000 + 3.0000i
```

3．round()函数

round()函数的作用是最近取整、四舍五入。语法如下：

Y = round(A)：取 A 元素的最接近的整数，如果 A 是一个复数，则把实部和虚部单独取整。例如：

```
>>round(a)
ans = -2.0000    0    3.0000    6.0000    7.0000    2.0000 + 4.0000i
```

4．fix()函数

fix()函数的作用是无论正负，向 0 最近取整。语法如下：

B = fix(A)：取 A 的元素最接近于 0 的整数，如果 A 是一个复数，则把实部和虚部单独取整。例如：

```
>>fix(a)
ans =  -1.0000    0    3.0000    5.0000    7.0000    2.0000 + 3.0000i
```

7.6　代数方程组求解

对于方程 AX=B 或 XA=B，A 为一个 n×m 矩阵，根据矩阵 A 是不是方阵，可分为三种情况：

- 当 n=m 时，此方程成为"恰定"方程，求解精确解。
- 当 n>m 时，此方程成为"超定"方程，寻求最小二乘解。
- 当 n<m 时，此方程成为"欠定"方程，寻求基本解，其中至多有 m 个非零元素。

MATLAB 中有两种除运算："左除"和"右除"，可以很方便地求解上述三种方程。

7.6.1 恰定方程组的解

恰定方程组是方程个数等于未知量个数的方程组。

恰定方程组由 n 个未知数的 n 个方程构成，方程有唯一的一组解，其一般形式可用矩阵，向量写成如下形式：

$$AX = B$$

其中，A 是 n×n 方阵，B 是一个列向量。在线性代数教科书中，最常用的方程组解法有：

(1) 利用 Cramer 公式来求解法；
(2) 利用矩阵求逆解法，即 $X = A^{-1}B$；
(3) 利用 Gaussian 消去法；
(4) 利用 LU 法求解。

一般来说，对维数不高。条件数不大的矩阵，上面四种解法所得的结果差别不大。前三种解法的真正意义是在其理论上，而不是实际的数值计算。

MATLAB 中，出于对算法稳定性的考虑，行列式及逆的计算大都在 LU 分解的基础上进行。在 MATLAB 的指令解释器在确认变量 A 非奇异后，就对它进行 LU 分解，并最终给出解 X；若矩阵 A 的条件数很大，MATLAB 会提醒用户注意所得解的可靠性。

对于方程 AX = B(A 为非奇异)，有 $X = A^{-1}B$，其中 A^{-1} 为矩阵逆。有两种解法：

- X = inv(A)*B，采用求逆运算解方程。
- X = A\B，采用左除运算解方程。

例 7-6-1 求方程组 $\begin{cases} x_1 + 2x_2 = 6 \\ 2x_1 + 3x_2 = 16 \end{cases}$ 的解。

解 方程组矩阵为 2×2 方阵，即 $\begin{vmatrix} 1 & 2 \\ 2 & 3 \end{vmatrix} \cdot \begin{vmatrix} x_1 \\ x_2 \end{vmatrix} = \begin{vmatrix} 6 \\ 16 \end{vmatrix}$。

程序如下：

```
>> a=[1 2;2 3];b=[6;16];
>> x=inv(a)*b
x =
    14
    -4
>> x=a\b
x =
    14.0000
    -4.0000
```

验证结果：

>> a*x-b

ans =

  0

  0

由上述可见，x 的值为 14.0000 和 –4.0000 是方程的精确解。

注意：在 MATLAB 中，求解这类方程组的命令十分简单，即直接采用表达式 X=A\B 求解。尽量不要用 inv(A)*B 命令，因为采用 A\B 的解法的计算速度比前者快、精度高，尤其当矩阵 A 的维数比较大时，结果更明显。另外，除法命令的适用性较强，对于非方阵 A，也能给出最小二乘解。

如果矩阵 A 是奇异的，则 AX=B 的解不存在，或者存在但不唯一；如果矩阵 A 接近奇异时，MATLAB 将给出警告信息；如果发现 A 是奇异的，则计算结果为 inf，并且给出警告信息；如果矩阵 A 是病态矩阵，也会给出警告信息。

7.6.2 超定方程组的解

超定方程组是指方程个数大于未知量个数的方程组。

对于方程组 AX = B，A 为 n×m 矩阵，如果 A 列满秩，且 n>m，则方程组没有精确解，此时称方程组为超定方程组。

超定方程一般是不存在解的矛盾方程。例如，如果给定的三点不在一条直线上，我们将无法得到这样一条直线，使得这条直线同时经过给定这三个点。也就是说，给定的条件(限制)过于严格，导致解不存在。在实验数据处理和曲线拟合问题中，求解超定方程组非常普遍。比较常用的方法是最小二乘法。形象地说，就是在无法完全满足给定的这些条件的情况下，求一个最接近的解。

线性超定方程组经常遇到的问题是数据的曲线拟合，曲线拟合的最小二乘法要解决的问题，实际上就是求以上超定方程组的最小二乘解的问题。

对于超定方程，在 MATLAB 中，也有两种解法：

(1) 利用左除运算，即 X = A\B 来寻求它的最小二乘解，即用最小二乘法找一个准确的基本解。

(2) 还可以用广义逆来求，即使用伪逆函数 x = pinv(A)*B 或 X=(A'*A)$^{-1}$*A'*B，它们所求得的解不一定满足 AX = B，x 只是最小二乘意义上的解。

左除的方法是建立在奇异值分解基础之上的，由此获得的解最可靠；广义逆法是建立在对原超定方程直接进行 householder 变换的基础上的，其算法的可靠性稍逊于用奇异值求解，但速度较快。

例 7-6-2 方程组 $\begin{cases} x_1 + 2x_2 = 6 \\ 2x_1 + 3x_2 = 16 \\ 3x_1 + x_2 = 3 \end{cases}$ 的解。

解 方程组矩阵为 3×2 矩阵，n>m，即 $\begin{vmatrix} 1 & 2 \\ 2 & 3 \\ 3 & 1 \end{vmatrix} \cdot \begin{vmatrix} x_1 \\ x_2 \end{vmatrix} = \begin{vmatrix} 6 \\ 16 \\ 3 \end{vmatrix}$。

程序如下：

```
>> a=[1 2;2 3;3 1]; b=[6;16;3];
>> x=a\b
x =
        -0.4667
    4.8667
>> a*x-b
ans =
        3.2667
       -2.3333
        0.4667
```

由上述可见，x 的值并不是方程的精确解，使用 pinv(a)函数得到的结果是一致的。

```
>> x=pinv(a)*b
x =
       -0.4667
        4.8667
```

7.6.3 欠定方程组的解

当方程数少于未知量个数时，为欠定方程组，即为不定情况，理论上有无穷个解。

对于方程组 AX = B，A 为 n×m 矩阵，且 n<m。MATLAB 将寻求一个基本解，其中最多只能有 m 个非零元素。特解由列主元 qr 分解求得。

对于欠定方程，在 MATLAB 中，也有两种解法：

(1) 利用左除运算，即 X = A\B，用除法求的解 x 是具有最多零元素的解。

(2) 基于伪逆来求，即 x = pinv(A)*B，或 x = (A'*A)$^{-1}$*A'*B，所得的解是具有最小长度或范数的解。

例 7-6-3 求方程组 $\begin{cases} x_1 + 2x_2 + x_3 = 6 \\ 3x_1 + x_2 + 2x_3 = 3 \end{cases}$ 的解。

解 方程组矩阵为 2×3 矩阵，n<m，即 $\begin{vmatrix} 1 & 2 & 1 \\ 3 & 1 & 2 \end{vmatrix} \cdot \begin{vmatrix} x_1 \\ x_2 \\ x_3 \end{vmatrix} = \begin{vmatrix} 6 \\ 3 \end{vmatrix}$。

程序如下：

```
>> a=[1 2 1;3 1 2]; b=[6;3];
>> x=a\b
x =
        0.0000
        3.0000
             0
```

```
>> a*x−b
ans =
   1.0e−015 *
   −0.8882
    0.4441
```

由上述可见，x 的值并不是方程的精确解，是具有最多零元素的解。使用 pinv(a)函数得到的结果是不一致的。

```
>> x=pinv(a)*b
x =
   −0.2571
    2.9143
    0.4286
>> a*x−b
ans =
   1.0e−014 *
    0.1776
    0.1776
```

7.6.4 普通线性方程组的求解与 linsolve()函数

普通线性方程(组)也可以使用 linsolve()函数求解。使用方法如下：

(1) X = linsolve(A,B)：它只能用于满秩矩阵的线性方程组，当 A 是方阵时，使用 LU 分解法求解线性系统 A×X = B 的解，否则使用 QR 分解法。A 的行数必须等于 B 的行数，如果 A 是 m×n 矩阵、B 是 m×k 矩阵，则 X 是 k×n 矩阵。如果 A 是方阵并且条件是病态的，或者 A 不是方阵并且不是满秩时，linsolve()函数将返回一个警告。

(2) X = linsolve(A,B,opts)：根据给出的选项 opts，选择最适合于矩阵 A 的属性的解算器，求解线性系统 A×X = B 或 A'×X = B 的解。例如 A 是上三角形，则设置"opts.UT = true"，linsolve()函数自动选择适合于上三角形的解算器求解。opts 的取值及用途如表 7-6 所示。

表 7-6 opts 的取值及用途

opts 值	用　　途
LT	下三角形
UT	上三角形
UHESS	上 Hessenberg 形
SYM	实数对称形或复数 Hermitian 形
POSDEF	正有限
RECT	普通方形
TRANSA	指定求解 A*X=B 或 A'*X=B

opts 结构的 TRANSA 字段指定线性系统的形式：
- opts.TRANSA = false，linsolve(A,B,opts)求解 A × X = B。
- opts.TRANSA = true，linsolve(A,B,opts)求解 A' × X = B。

使用 mldivide()函数同样可以求解普通线性方程(组)。如果 A 没有在 opts 指定属性，linsolve()函数将返回不正确的结果，并不会返回错误消息。如果您不能确定 A 是否有指定的属性，请使用 mldivide()函数。

如果设置了 opts 属性，linsolve()函数解算速度比 mldivide()函数快，因为 linsolve()函数不需要执行任何测试操作去确定 A 的性质。在三角矩阵上，使用 mldivide()函数与使用 linsolve()函数在速度效益上区别不大。

7.7 微分方程的数值解

常微分方程是现代数学的一个重要分支,是人们解决各种实际问题的有效工具,它在几何、力学、物理、电子技术、自动控制、航天、生命科学、经济等领域都有着广泛的应用。MATLAB 中主要用 dsolve()函数求符号解析解，ODE 函数组包括 ode45()、ode23()和 ode15s()等函数求数值解。

7.7.1 微分方程的数值解法

联系着自变量、未知函数及其导数的关系式，称为微分方程。如果未知函数是一元函数，称为常微分方程。常微分方程的一般形式为

$$F(x, y, y', y'', \cdots, y^{(n)}) = 0 \tag{7.7.1}$$

若方程中未知函数及其各阶导数都是一次的，则称为线性常微分方程。微分方程中出现的未知函数的导数的最高阶解数称为微分方程的阶。一般表示为

$$y^{(n)} + b_1 y^{(n-1)} + \cdots + b_{n-1} y'(t) + b_n y(t) = a(t) \tag{7.7.2}$$

若上式中的系数 $b_i(t)(i=1, 2, 3, \cdots, n)$ 均与 t 无关，则称之为常系数。

如果未知函数是多元函数，则成为偏微分方程。联系一些未知函数的一组微分方程组称为微分方程组。

除常系数线性微分方程可用特征根法求解、少数特殊方程可用初等积分法求解外，大部分微分方程无实际解析解，应用中主要依靠数值解法。数值算法的主要缺点是它缺乏物理解释。

考虑一阶常微分方程初值问题：

$$y(t) = f(t, y, t_0) \quad t_0 < t < t_f, y(t_0) = y_0 \tag{7.7.3}$$

所谓数值解法，就是寻求 y(t)在一系列离散节点 $t_0 < t_1 < \cdots < t_n \leq t_f$ 上的近似值 y_k(其中 k=0, 1, $\cdots$, n)，称 $h_k = t_{k+1} - t_k$ 为步长，通常取为常量 h。

常用的微分方程的数值求解方法有欧拉法(Euler)和龙格-库塔法(Runge-Kutta)法，最简单的数值解法是 Euler 法。Euler 法的思路也极其简单：在节点处用差商近似代替导数

$$y'(t_k) \approx \frac{y(t_{k+1}) - y(t_k)}{h} \qquad (7.7.4)$$

这样导出计算公式(称为 Euler 格式)

$$y_{k+1} = y_k + hf(t_k, y_k) \qquad k = 0, 1, 2, \cdots \qquad (7.7.5)$$

它能求解各种形式的微分方程。Euler 法也称折线法，是最简单的单步法。

单步法不需要附加初值，所需存储量小，容易改变步长，但线性单步法的最高阶数是 2。

Euler 方法只有一阶精度，Runge-Kutta 法是非线性高阶单步法，改进方法有二阶 Runge-Kutta 法、四阶 Runge-Kutta 法、五阶 Runge-Kutta-Felhberg 法和先行多步法等，这些方法可用于解高阶常微分方程(组)初值问题。边值问题采用不同方法，如差分法、有限元法等。

7.7.2　MATLAB 求解微分方程的数值解

在 MATLAB 中，使用 Runge-Kutta 法，针对不同性质的微分方程已编制出微分方程的系列求解命令函数 ODE 系统，包括 ode23、ode45、ode113、ode15s、ode23s 等，其语法如下：

(1) [T,Y] = solver(odefun,tspan,y0)

(2) [T,Y] = solver(odefun,tspan,y0,options)

(3) [T,Y,TE,YE,IE] = solver(odefun,tspan,y0,options)

(4) sol = solver(odefun,[t0 tf],y0...)

其中：

● odefun：微分方程的函数句柄，所有求解器要求解方程组的形式为 y'=f(t, y)或涉及大规模矩阵的问题 M(t,y)y'=f(t, y)v。

● tspan：是一个向量，指定积分区间[t0,tf]。解算器在 tspan(1)设定初始条件，从 tspan(1)积分到 tspan(end)。若要获取特定时间的解，可使用 tspan = [t0,t1,...,tf]。

对于具有两个元素的 tspan 向量[t0 tf]，返回计算每一步积分的的解。如果具有两个以上元素的向量，返回给定的时间点上的解。时间值必须按顺序增加或减少。

指定具有两个以上元素的 tspan，并不会影响内部时间的步骤，解算器遍历从 tspan(1)到 tspan(end)的时间间隔。因此指定 tspan 具有两个以上的元素对计算效率的影响不大，但对于大的系统要影响内存的管理。

● y0：向量，表示初始条件。

● options：一个结构，设置改变默认积分属性的选项参数，详细信息可查阅有关帮助文件。

solver 可以是 ode23、ode45、ode113、ode15s、ode23s、ode23t、ode23tb 之一。

例如，ode45：

若将微分方程(组)表示为 y = f(t, y)，则微分方程的解为

　　[tout,yout]=ode45('odefun', [t0, tf], y0)

ode45 是基于显式的 Runge-Kutta(4,5)公式。采用变步长四阶 Runge-Kutta 法和五阶

Runge-Kutta-Felhberg 法求数值解。

计算 $y(t_n)$ 采用的是单步法求解,它只需要用前一个时间点 $y(t_{n-1})$ 的解即可求出后一个时间点 $y(t_n)$ 的解。一般情况下,在大多数问题第一次尝试解决方案时,应用 ode45()函数是最佳的选择。

odefun 是用以表示 f(t,y)的 M 文件名,t0 表示自变量的初始值,tf 表示自变量的终值,y0 表示初始向量值。

输出列向量 tout 表示节点,每一个元素对应一个时刻。

输出矩阵 yout 表示数值解,每一列对应 y 的一个分量,每一行为各个求解函数在对应时刻的函数值。yout 与 tout 有相同的行数,其列数与微分方程组中未知函数的个数相同。

若无输出参数,则自动作出图形。

ode45 是最常用的求解微分方程数值解的命令,显式的 Runge-Kutta 对于刚性方程组不宜采用,隐式的 Runge-Kutta 可用于求解刚性方程组。

ode23 与 ode45 类似,是显式的 Runge-Kutta(2,3)对,也是单步法求解器,只是精度低一些。

ode12s 用来求解刚性方程组,格式同 ode45。可以用 help dsolve、help ode45 查阅有关这些命令的详细信息。

例 7-7-1 求解微分方程数值解:$y' = -y + 2t^2 + 1$,$y(0) = 0$。

解 求其数值解,先编写 M 文件 odefun1.m:

```
%M 函数 odefun1.m
function f=odefun(t,y)
f=1-y+2*t^2;
>> y0=0;t0=0; tf=1;
>> [t,y]=ode45('odefun1',[t0,tf],y0);
>> plot(t,y);
>>   xlabel('(t)'),ylabel('y');
```

绘制方程数值解,如图 7-19 所示。

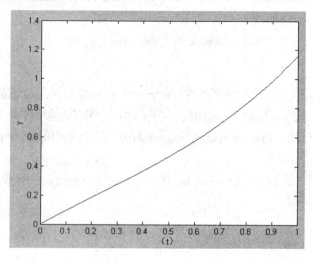

图 7-19 微分方程数值解

思考与练习

7.1 计算下列式子。
(1) 计算 $1+3+5+7+\cdots+109$ 的值;
(2) 计算 $1\times3\times5\times7\times\cdots\times109$ 的值。

7.2 求解多项式 x^3-7x^2+20 的根。

7.3 已知多项式 $(x-6)(x-4)(x+8)$,
(1) 展开为系数多项式的形式;
(2) 求解在 $x=8$ 时多项式的值。

7.4 计算多项式乘法 $(x^2-6x+4)(x+8x+2)$。

7.5 计算多项式除法 $(3x^3+13x^2+6x+8)/(x+4)$。

7.6 对下式进行部分分式展开 $\dfrac{3x^4+2x^3+5x^2+4x+6}{x^5+3x^4+4x^3+2x^2+7x+2}$。

7.7 计算多项式 $4x^4-12x^3-14x^2+5x+9$ 的微分和积分。

7.8 解方程组 $\begin{bmatrix} 2 & 9 & 0 \\ 3 & 4 & 11 \\ 2 & 2 & 6 \end{bmatrix} x = \begin{bmatrix} 13 \\ 6 \\ 6 \end{bmatrix}$。

7.9 求欠定方程组 $\begin{bmatrix} 2 & 4 & 7 & 4 \\ 9 & 3 & 5 & 6 \end{bmatrix} x = \begin{bmatrix} 8 \\ 5 \end{bmatrix}$ 的最小范数解。

7.10 有一组测量数据,如下表所示,数据具有 $y=x^2$ 的变化趋势,用最小二乘法求解 y。

x	1	1.5	2	2.5	3	3.5	4	4.5	5
y	−1.4	2.7	3	5.9	8.4	12.2	16.6	18.8	26.2

7.11 矩阵 $a = \begin{bmatrix} 4 & 2 & -6 \\ 7 & 5 & 4 \\ 3 & 4 & 9 \end{bmatrix}$,计算 a 的行列式和逆矩阵。

7.12 $y=\sin(x)$, x 从 0 到 2π, $\Delta x=0.02\pi$,求 y 的最大值、最小值、均值和标准差。

7.13 $x=[1\ 2\ 3\ 4\ 5]$, $y=[2\ 4\ 6\ 8\ 10]$,计算 x 的协方差、y 的协方差、x 与 y 的互协方差。

7.14 有一正弦衰减数据 $y=\sin(x).*\exp(-x/10)$,其中 x = 0:pi/5:4*pi,用三次样条法进行插值。

7.15 分别使用左除运算、linsolve()函数和 mldivide()函数,求解普通线性方程组的解:

$$\begin{cases} 10x_1 - x_2 = 9 \\ -x_1 + 10x_2 - 2x_3 = 7 \\ -2x_2 + 10x_3 = 6 \end{cases}$$

7.16 求恰定方程组 $\begin{cases} 3x+4y-7z-12w=4 \\ 5x-7y+4z+2w=4 \\ x+8z-5w=9 \\ -6x+5y-2z+10w=4 \end{cases}$ 的解。

7.17 设某周期性矩形脉冲电流 i(t)如图 7-20 所示。其中脉冲幅值 I_p = pi/2 mA，周期 T= 6.28，脉冲宽度 τ = T/2，求 i(t)的有效值。

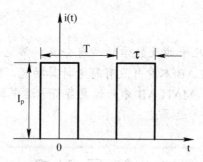

图 7-20 矩形脉冲电流

7.18 求函数 sin(x)与 2x−2 的交集。

符 号 运 算

符号运算的类型很多,几乎涉及数学的所有分支。常见的符号计算语言有 Maple、Mathematic、Mathcad。MATLAB 本身并没有符号计算功能,1993 年美国 MathWorks 公司通过购买 Maple 的使用权后,MATLAB 才开始具备符号运算的功能。

本章介绍 MATLAB 的符号运算。

8.1 符 号 对 象

8.1.1 符号运算的特点

对于一般的程序设计软件,如 C、C++、Fortran 等语言可以顺利运行数值计算,但是在实现符号计算方面是非常困难的。而 MATLAB 自带有符号工具箱 "Toolbox\Symbolie Math\MuPAD",而且可以借助数学软件 Maple,所以 MATLAB 也具有强大的符号运算功能。MATLAB 的 "Toolbox\Symbolie Math\MuPAD" 里提供的函数命令是专门研究符号运算功能和用来解算符号对象问题的。MATLAB 的这种符号运算功能,对于自然科学各学科理论的研究发展、工程技术的研究创新有着十分重要与不可替代的作用。

1. 符号对象

符号对象是符号工具箱中定义的另一种数据类型。符号对象是用来存储代表符号的字符串,在符号工具箱中符号对象用于表示符号变量、符号矩阵、符号表达式和符号方程。

在数学计算中有数值计算与符号计算之分,数值计算的表达式、矩阵变量中不允许有未定义的自由变量,例如:

>> A=[a,b;c,d]

??? Undefined function or variable 'a'.

而符号计算可以含有未定义的符号变量,例如:

>> A=sym('[a,b;c,d]')

A =

[a, b]

[c, d]

在 MATLAB 中实现符号计算功能主要有两种途径:

(1) 通过调用 MATLAB 的各种功能函数进行符号运算。这些操作、运算、求解以及功能函数有：字符串操作、符号表达式与符号矩阵的基本操作、符号矩阵运算、符号微积分运算、符号线性方程求解、符号微分方程求解、特殊数学符号函数、符号函数图形等。

(2) MATLAB 还保留着 maple.m、mpa.m 文件与 Maple 接口，调用 Maple 进行符号运算。

2. 符号对象与普通数据对象的差别

数学计算有数值计算与符号计算之分。这两者的根本区别是：

● 数值计算的表达式、矩阵变量中不允许有未定义的自由变量，在数值计算过程中，所运算的变量都是被赋了值的数值变量。

● 符号计算可以含有未定义的符号变量，在符号计算的整个过程中，所运算的是符号变量。需要注意的是，在符号计算中所出现的数字也都是当作符号处理的。

下例说明了符号对象和普通的数据对象之间的差别。

例 8-1-1 举例说明符号对象和普通数据对象之间的差别。

解 在命令窗口中输入如下命令：

```
>> sqrt(2)
    ans = 1.4142
>> x=sqrt(sym(2))
    x = 2^(1/2)
```

由上例可以看出，当采用符号运算时，并不计算出表达式的结果，而是给出符号表达式。如果需要查看符号 x 所表示的值，在窗口中输入：

```
>> double(x)
ans = 1.4142
```

3. 符号运算的特点

MATLAB 工具箱中有三种不同类型的算术运算。

(1) 数值型：MATLAB 的浮点数运算。在三种运算中，浮点运算速度最快，所需的内存空间小，但是结果精确度最低。双精度数据的输出位数由 format 命令控制，但是在内部运算时采用的是计算机硬件所提供的八位浮点运算。而且，在浮点运算的每一步，都存在一个舍入误差，如计算：

```
>> 1/2+1/3
ans =
    0.8333
```

在运算中存在三步舍入误差：计算 1/3 的舍入误差、计算 1/2+1/3 的舍入误差和将最后结果转化为十进制输出时的舍入误差。

(2) 有理数类型：Maple 的精确符号运算。符号计算的一个非常显著的特点是：在计算过程中不会出现舍入误差，从而可以得到任意精度的数值解。如果希望计算结果精确，可以用符号计算来获得足够高的计算精度。符号计算相对于数值计算而言，需要更多的计算时间和存储空间。

符号运算中的有理数运算，其时间复杂度和空间复杂度都是最大的，但是只要时间和空间允许，符号运算能够得到任意精度的结果。

(3) VPA 类型：Maple 的任意精度算术运算。可变精度的运算运算速度和精确度均位于上面两种运算之间，其具体精度由参数指定，参数越大，精确度越高，运行越慢。

另外，对符号进行的数学运算与对数值进行的数学运算并不相同，区别如下：
- 数值运算中必须先对变量赋值，然后才能参与运算。
- 符号运算无需事先对独立变量赋值，运算结果以标准的符号形式表达。

例 8-1-2 举例说明符号运算和数值运算之间的差别。

解　　>> sym(2)/sym(5)

　　　　　ans =2/5　　　　%两个符号进行运算，结果为分数形式

当进行数值运算时，得到的结果为 double 型数据：

>> 2/5 + 1/3

ans = 0.7333

采用符号进行运算时，输出的结果为分数形式：

>> sym(2)/sym(5) + sym(1)/sym(3)

　ans =11/15

>> double(sym(2)/sym(5) + sym(1)/sym(3))

　ans = 0.7333

8.1.2 符号变量及符号变量确定原则

在 MATLAB 的数据类型中，字符型与符号型是两种重要而又容易混淆的数据类型。

在 MATLAB 指令窗口中，输入的数值变量必须提前赋值，否则会提示出错。只有符号变量可以在没有提前赋值的情况下合法地出现在表达式中，但是符号变量必须预先定义。

在一个表达式中，系统确定默认符号变量原则如下：
(1) 除了 i 和 j 之外，选择在字母表中位置最接近 x 的字母为符号变量。
(2) 若两个字母到 x 的距离相等，则取 ASCII 码大的字母为符号变量。
(3) 若没有除了 i 与 j 以外的字母，则视 x 为默认的符号变量。

MATLAB 中有几个函数用于符号变量、符号表达式的生成，其中，函数 sym()和 syms()是符号运算的核心工具，分别用于生成一个或多个符号对象：
- sym()函数：构造符号变量和表达式，如：a=sym('a')。
- syms()函数：构造符号对象的简捷方式。
- findsym() 函数：找出符号表达式中的符号变量。
- symvar()函数：确定符号表达式中的符号变量。

1. sym()函数

sym()函数可以用于生成单个的符号变量。该函数的调用格式如下：

(1) S = sym(A)：构建一个 sym 类的对象 S，如果参数 A 为字符串，则返回的结果为一个符号变量或者一个符号数值；如果 A 是一个数字或矩阵，则返回结果为该参数的符号表示。

(2) x = sym('x')：该命令创建一个符号变量，该变量的内容为 x，表达为 x。

(3) x = sym('x', 'real')：指定符号变量 x 为实数。

(4) x = sym('x', 'clear')：指定 x 为一个纯粹的变量，而不具有其他属性。在以前的版本中使用 x = sym('x', 'unreal')，与此结果相同。

(5) S = sym(A, flag)：该函数将数值标量或者矩阵转化为参数形式，其中第二个参数 flag 可以为 r、d、e 或者 f 中的一个，用于指定浮点数转化的方法，flag 参数各个取值的意义如表 8-1 所示。

表 8-1 参数 flag 值的意义

参　数	说　　明
r	有理数
d	十进制数
e	估计误差
f	浮点数，将数值表示为 '1.F*2^(e)或者 '-1.F*2^(e)的格式，其中 F 为 13 位十六进制数，e 为整数

2．syms()函数

使用 syms()函数快捷定义多个符号变量和符号表达式。

syms 命令的使用要比 sym 简便，它一次可以定义多个符号变量，而且格式简练。因此一般用 syms 来创建符号变量，注意各符号变量之间必须是空格隔开。该函数的调用格式如下：

(1) syms arg1 arg2 ... 相当于：

　　arg1 = sym('arg1');

　　arg2 = sym('arg2'); ...

(2) syms arg1 arg2 ... real，相当于：

　　arg1 = sym('arg1', 'real');

　　arg2 = sym('arg2', 'real'); ...

(3) syms arg1 arg2 ... clear，相当于：

　　arg1 = sym('arg1', 'clear');

　　arg2 = sym('arg2', 'clear'); ...

(4) syms arg1 arg2 ... positive，相当于：

　　arg1 = sym('arg1', 'positive');

　　arg2 = sym('arg2', 'positive'); …

例如：

　　syms x y real 等于：

　　x = sym('x', 'real');

　　y = sym('y', 'real');

如果要清除符号变量 x 和 y 的 'real' 状态，可键入：syms x y clear。

clear all：清除工作空间中所有的变量的符号类型。

3．findsym()函数

findsym()函数通常由系统自动调用，在进行符号运算时，系统调用该函数确定表达式中的符号变量，执行相应的操作，其语法如下：

(1) r = findsym(S)。S 是符号表达式或矩阵，该语句按字母表中最接近 x 的顺序返回 S 中的所有符号变量。如果 S 中没有变量，则返回一个空串。

   >> findsym(a+z+y)

   ans =a, y, z

(2) r =findsym(S，N)用来询问在众多符号中，哪 N 个为符号变量。例如：

   >> findsym(a+y,1)

    ans =y

   >> findsym(a+y,2)

    ans =y,a

4．symvar()函数

(1) symvar(s)：返回包含在 s 中的所有符号变量组成的一个向量，返回的这些变量从大写到小写按字母顺序排列。如果在 s 中没符号变量，symvar 返回一个空向量。symvar 不把圆周率常数 pi、i 和 j 看做变量。

(2) symvar(s,n)：返回 s 中最接近 'x' 的 n 个符号变量按字母顺序排列的向量。

● 这些变量按自己的名字第一个字母。次序是 x y w z v u ... a X Y W Z V U ... A，符号变量名称不能以数字开头。

● 对于所有后续字母，按字母大小写顺序排列 0 1 ... 9 A B ... Z a b ...z.。

在上面的例子中，表达式 f 中包含有四个符号变量，表达式 g 中包含有 1 个符号变量，其他变量为普通变量。

   >> symvar 'cos(pi*x – beta1)'

   ans =

    'beta1'

    'x'

8.1.3 建立符号表达式和求值

1．建立符号表达式

含有符号对象的表达式称为符号表达式。符号表达式包括符号函数和符号方程。符号表达式(或符号方程)既可以赋给符号变量，以方便以后调用，也可以不赋给符号变量直接参与运算。

建立符号表达式的方法有以下三种：

(1) 利用单引号来生成符号表达式。例如：

   >>f = 'sin(x)+5x'

f：符号变量名。

sin(x)+5x：符号表达式。

' '：符号标识。符号表达式一定要用单引号(' ')括起来 MATLAB 才能识别。单引号中的内容可以是符号表达式，也可以是符号方程。例如：

>>f1='a x^2+b x+c'：二次三项式。

>>f2= 'a x^2+b x+c=0'：方程。

>>f3='Dy+y^2=1'：微分方程。

(2) 用 sym()和 syms()函数建立符号表达式。

用 sym()函数建立符号表达式，其语法为

sym (符号表达式)

例如，用 sym 命令创建：

>>f=sym('sin(x)')

f = sin(x)

>>f=sym('sin(x)^2=0')

f =

sin(x)^2=0

或用 syms()命令创建，例如：

>>syms x

>>f=sin(x)+cos(x)

f = sin(x)+cos(x)

(3) 使用已经定义的符号变量组成符号表达式。例如：

>> syms a b c x

>> f = sym('a*x^2 + b*x + c')

f = a*x^2 + b*x + c

2．计算符号表达式的值

计算符号表达式 P 的值，可使用 eval(P)或 vpa(P)函数。

>> P=sym('2+sqrt(5)')

如果要用 eval(P)来计算符号表达式 P 的近似值，则可输入：

>> eval (P)

P = 5^(1/2) + 2

得到输出：

ans=4.2361

vpa()是一种可变精度的算法(Variable precision arithmetic)，由于 P=sym('2+sqrt(5) ')实际上是一个符号常数，所以也可以用 vpa()命令计算：

>> vpa(P)

ans = 4.2360679774997896964091736687313

8.1.4 符号阶跃函数与冲激函数

1．dirac()函数

MATLAB 用 dirac()函数(狄拉克函数)表示冲激函数，常用 δ 表示，其定义和描述如下：

$$\text{dirac}(x) = \begin{cases} 0 & (x \neq 0) \\ \infty & (x = 0) \end{cases} \tag{8.1.1}$$

2. heaviside()函数

MATLAB 用 heaviside()函数(赫维赛德函数)表示阶跃函数,其定义和描述如下:

$$\text{heaviside}(x) = \begin{cases} 0 & (x < 0) \\ 1 & (x > 0) \\ 0.5 & (x = 0) \end{cases} \tag{8.1.2}$$

例如:

- 当 x < 0 时,heaviside(x)返回 0:

  >>heaviside(sym(-3))

  ans =0

- 当 x > 0 时,heaviside(x)返回 1:

  >>heaviside(sym(3))

  ans =1

- 当 x= 0 时,heaviside(x)返回 1/2:

  >>heaviside(sym(0))

  ans =1/2

- 对于数值 x = 0,heaviside(x)返回数值结果:

  >>heaviside(0)

  ans = 0.5000

- 对阶跃函数 heaviside(x)的微分,可生成 δ 函数:

  >> syms x;

  >> diff(heaviside(x),x)

  ans = dirac(x)

8.2 数值与符号变量的相互转换

数值、符号和字符是三种主要的数据类型。在 MATLAB 工作空间中,数值变量、符号变量、字符变量之间可以利用 MATLAB 命令相互转化。

8.2.1 符号转换为数值

符号变量表示的值都是精确的,而数值变量表示的值可能是不精确的,有时符号运算的目的是得到精确的数值解,这就要对得到的解析解进行数值转换。

我们在符号表达式转换为数值变量时要考虑到转换精度的问题。例如:f=sym('1/3'); 将 f 定义为 1/3,如果要转换为数值,那么我们应该转为 0.3 还是 0.33333 呢?计算机存储总是有限制的,我们只能存储到有限个 3。

使用 digits()、vpa()和 double()函数进行符号与数值的转换。一般情况下,我们把这三个函数作为组合拳,先使用 digits()设定精确程度,再使用 vpa()作近似运算,最后才是 double()转换为数值变量。

1．digits()函数

digits(n):设置有效数字位数。该函数的作用是指定精确到多少(n)位有效数字,默认是 32 位。

2．vpa()函数

vpa(f)将符号表达式 f 的结果精确到 digits()所设定的有效数字的位数。值得注意的是,vpa()返回的还是符号表达式。命令形式如下:

(1) R = vpa(A):根据当前指定的精度,使用可变精度算术 VPA 函数,计算 A 的每一个元素。结果中的每一个元素都是符号表达式。

(2) R = vpa(A, d):使用 d 代替当前的精度,计算 A 的每一个元素,即求 A 在 d 精度下的数值解。d 的值必须是正整数,而且位于 $1 \sim 2^{29}+1$ 之间。

3．double()函数

double()是将符号表达式转换为浮点数数值变量类型的函数。double()命令的形式如下:

x = double(s):转换 s 为双精度型数值变量 x,s 可以是符号变量也可以是字符变量。

(1) 当 s 是符号变量时,s 必须是全为数字的符号,返回数值变量 x。例如:

>> s1=sym('20.3');

>> x1 = double(s1) % 把符号变量 s1 转化为数值变量 x1

x1 = 20.3000

(2) 当 s 是字符变量时,返回数值矩阵 x,矩阵中的元素是相应的 ASCII 值。例如:

>> x3= double('a') % 把字符 a 转化为它对应的 ASCII 码值

x3 = 97

>> c1 = '122345 ';

>> x4 = double(c1)

x4 =

49   50   50   51   52   53   32

double 函数把字符串 '122345' 转化为它对应的 ASCII 码值,32 为 5 后面的空格的 ASCII 码。

8.2.2 数值转换为符号

数值转换为符号的方式有以下几种:

(1) sym()函数用于生成符号变量,也可以将数值转化为符号变量。转化的方式由参数"flag"确定。

例如,命令形式:x = sym(s)。功能是将数值 s 转换为符号变量 x,s 不可以是字符矩阵和非法的表达式。

(2) sym()命令可将数值表达式转成符号表达式,其语法为 sym('数值表达式')

例如,在指令窗口输入:

>> P=sym('2+sqrt(5)')

则得到输出：

P=2+sqrt(5)，此时 P 是一个符号表达式，而不是一个数值表达式。

(3) sym()的另一个重要作用是将数值矩阵转化为符号矩阵。

8.2.3 poly2sym()函数与多项式的符号表达式

poly2sym()函数可以把多项式用符号表达式表示出来。用法如下：

r = poly2sym(c)：返回多项式的符号表达式，多项式的系数是数字向量 c。默认符号表达式的变量是 x，变量 v 可以指定作为第二个参数。

$$r = c_1 x^{n-1} + c_2 x^{n-2} + \cdots + c_n \tag{8.2.1}$$

例如：

```
>> y=[ 1   −12   44   −48   0]
>> ya=poly2sym(y)
ya = x^4 −12*x^3 + 44*x^2−48*x
```

8.3 符号矩阵与运算

8.3.1 符号矩阵的生成

在 MATLAB 中输入符号向量或者矩阵的方法与输入数值类型的向量或者矩阵在形式上很相似，只不过要用到符号矩阵定义函数 sym()，或者是用到符号定义函数 syms()，先定义一些必要的符号变量，再像定义普通矩阵一样输入符号矩阵。

1. 用字符串直接创建矩阵

类似于 MATLAB 数值矩阵的创建方法，用生成子矩阵的方法生成符号矩阵。例如：

```
>> A =['[   a,2*b]'; '[3*a,   0]']
A =
[   a,2*b]
[3*a,   0]
```

2. 用 sym()命令定义矩阵

命令格式：A=sym('[   ]')

说明：
- 符号矩阵内容同数值矩阵。
- 符号矩阵需用 sym()指令定义。
- 符号矩阵需用 ' ' 标识。

这时的函数 sym()实际是在定义一个符号表达式，符号矩阵中的元素可以是任何的符号或者是表达式，而且长度没有限制，只是将方括号置于用于创建符号表达式的单引号中。

符号矩阵的每一行的两端都有方括号，这是与 MATLAB 数值矩阵的一个重要区别。

例 8-3-1 使用 sym()函数直接创建符号矩阵。

解 语法如下：

```
>> sym_matrix = sym('[1 2 3;a b c;sin(x) cos(y) z]')
sym_matrix =
    [   1,      2,   3]
    [   a,      b,   c]
    [ sin(x), cos(y), z]
```

3．用命令 syms()定义矩阵

先定义矩阵中的每一个元素为一个符号变量，而后像普通矩阵一样输入符号矩阵。

例 8-3-2 用 syms()定义矩阵。

解 程序如下：

```
>> syms a b c ;
>> M1 = sym('Classical');
>> M2 = sym(' Jazz');
>> M3 = sym('Blues')
>> syms_matrix = [a b c；  M1， M2， M3；int2str([2 3 5])]
syms_matrix =
    [    a         b      c]
    [Classical   Jazz  Blues]
    [    2         3      5]
```

4．把数值矩阵转化成相应的符号矩阵

数值型和符号型在 MATLAB 中是不相同的，它们之间不能直接进行转化。MATLAB 提供了一个将数值型转化成符号型的命令，即 sym()。

例 8-3-3 矩阵转化。

解 程序如下：

```
>> M=[30 1 1 1;6 1 5 9;9 8 25 4;32 45 62 0]
M =
    30   1    1    1
     6   1    5    9
     9   8   25    4
     2  45   62    0
>> S=sym(M)
S =
    [ 30,  1,  1,  1]
    [  6,  1,  5,  9]
    [  9,  8, 25,  4]
    [ 32, 45, 62,  0]
```

注意：此时，虽然矩阵形式没有发生改变，但是在 MATLAB 的工作区间内，系统已经生成了一个新的矩阵，其数据类型为符号型。

无论矩阵是用分数形式还是用浮点形式表示,将矩阵转化成符号矩阵后,都将以最接近原值的有理数形式表示或者是函数形式表示。

反过来,调用 double()函数将符号矩阵转化为数值矩阵。例如:

```
>> A=sym('[1/3,2.5;1/0.7,2/5]')
A =
[                                    1/3, 2.5]
[ 1.4285714285714285714285714285714, 2/5]
>>double(A)
ans =
    0.3333    2.5000
    1.4286    0.4000
```

8.3.2 符号矩阵的索引和修改

例 8-3-4 符号矩阵的索引。

解 程序如下:

```
>> a=[2/3,sqrt(2),0.222;1.4,1/0.23,log(3)]
a =
    0.6667    1.4142    0.2220
    1.4000    4.3478    1.0986
>> b=sym(a)
b =
[ 2/3,   2^(1/2),                                              111/500]
[ 7/5,   100/23,   2473854946935173/2251799813685248]
```

1. 符号矩阵的索引

直接对符号矩阵的元素索引。

```
>> b(1,3)          %矩阵的索引
ans = 111/500
```

2. 符号矩阵的修改

(1) 直接修改。可用矩阵元素下标,或使用↑、←键找到所要修改的矩阵元素,直接修改。

```
>> b(2,3)='log(9)'   %矩阵的修改
b =
    [ 2/3, 2^(1/2), 111/500]
    [ 7/5,  100/23,  log(9)]
```

(2) 使用 subs() 指令修改。

```
A1=subs(A, 'new ')
A1=subs(A, 'new', 'old')
```

例 8-3-5 使用 subs()指令修改。

解 程序如下：

```
>>A =[    a, 2*b]
      [3*a,    0]
>>A(2,2)='4*b'
>>A1 = [   a, 2*b]
       [3*a, 4*b]
>>A2=subs(A1, 'c', 'b')
A2 = [   a, 2*c]
     [3*a, 4*c]
```

8.3.3 符号矩阵的四则运算

1．基本运算

符号矩阵的基本运算符与数值矩阵的运算符是统一的(+ – * / \)。符号矩阵的数值运算中，与数值矩阵一样，是对应元素的运算。所有矩阵运算操作指令都比较直观、简单，如 a=b+c; a=a*b；A=2*a^2+3*a-5 等。

符号矩阵的行列式运算、逆运算、求秩、幂运算、数组指数运算、矩阵指数运算使用：det(a)、inv(b)、rank(a)、a^2、exp(b)、expm(b)。

例 8-3-6 符号矩阵的基本运算。

(1) 已知 $a = \begin{vmatrix} \dfrac{1}{x} & \dfrac{1}{x+1} \\ \dfrac{1}{x+2} & \dfrac{1}{x+3} \end{vmatrix}$，$b = \begin{vmatrix} x & 1 \\ x+2 & 0 \end{vmatrix}$，求 b–a 和 a\b 的值。

(2) 已知 f= 2*x^2+3*x–5、g= x^2+x–7，求 f+g 的值。

(3) 已知 f=cos(x)、g= sin(2*x)，求 f/g+f*g 的值。

解 (1)

```
>>a=sym('[1/x,1/(x+1); 1/(x+2), 1/(x+3)]');
>>b=sym('[x,1;x+2,0]');
>>b–a
 ans =
[        x–1/x,     1–1/(x+1)]
[ x+2–1/(x+2),      –1/(x+3)]
>>a\b
 ans =
[     –6*x–2*x^3–7*x^2,    3/2*x^2+x+1/2*x^3]
[ 6+2*x^3+10*x^2+14*x, –1/2*x^3–2*x^2–3/2*x]
```

(2)
```
>> syms  x
>> f=2*x^2+3*x–5; g=x^2+x–7;
>> h=f+g
```

h = 3*x^2+4*x–12

(3) >> syms x

>> f=cos(x);g=sin(2*x);

>> f/g+f*g

ans =cos(x)/sin(x)+cos(x)*sin(x)

2. 任意精度的数学运算

在符号运算中有三种不同的算术运算：

(1) 数值类型：MATLAB 的浮点算术运算。

>> 1/2+1/3

ans = 0.8333

(2) 有理数类型：maple 的精确符号运算。

>> sym(1/2)+(1/3)

ans = 5/6   %精确解

(3) vpa 类型：maple 的任意精度算术运算。

digits(n)：设置可变精度 n 位，缺省 16 位。

vpa(x,n)：显示可变精度 n 位计算。例如：

>> digits(25)

>> vpa(1/2+1/3)

ans =

0.8333333333333333259318465

>> vpa(1/2+1/3,8)

ans =

0.83333333

8.4 符号表达式的化简

计算机经过一系列的符号计算后，得到的结果可能无法看懂，因此必须进行化简，MATLAB 所提供的函数既可以实现符号表达式的化简，又可以对表达式进行通分、符号替换等操作进行化简，具体有 simplify()、simple()、horner()、combine()、convert()、collect()、factor()、expand()等。

8.4.1 合并多项式

collect()函数用于合并多项式中的同类项，具体调用格式如下：

(1) R = collect(S)，该命令将 S 中的每个元素，按默认变量 x 的阶数进行同类项系数合并，其中 S 可以是数组，数组的每个元素为符号表达式。

例 8-4-1   合并多项式。

解 程序如下：

```
>> syms x t;
>> f=(1+x)*t+x*t;
>> collect(f)
ans = 2*t*x + t
```

(2) R = collect(S,v)，对指定的变量 v 进行合并，如果不指定，则默认为对 x 进行合并，或者由 findsym()函数返回的结果进行合并。

8.4.2 展开多项式

expand()函数用于符号表达式的展开。调用格式如下：

expand(S)：对符号表达式 S 中每个因式的乘积进行展开计算。该命令通常用于计算多项式函数、三角函数、指数函数和对数函数等表达式的展开。

例 8-4-2 符号表达式的展开。

解 程序如下：

```
>> syms x
>> f=x*(x*(x−1)+3)+2;
>> y=expand(f)
y = x^3 − x^2 + 3*x + 2
```

8.4.3 转换多项式

与 expand()函数相反，horner()函数把多项式转换为 Horner 形式，这种形式的特点是乘法嵌套，有着较好的数值计算性质，嵌套格式在多项式求值中可以降低计算时的复杂度。该函数的调用格式如下：

R = horner(P)

其中，P 为由符号表达式组成的矩阵，该命令将 P 中的所有元素转化为相应的嵌套形式。

例8-4-3 转换多项式。

解 程序如下：

```
>> syms x;
>> y = x^3 − x^2 + 3*x + 2
>> horner(y)
ans = x*(x*(x−1)+3)+2
```

8.4.4 简化多项式

1. 搜索符号表达式的最简形式函数 simple()

simple()函数可以为一个符号表达式寻找一个最简形式。该函数功能比较强大，它会尝试各种办法来化简符号表达式，其化简的标准是符号表达式的长度最短。语法格式如下：

(1) r = simple(S)。S 是一个 sym，simple(S)尝试多种化简方法，显示符号表达式 S 的各种不同的代数简化式，显示并返回 S 的最短表示法。

如果 S 是一个矩阵，结果是整个矩阵的最简单表示法，但是对于每个元素而言，则并不一定是最简单的。

如果不给出输出变量，simple(S)会显示所有可能的表示法，并返回最短表示法。

例 8-4-4 化简多项式。

解 程序如下：

```
>> syms   x ;
>> f=sin(x)^2+cos(x)^2;
>> simple(f)
```

由于不给出输出变量，simple(f)会显示所有可能的表示法，并返回最短表示法，即 1。所有可能的表示法如下：

```
simplify: 1
radsimp: cos(x)^2 + sin(x)^2
simplify(100): 1
combine(sincos):    1
combine(sinhcosh): cos(x)^2 + sin(x)^2
combine(ln): cos(x)^2 + sin(x)^2
factor: cos(x)^2 + sin(x)^2
expand: cos(x)^2 + sin(x)^2
combine: cos(x)^2 + sin(x)^2
rewrite(exp): ((1/exp(x*i))/2 + exp(x*i)/2)^2 + (((1/exp(x*i))*i)/2 − (exp(x*i)*i)/2)^2
rewrite(sincos): cos(x)^2 + sin(x)^2
rewrite(sinhcosh): cosh(−x*i)^2 − sinh(−i*x)^2
rewrite(tan): (tan(x/2)^2 − 1)^2/(tan(x/2)^2 + 1)^2 + (4*tan(x/2)^2)/(tan(x/2)^2 + 1)^2
mwcos2sin: 1
collect(x): cos(x)^2 + sin(x)^2
ans =1
```

(2) [r,how] = simple(S)。不显示中间的简化式，只返回找到的最短表示法，同时返回化简所使用的方法。以一个字符串描述特定的简化方法，输出参量 r 是一个 sym，how 是一个 string，用于表示算法。例如：

```
>> [r,how] = simple(f)
r =1
how =simplify
```

2. 化简函数 simplify()

simplify()函数通过数学运算实现符号表达式的化简，化简所选用的方法为 Maple 中的化简方法。例如：

```
>> syms   x ;
>> f=sin(x)^2+cos(x)^2;
```

```
>> simplify(f)
ans =1
```

8.4.5 因式分解与factor()函数

factor()函数实现因式分解功能,如果输入的参数为正整数,则返回此数的素数因数。如果无法在有理数的范围内作分解,那么返回的结果还是输入值。语法格式如下:

factor(X):参量 X 可以是正整数、符号表达式矩阵或符号整数矩阵。若 X 为一正整数,则 factor(X)返回 X 的质数分解式。若 X 为多项式或整数矩阵,则 factor(X)分解矩阵的每一元素。若整数矩阵中有一元素位数超过 16 位,用户必须用 sym 命令生成该元素。

例 8-4-5 将 $f = x^3 - 6x^2 + 11x - 6$ 进行因式分解。

解 程序如下:

```
>> syms x;
>> f=x^3-6*x^2+11*x-6;
>> factor(f)
ans = (x – 3)*(x – 1)*(x – 2)
```

8.4.6 分式通分

numden()函数用于求解符号表达式的分子和分母,可用于分式通分。语法格式如下:

[N,D]=numden(A):把 A 的各元素转换为分子和分母都是整系数的最佳分式。A 是一个符号或数值矩阵,N 是符号矩阵的分子,D 是符号矩阵的分母。

例 8-4-6 已知多项式为 $\dfrac{x}{y} + \dfrac{y}{x}$,求其通分结果。

解 程序如下:

```
>> syms x y;
>> [n,d] = numden(x/y + y/x)
```

返回结果为

```
n = x^2 + y^2
d =x*y
```

即该式的通分结果为 $\dfrac{x}{y} + \dfrac{y}{x} = \dfrac{x^2 + y^2}{xy}$。

8.4.7 符号替换

在 MATLAB 中,可以通过符号替换使表达式的形式简化。符号工具箱中提供了 subs()和 subexpr()两个函数用于表达式的替换。

1. subs() 函数

subs()函数可以在一符号表达式或矩阵中进行符号替换,用指定符号替换表达式中的某一特定符号,如将符号表达式中的符号变量用数值代替。

在对多变量符号表达式使用 subs()函数时,如果不指定变量,则系统选择默认变量进行计算。默认变量的选择规则为:选择在字母表中离 x 近的变量字母作为默认变量,如果有两个变量并且和 x 之间的距离相同,则选择字母表靠后面的变量作为默认变量。

subs()函数的调用格式如下:

(1) R = subs(S)。对于 S 中出现的全部符号变量,如果在调用函数或工作空间中存在相应值,则将值代入,同时自动进行化简计算;若是数值表达式,则计算出结果。如果没有相应值,则对应的变量保持不变。

(2) R = subs(S, new)。用新的符号变量 new 替换 S 中的默认变量,即有 findsym()函数返回的变量。

(3) R = subs(S, old, new)。用新值 new 替换表达式 S 中的旧值 old,参量 old 是一符号变量或代表一变量名的字符串,new 是一符号、数值变量或表达式。

若 old 与 new 是具有相同大小的阵列,则用 new 中相应的元素替换 old 中的元素;

若 S 与 old 为标量,而 new 为阵列或单元阵列,则标量 S 与 old 将扩展为与 new 同型的阵列;将 S 中的所有 old 替换为 new,并将 S 中的常数项扩充为与 new 维数相同的常数矩阵。

若 new 为数值矩阵的单元阵列,则替换按元素的方向执行。

若 new 是数字形式的符号,则数值代替原来的符号计算表达式的值,所得结果仍是字符串形式。

例如,求解常微分方程 dy = – a * y,其程序如下:

```
>>y = dsolve('Dy = –a*y')
```

积分结果为

```
y =
C1/exp(a*t)
```

如果工作空间存在 a、C1 值,或输入 a、C1 值:

```
>> a = 980,C1=3;
>> subs(y)
ans =
3/exp(980*t)
```

用 a、C1 值替换表达式中的变量值。

2. subexpr() 函数

subexpr()函数通过计算机自动寻找,将表达式中多次重复出现的因式或字符串用简短的符号或变量替换,返回的结果中包含替换之后的表达式,以及被替换的因式。该函数的调用格式如下:

(1) [Y,SIGMA] = subexpr(X,SIGMA)。指定用符号变量 SIGMA 来代替符号表达式 X 中(可以是矩阵)重复出现的字符串。替换后的结果由 Y 返回,被替换的字符串由 SIGMA 返回。

例如：

>> syms x   a;
f=solve(x^2+a*x−1);
r=subexpr(f);
>> r
r =
    −1/2*a+1/2*(a^2+4)^(1/2)
    −1/2*a−1/2*(a^2+4)^(1/2)

(2) [Y,SIGMA] = subexpr(X,'SIGMA')。该命令与上面的命令不同之处在于第二个参数为字符串，该命令用来替换表达式中重复出现的字符串。例如：

>> h = solve('a*x^3+b*x^2+c*x+d = 0');

这样所求解的结果将非常复杂，难以看懂，因此可以使用一个字符来替换表达式中重复出现的表达式，使结果简化为

>> [y,s] = subexpr(h,'s')

8.5 符号微积分

8.5.1 符号表达式求极限

极限是微积分的基础，微分和积分都是"无穷逼近"时的结果。在 MATLAB 中，limit() 函数用于求表达式的极限。该函数的调用格式如下：

(1) limit(F,x,a)：当 x 趋近于 a 时表达式 F 的极限；
(2) limit(F,a)：当 F 中的自变量趋近于 a 时 F 的极限，自变量由 findsym()函数确定。
(3) limit(F)：当 F 中的自变量趋近于 0 时 F 的极限，自变量由 findsym()函数确定。
(4) limit(F,x,a,'right')：当 x 从右侧趋近于 a 时 F 的极限。
(5) limit(F,x,a,'left')：当 x 从左侧趋近于 a 时 F 的极限。

例如：

>> syms h n x
L=limit('(log(x+h)−log(x))/h',h,0)

求当 h 趋近于 0 时表达式 L 的极限，式中单引号可省略掉，结果为

L = 1/x

>> M=limit('(1−x/n)^n',n,inf)

求当 n 趋近于无穷大时表达式 M 的极限，结果为

M = exp(−x)或 M = 1/exp(x)

例 8-5-1　求极限。

(1) $\lim\limits_{x \to 0}\left(\dfrac{\sin x}{x}\right) = ?$ (2) $\lim\limits_{n \to \infty} \sqrt{n+\sqrt{n}} - \sqrt{n} = ?$

解 程序如下：

(1)   `>> syms x a t h;`

   `>> limit(sin(x)/x)`

   `ans = 1`

(2)   `>> syms n;`

   `>> limit(sqrt(n+sqrt(n))-sqrt(n),n,inf)`

   `ans = 1/2`

8.5.2 符号导数、微分和偏微分

MATLAB 中使用 diff()函数实现函数求导和求微分，可以实现一元函数求导和多元函数求偏导。当输入参数为符号表达式时，该函数实现符号微分，其调用格式如下：

(1) diff(S)：对缺省变量求微分，实现表达式 S 的求导，自变量由函数 findsym()确定。

(2) diff(S,'v')：对指定变量 v 求微分，该语句还可以写为 diff(S,sym('v'))。

(3) diff(S,n)：求 S 的 n 阶导数。

(4) diff(S,'v',n)：求 S 对 v 的 n 阶微分(导数)，该表达式还可以写为 diff(S,n,'v')。

例 8-5-2 符号导数和微分。

(1) 已知 $y(x) = \sin(ax)$，求 $A = \dfrac{dy}{dx}$ 为何值，$B = y''(x)$ 为何值。

(2) 已知 $y(x) = \ln(1+x)$，$\left.\dfrac{d^2 y}{dx^2}\right|_{x=1}$ 的值。

解 程序如下：

(1)   `>> syms a x;   y=sin(a*x);`

   `>> A=diff(y,x)`

   `A = a*cos(a*x)`

   `>> B =diff(y,x,2)`

   `B = -a^2*sin(a*x)`

(2)   `>> syms x;`

   `>> y=log(1+x);`

   `>> d2y=diff(y,x,2)`

   `d2y =-1/(1+x)^2`

即 $\dfrac{d^2 y}{dx^2} = -\dfrac{1}{(1+x)^2}$，然后将符号表达式转换成数值表达式：

   `>> x=1;eval(d2y)`

   `ans = -0.2500`

即 $\left.\dfrac{d^2 y}{dx^2}\right|_{x=1} = -\left.\dfrac{1}{(1+x)^2}\right|_{x=1} = -\dfrac{1}{4}$。

第 8 章 符号运算

例 8-5-3 已知 $z(x,y) = e^{2x}(x+y^2+2y)$，求偏微分：$a = \dfrac{\partial z}{\partial x}$ 为何值，$b = \dfrac{\partial z}{\partial y}$ 为何值，$A = \dfrac{\partial^2 z}{\partial x^2}$ 为何值，$B = \dfrac{\partial^2 z}{\partial y^2}$ 为何值，$AB = \dfrac{\partial^2 z}{\partial x \partial y}$ 为何值。

解 程序如下：

```
>> syms x y;
>> z=exp(2*x)*(x+y^2+2*y);
>> a=diff(z,x)
>> b=diff(z,y)
>> A=diff(z,x,2)
>> B=diff(z,y,2)
>> AB=diff(a,y)
```

结果如下：

a =2*exp(2*x)*(x+y^2+2*y)+exp(2*x)，即 $a = \dfrac{\partial z}{\partial x} = 2e^{2x}(x+y^2+2y) + e^{2x}$

b =exp(2*x)*(2*y+2)，即 $b = \dfrac{\partial z}{\partial y} = e^{2x}(2y+2)$

A =4*exp(2*x)*(x+y^2+2*y)+4*exp(2*x)，即 $A = \dfrac{\partial^2 z}{\partial x^2} = 4e^{2x}(x+y^2+2y) + 4e^{2x}$

B =2*exp(2*x)，即 $B = \dfrac{\partial^2 z}{\partial y^2} = 2e^{2x}$

AB =2*exp(2*x)*(2*y+2)，即 $AB = \dfrac{\partial^2 z}{\partial x \partial y} = 2e^{2x}(2y+2)$

8.5.3 多元函数的导数与 jacobian() 函数

在 MATLAB 中，多元函数的导数由 jacobian() 函数来实现。微积分中一个非常的重要概念为 Jacobian 矩阵，计算函数向量的微分。MATLAB 中，jacobian() 函数用于计算 Jacobian 矩阵。该函数的调用格式如下：

R = jacobian(f,v)。如果 f 是向量函数或函数，v 为自变量向量，则计算 f 的 Jacobian 矩阵；如果 f 是标量，则计算 f 的梯度，如果 v 也是标量，则其结果与 diff() 函数相同。

例 8-5-4 求 $\begin{cases} x^2 + y^2 = 4 \\ x^2 - y^2 = 1 \end{cases}$ 函数的 jacobi 矩阵。

解 程序如下：

```
>> x=sym(['x']);y=sym(['y']);z=sym(['z']);
>> jacobian([x^2+y^2; x^2−y^2],[x,y])
ans =
```

```
[ 2*x,  2*y]
[ 2*x, -2*y]
```

8.5.4 计算不定积分、定积分

与微分对应的是积分，在 MATLAB 中，int()函数用于实现符号积分运算。该函数的调用格式如下：

(1) R = int(S)。求表达式 S 的不定积分，自变量由 findsym()函数确定；

(2) R = int(S,v)。求表达式 S 对自变量 v 的不定积分；

(3) R = int(S,a,b)。求表达式 S 在(a,b)区间上的定积分，自变量由 findsym()函数确定；a 为积分下限、b 为积分上限，上限、下限缺省时为不定积分。

(4) R = int(S,v,a,b)。求表达式 S 在(a,b)区间上的定积分，自变量为 v。

例 8-5-5 计算不定积分、定积分。

(1) $f_1(x) = \int \dfrac{x^2+1}{(x^2-2x+2)^2} dx$ ；

(2) $f_2(x) = \int_0^{\pi/2} \dfrac{\cos(x)}{\sin(x)+\cos(x)} dx$ ；

(3) $f_3(x) = \int_0^{+\infty} e^{-x^2} dx$ 。

解 程序如下：

```
>> syms x
    y1=(x^2+1)/(x^2-2*x+2)^2;
    y2=cos(x)/(sin(x)+cos(x));
    y3=exp(-x^2);
>> f1=int(y1)
>> f2=int(y2,0,pi/2)
>> f3=int(y3,0,inf)
```

结果为

```
f1 = (3*atan(x - 1))/2 + (x/2 - 3/2)/(x^2 - 2*x + 2)
f2 = pi/4
f3 = pi^(1/2)/2
```

例 8-5-6 计算二重不定积分。

(1) $\iint xe^{-xy} dxdy$ ；

(2) $\iint \dfrac{y^2}{x^2} dxdy$ ($\dfrac{1}{2} \leqslant x \leqslant 2$, $1 \leqslant y \leqslant 2$)。

解 程序如下：

(1)
```
>> F=int(int('x*exp(-x*y)','x'),'y')
   F = 1/(y*exp(x*y))
```

(2) >> syms x y;
　　f=y^2/x^2;
　　int(int(f,x,1/2,2),y,1,2)
　　ans =7/2

8.6 符号级数与求和

8.6.1 symsum()函数与级数的求和

symsum()函数用于符号级数的求和。该函数的调用格式如下：

(1) r = symsum(s)，自变量为 findsym()函数所确定的符号变量，设其为 k，则该表达式计算 s 从 0 到 k−1 的和。

(2) r = symsum(s,v)，计算表达式 s 从 0 到 v−1 的和。

(3) r = symsum(s,a,b)，计算自变量从 a 到 b 之间 s 的和，a 为下限、b 为上限。

例 8-6-1 求级数 $\sum_{n=1}^{\infty}\dfrac{1}{n^2}$ 的和 R，以及前十项的部分和 R1。

解 程序如下：

```
>> syms n
>> R=symsum(1/n^2,1,inf)
>> R1=symsum(1/n^2,1,10)
```

其结果为

R =pi^2/6
R1 =1968329/1270080

(4) r = symsum(s,v,a,b)，计算自变量 v 从 a 到 b 之间的 s 的和。

例 8-6-2 求函数项级数 $\sum_{n=1}^{\infty}\dfrac{x}{n^2}$ 的和 R2。

解 程序如下：

```
>> syms n x
>> R2=symsum(x/n^2, n,1,inf)
```

其结果为

R2 =(pi^2*x)/6

8.6.2 泰勒级数与 taylor()函数

函数 f(x)在点 x_0 处具有任意阶导数，则 f(x)在点 x_0 按幂级数展开后得到的级数叫泰勒级数(Taylor 级数)：

MATLAB 程序设计基础教程

$$f(x) = \sum_{n=0}^{\infty} \frac{f^{(n)}(x_0)}{n!}(x-x_0)^n$$

$$= x_0 + f(x_0)(x-x_0)' + \frac{f(x_0)(x-x_0)^2}{2!} + \frac{f(x_0)(x-x_0)^3}{3!} + \cdots \tag{8.6.1}$$

其中，

$$\sum_{n=0}^{\infty} \frac{f^{(n)}(0)}{n!} x^n \tag{8.6.2}$$

称为 f(x) 在 x0 点的麦克劳林(Maclaurin)级数。

taylor()函数用于实现 Taylor 级数的计算。该函数的调用格式如下：

(1) r = taylor(f)。计算表达式 f 的 Taylor 级数，自变量由 findsym 函数确定，计算 f 在 $x_0 = 0$ 的 5 阶 Taylor 级数，即返回 5 阶麦克劳林多项式逼近到 f。

$$\sum_{m=0}^{5} \frac{f^{(m)}(0)}{m!} \cdot x^m \tag{8.6.3}$$

(2) r = taylor(f,n,y)，r = taylor(f,y,n)。指定自变量 y 和阶数 n。n 是正整数，返回 n−1 阶麦克劳林(Maclaurin)多项式逼近到 f。

$$\sum_{m=0}^{n-1} \frac{y^m}{m!} \cdot \frac{\partial^m}{\partial y^m} f(x,y)|_{y=0} \tag{8.6.4}$$

(3) r = taylor(f,n,y,a)。指定自变量 y、结束值为 n，计算 f 在 a 的级数。a 可以是数值、符号或表示数值的串，默认为 0；n 默认为 6。

$$\sum_{m=0}^{n-1} \frac{(y-a)^m}{m!} \cdot \frac{\partial^m}{\partial y^m} f(x,y)|_{y=a} \tag{8.6.5}$$

例 8-6-3 求下列函数在指定点的泰勒展开式。

(1) $\frac{1}{x^2}, x_0 = -1$；　　(2) $\tan(x), x_0 = pi/4$；　　(3) $\sin(x), x_0 = 0$

解 程序如下：

```
>> syms x;
>> taylor(1/x^2, −1)
ans =3+2*x+3*(x+1)^2+4*(x+1)^3+5*(x+1)^4+6*(x+1)^5
```

结果为

$$f(x) = 3 + 2x + 3(x+1)^2 + 4(x+1)^3 + 5(x+1)^4 + 6(x+1)^5$$

```
>> taylor(tan(x),pi/4)
ans =1+2*x−1/2*pi+2*(x−1/4*pi)^2+8/3*(x−1/4*pi)^3
    +10/3*(x−1/4*pi)^4+64/15*(x−1/4*pi)^5
```

结果为

$$f(x) = 1 + 2\left(x - \frac{\pi}{4}\right) + \frac{30}{15}\left(x - \frac{\pi}{4}\right)^2 + \frac{40}{15}\left(x - \frac{\pi}{4}\right)^3 + \frac{50}{15}\left(x - \frac{\pi}{4}\right)^4 + \frac{64}{15}\left(x - \frac{\pi}{4}\right)^5$$

$$= 1 + 2x - \frac{\pi}{2} + 2\left(x - \frac{\pi}{4}\right)^2 + \frac{8}{3}\left(x - \frac{\pi}{4}\right)^3 + \frac{10}{3}\left(x - \frac{\pi}{4}\right)^4 + \frac{64}{15}\left(x - \frac{\pi}{4}\right)^5$$

```
>> taylor(sin(x),0)
ans = x–1/6*x^3+1/120*x^5
```

结果为

$$f(x) = x - \frac{x^3}{6} + \frac{x^5}{120}$$

8.6.3 傅里叶级数

MATLAB 没有专用的傅里叶级数函数，但可以根据傅里叶级数的定义，编制自定义的傅里叶级数函数。下列函数用于求傅里叶级数的系数。

```
function [a0,an,bn]=myfouriers(f)
syms n x;
a0=int(f,–pi,pi)/pi;
an=int(f*cos(n*x), –pi,pi)/pi;
bn=int(f*sin(n*x), –pi,pi)/pi;
```

8.7 符号矩阵的代数运算

8.7.1 符号矩阵的代数运算

符号线性代数的基本代数运算包括矩阵的四则运算、乘方、转置等，这些运算与数值矩阵线性代数的运算相同。本节以 Hilbert 矩阵为例，介绍矩阵的代数运算。

1. 生成 Hilbert 矩阵

首先生成 Hilbert 矩阵。例如：

```
>> H=hilb(3)
H =
    1.00000000000000   0.50000000000000   0.33333333333333
    0.50000000000000   0.33333333333333   0.25000000000000
    0.33333333333333   0.25000000000000   0.20000000000000
```

2. 转换

该矩阵为双精度类型(double)，下面将其转化为符号矩阵。例如：

```
>> H = sym(H)
H =
```

[1, 1/2, 1/3]
[1/2, 1/3, 1/4]
[1/3, 1/4, 1/5]

3. 求逆、求行列式

对该矩阵进行求逆、求行列式等操作。例如：

>> inv(H)

ans =

[9, −36,   30]
[−36, 192, −180]
[30, −180, 180]

>> det(H)

ans = 1/2160

4. 求解线性系统

利用左除符号"\"求解线性系统。例如：

>> b = [1 1 1]';
>> x = H\b

x =

   3
 −24
  30

上述运算得到的结果均为精确解，如果对相同的运算采用数值解，则得到的解会存在误差，例如下面的代码：

>> digits(16)
>> V = vpa(H)

V =

[1.0, 0.5000000000000000, 0.3333333333333333]
[0.5000000000000000, 0.3333333333333333, 0.2500000000000000]
[0.3333333333333333, 0.2500000000000000, 0.2000000000000000]

>> inv(V)

ans =

[9.000000000000179, −36.00000000000080,   30.00000000000067]
[−36.00000000000080, 192.0000000000042, −180.0000000000040]
[30.00000000000067, −180.0000000000040,   180.0000000000038]

>> det(V)

ans =

0.000462962962962963

>> V\b

ans =

```
    3.000000000000041
  -24.00000000000021
   30.00000000000019
```

上面的 Hilbert 矩阵为非奇异矩阵，下面查看对奇异矩阵的操作。首先，改变矩阵 H 的第一个元素，使其成为奇异矩阵，然后对其进行运算，参见以下代码：

```
>> H(1,1)=8/9;
>> det(H)
ans =0
>> inv(H)
ans =FAIL
```

8.7.2 符号矩阵的特征值、奇异值分解

1．特征值分解

在 MATLAB 中，符号矩阵的特征值和特征向量也使用 eig()函数计算。该函数的主要用法如下：

(1) E = eig(A)。计算符号矩阵 A 的符号特征值，返回结果为一个向量，向量的元素为矩阵 A 的特征值。

(2) [V,E] = eig(A)。计算符号矩阵 A 的符号特征值 E 和符号特征向量 V，返回结果为两个矩阵：V 和 E。V 是模态矩阵，列是矩阵 A 的特征向量；E 为正则矩阵，是主对角线由 A 的特征值组成的对角矩阵。结果满足 A*V = V*E。

(3) d = eig(A,B)。如果 AB 是方阵，返回一个特征值向量 d。

2．奇异值分解

奇异值分解是矩阵分析中的一个重要内容，在理论分析和实践计算中都有着广泛的应用。在 MATLAB 中，完全的奇异值分解只对可变精度的矩阵可行。符号矩阵进行奇异值分解使用 SVD 算法，其函数为 svd()。该函数的调用格式如下：

(1) s= svd(A)。计算矩阵的奇异值。返回奇异值向量 s。

(2) s= svd(vpa(A))。采用可变精度计算矩阵的奇异值。

(3) [U,S,V] = svd(A)。矩阵奇异值分解，返回矩阵的奇异向量矩阵和奇异值所构成的对角矩阵。

(4) [U,S,V] = svd(vpa(A))。采用可变精度计算对矩阵进行奇异值分解。

例如：计算下列矩阵的奇异值。

```
>> X =[ 1  2; 3  4; 5  6; 7  8]
X =
    1   2
    3   4
    5   6
    7   8
>> [U,S,V] = svd(X)
```

```
U =
    0.1525    0.8226   -0.5463    0.0390
    0.3499    0.4214    0.7575    0.3553
    0.5474    0.0201    0.1240   -0.8274
    0.7448   -0.3812   -0.3352    0.4332
S =
   14.2691         0
         0    0.6268
         0         0
         0         0
V =
    0.6414   -0.7672
    0.7672    0.6414
```

8.8 符号方程与求解

8.8.1 创建符号方程

创建符号方程的方法有两种:
(1) 利用符号表达式创建。
① 先创建符号变量,通过符号变量的运算生成符号函数、符号表达式。
② 直接生成符号表达式,利用符号表达式生成符号方程。
例如:

```
>> %使用 sym 函数生成符号方程
>> sym('sin(x)+cos(x)=1')
sin(x)+cos(x)=1
```

(2) 创建 M 文件。利用 M 文件创建的函数,可以接受任何符号变量作为输入,作为生成函数的自变量。

符号表达式包括符号函数和符号方程,在符号运算过程中,变量都以字符形式保存和运算,数字也被当成字符来处理。

在 MATLAB 中,也可以创建抽象方程,即只有方程符号,没有具体表达式的方程。抽象方程在积分变换中有着很多的应用。

8.8.2 符号代数方程求解

代数方程包括线性方程、非线性方程和超越方程等。

1. 解代数方程

在 MATLAB 中,solve()函数用于求解代数方程和方程组,其调用格式如下:

(1) g = solve(eq)。对默认自变量 x 求解，求方程符号 eq 的解，输入参数 eq 可以是符号表达式或字符串，即 solve(eq)对方程 eq 中的默认变量 x，求解方程 eq=0。若输出参量 g 为单一变量，则对于有多重解的非线性方程，g 为一行向量。

(2) solve(eq,var)。求解方程 eq 的解，对指定自变量 var 求解。如果输入的表达式中不包含等号，则 MATLAB 默认是求解其等于 0 时的解。例如 g=solve(sym('x^2−1'))的结果与 g=solve(sym('x^2−1=0'))相同。

对于单个方程的情况，返回结果为一个符号表达式，或是一个符号表达式组成的数组。

例 8-8-1 求一元二次方程 $ax^2 + bx + c = 0$ 的根。

解 程序如下：

>>f=sym('a*x^2+b*x+c')   % 或   f='a*x^2+b*x+c'

>> solve(f)

ans =

   −(b + (b^2−4*a*c)^(1/2))/(2*a)

   − (b−(b^2−4*a*c)^(1/2))/(2*a)

即方程 $ax^2 + bx + c = 0$ 的根为

$$x_1 = \frac{-b + \sqrt{b^2 - 4ac}}{2a}$$

$$x_2 = \frac{-b - \sqrt{b^2 - 4ac}}{2a}$$

即结果为 $x = \dfrac{-b \pm \sqrt{b^2 - 4ac}}{2a}$。

如果把 a 作为自变量求解，则结果如下：

>> solve(f,'a')

ans= − (b*x+c)/x^2

2．代数方程组的符号解法

代数方程组同样使用 solve()函数进行求解。

对于方程组的情况，返回结果为一个结构体，结构体的元素为每个变量对应的表达式，各个变量按照字母顺序排列，其格式如下：

(1) solve(eq1,eq2,...,eqn)。求由方程 eq1、eq2、…、eqn 等组成的系统，自变量为默认自变量；

(2) solve(eq1,eq2,...,eqn,var1,var2,...,varn)。求由方程 eq1、eq2、…、eqn 等组成的系统，自变量为指定的自变量：var1、var2、…、varn。

例 8-8-2 求 $\begin{cases} x + y = 1 \\ x - 11y = 5 \end{cases}$ 的解。

解 程序如下：

>> S = solve('x + y = 1','x − 11*y = 5')

返回结果为一个结构体 S：

```
        S =
            x: [1x1 sym]
            y: [1x1 sym]
    >> S.x
        ans =4/3
    >> S.y
        ans =-1/3
```

即结果为 $\begin{cases} x = 4/3 \\ y = -1/3 \end{cases}$。

或使用以下语句：

```
    >> syms x; S = solve('x + y = 1','x - 11*y = 5');
    >> S = [S.x S.y]
    S =
        [ 4/3, -1/3]
```

也可用下列方法直接求出结果：

```
    >> [x,y]= solve('x + y = 1','x -11*y = 5')
    x = 4/3
    y = -1/3
```

例 8-8-3 用符号法求方程组 $\begin{cases} 10x_1 - x_2 = 9 \\ -x_1 + 10x_2 - 2x_3 = 7 \\ -2x_2 + 10x_3 = 6 \end{cases}$ 的解。

解 程序如下：

```
    >> f1=sym('10*x1-x2=9');f2=sym('-x1+10*x2-2*x3=7'); f3=sym('-2*x2+10*x3=6');
    >> x=solve(f1,f2,f3)
    x =
        x1: [1x1 sym]
        x2: [1x1 sym]
        x3: [1x1 sym]
    >> x.x1
    ans =473/475
    >> x1=vpa(x.x1)
    x1 =0.99578947368421052631578947368421
    >> x2=vpa(x.x2)
    x2 =0.95789473684210526315789473684211
    >> x3=vpa(x.x3)
        x3 =0.79157894736842105263157894736842
```

8.8.3 非线性代数方程组的符号解法

函数 fsolve()以最小二乘法求解非线性方程，即求解非线性方程 f(x) = 0 的根。

1. fsolve()函数的语法

fsolve()函数的语法如下：

(1) x = fsolve(fun,x0)：fun 是待求解的函数名，以 M 文件的形式给出，X0 为求解方程的初始向量或矩阵。

(2) x = fsolve(fun,x0,options)：使用一个结构选项 options 指定的优化选项求解非线性方程，options 使用 optimset()函数设定。

(3) [x,fval] = fsolve(fun,x0)：返回 fun 在 x 求解的值 fval。

(4) [x,fval,exitflag] = fsolve(...)：同上，并返回描述退出条件的值 exitflag。

(5) [x,fval,exitflag,output] = fsolve(...)：同上，并返回描述优化信息的结构 output。

(6) [x,fval,exitflag,output,jacobian] = fsolve(...)：同上，并返回 fun 的 jacobian 矩阵。在此情况 Jacobian 的 option 设置为"on"：options = optimset('Jacobian','on')。

2. 输入参数

(1) fun。fun 可以是函数句柄，如 x = fsolve(@myfun,x0)，myfun 是一个 MATLAB 函数，例如：

    function F = myfun(x)

        F = ...   % Compute function values at x

fun 也可以是匿名函数，如 x = fsolve(@(x)sin(x.*x),x0)。

(2) options 使用 optimset ()函数设定的优化结构。

3. 输出参数

(1) exitflag。整数标识符，指示该算法终止的原因，其代表的意义如表 8-2 所示。

表 8-2 exitflag 代表的意义

标识符	意　义
1	函数集中于求解一个 x
2	更改 x 为小于指定的公差
3	更改余数为小于指定的公差
4	搜索方向的幅度小于指定的公差
0	迭代数优于 options.MaxIter，或者函数的计算值优于 options.FunEvals
−1	该运算终止函数输出
−2	算法收敛到一个不是根的点
−3	Trust radius 变得太小
−4	当前搜索方向的线性搜索无法有效减少余数

(2) output。一个结构，包含优化信息，其字段的含义如表 8-3 所示。

表 8-3 结构字段的含义

结构的字段	含 义
iterations	执行的迭代数
funcCount	函数求值数
algorithm	使用的优化算法
cgiterations	PCG 迭代总数
stepsize	在 x(高斯-牛顿法和 Levenberg-Marquardt 算法)的最后位移
firstorderopt	第一阶最优性的测量(dogleg 或 large-scale 算法，[ ]为其他算法)
message	退出的信息

例 8-8-4 求 $\begin{cases} e^{-x_1} = 2x_1 - x_2 \\ e^{-x_2} = -x_1 + 2x_2 \end{cases}$，当 $x_0=[-5 \quad -5]$ 时方程组的解。

解 (1) 将原式改写为 $f(x)=0$ 形式，即 $\begin{cases} e^{-x_1} - 2x_1 + x_2 = 0 \\ e^{-x_2} + x_1 - 2x_2 = 0 \end{cases}$。

(2) 编写方程的 m 函数文件 myfun.m，计算 F 的值。

```
function F = myfun(x)
F = [2*x(1)-x(2)-exp(-x(1));
    -x(1) + 2*x(2)-exp(-x(2))];
```

(3) 在 MATLAB 窗口中输入：

```
>> x0 = [-5; -5];                          % Make a starting guess at the solution
>> options=optimset('Display','iter');     % Option to display output
>> [x,fval] = fsolve(@myfun,x0,options)    % Call solver
```

在经过几次迭代后，fsolve()找到的答案如下：

Iteration	Func-count	f(x)	Norm of step	First-order optimality	Trust-region radius
0	3	47071.2		2.29e+004	1
1	6	12003.4	1	5.75e+003	1
2	9	3147.02	1	1.47e+003	1
3	12	854.452	1	388	1
4	15	239.527	1	107	1
5	18	67.0412	1	30.8	1
6	21	16.7042	1	9.05	1
7	24	2.42788	1	2.26	1
8	27	0.032658	0.759511	0.206	2.5
9	30	7.03149e−006	0.111927	0.00294	2.5
10	33	3.29525e−013	0.00169132	6.36e−007	2.5

Equation solved.

x =
   0.5671
   0.5671
fval =
   1.0e−006 *
   −0.4059
   −0.4059

例 8-8-5 求 $\begin{cases} y_1 = x_1 - 0.7\sin(x_1) - 0.2\cos(x_2) \\ y_2 = x_2 - 0.7\cos(x_1) + 0.2\sin(x_2) \end{cases}$，$x_0 = [0.5\ 0.5]$时的解。

解 按照上例步骤，先编写方程的 m 函数文件 fc.m。

function y=fc(x)
y(1)=x(1)− 0.7*sin(x(1))−0.2*cos(x(2));
y(2)=x(2)− 0.7*cos(x(1))+0.2*sin(x(2));
y=[y(1) y(2)];

然后在 MATLAB 的窗口中输入：

\>> x0=[0.5 0.5];
\>> [x,fval,exitflag,output]= fsolve('fc',x0)
x = 0.5265   0.5079
fval =
   1.0e−007 *
   0.1680   0.2712
exitflag =   1
output =
            iterations: 2
            funcCount: 9
            algorithm: 'trust-region dogleg'
            firstorderopt: 3.3497e−008
            message: [1×695 char]

8.8.4 常微分方程的解析解

1．常微分方程的求解

常微分方程解析解的求解法，一般有以下三种。

1) 积分求解

有些微分方程可直接通过积分求解，例如通过一阶常系数常微分方程：

$$\frac{dy}{dt} = y + 1$$

化为

$$\frac{dy}{y+1} = dt$$

两边积分可得通解为

$$y = ce^t - 1$$

其中，c 为任意常数。

有些常微分方程可用一些技巧，如分离变量法、积分因子法、常数变异法、降阶法等可化为可积分的方程而求得解析解。

2) 求特解和通解

线性常微分方程的解满足叠加原理，求解可归结为求一个特解和相应齐次微分方程的通解，一阶变系数线性微分方程总可用这一思路求得显式解。

3) 求高阶线性常系数微分方程的基本解和特解

高阶线性常系数微分方程可用特征根法求得相应齐次微分方程的基本解，再用常数变异法求特解。

一阶常微分方程与高阶微分方程可以互化，已给一个 n 阶方程

$$y(n) = f(t, y', y'', \cdots, y^{(n-1)})$$

令

$$y_1 = y, \quad y_2 = y', \quad y = y'', \quad y_n = y^{(n-1)}$$

则可将上式化为一阶方程组

$$\begin{cases} y_1' = y_2 \\ y_2' = y_3 \\ \vdots \\ y_3' = f(t, y_1, y_2, \cdots, y_n) \end{cases}$$

反过来，在许多情况下，一阶微分方程组也可化为高阶方程，所以一阶微分方程组与高阶常微分方程的理论与方法在许多方面是相通的，一阶常系数线性微分方程组也可用特征根法求解。

MATLAB 中符号常微分方程使用 dsolve()函数进行求解，具体调用格式如下：

(1) r = dsolve('eq1','eq2', …,'cond1','cond2',...,'v')。其中，eq1、eq2 等表示待求解的方程，v 是指定的自变量，如果不指定自变量，那么默认的自变量为 x，也可任意指定自变量为 't'、'u'等。cond1、cond2 等表示初始值，通常表示为 y(a) = b 或者 Dy(a) = b。如果不指定初始值，或者初始值方程的个数少于因变量的个数，则最后得到的结果中会包含常数项，表示为 C1、C2 等。dsolve()函数最多可接受 12 个输入参数。

微分方程中的各阶导数及微分项以大写字母 D 表示，字母 D 表示微分使用期望的自变量，默认为 $\dfrac{d}{dx}$，如 Dy 表示 $\dfrac{dy}{dx}$ 或 $\dfrac{dy}{dt}$；如果在 D 后面带有数字，则表示多阶导数，如 D2y 表示 $\dfrac{d^2y}{dx^2}$ 或 $\dfrac{d^2y}{dt^2}$。任何字母一旦出现在微分操作符后面，就不是自变量了，如 D2y 是 y(x) 或 y(t)的 2 阶微分。

(2) [y1,y2…]=dsolve(x1,x2,…xn)。返回微分方程的解。

例 8-8-6 求微分方程：$\dfrac{dx}{dt} = -ax$，$\dfrac{d^2x}{dt^2} = -ax$。

解 语法如下：

```
>> dsolve('Dx=-a*x')
ans = C1*exp(-a*t)
>> dsolve('D2x=-a*x')
ans = C1*sin(a^(1/2)*t)+C2*cos(a^(1/2)*t)
```

结果为 $C_1 e^{-at}$，$C_1 \sin(\sqrt{a}t) + C_2 \cos(t\sqrt{a}t)$。

例 8-8-7 求微分方程 $y' = x$ 的通解。

解 程序如下：

```
>> syms x y    %定义 x，y 为符号
>> y =dsolve('Dy=x', 'x')
```

结果为 y =x^2/2 + C1。

如果不指定自变量，默认的自变量为 t，若写成：

```
>>syms x y    %定义 x，y 为符号
>>dsolve('Dy=x')
```

结果将是对默认自变量 t 的通解：ans =x*t+C1。

例 8-8-8 求微分方程 $\begin{cases} y'' = x + y' \\ y(0) = 1, \ y'(0) = 0 \end{cases}$ 的特解。

解 程序如下：

```
>> syms x y
>> y=dsolve('D2y=x+Dy', 'y(0)=1', 'Dy(0)=0', 'x')
```

结果为 y =exp(x) − x − x^2/2。

若写成：

```
>> syms x y
>> dsolve('D2y=x+Dy', 'y(0)=1', 'Dy(0)=0')
```

结果将是默认的自变量为 t 的特解：ans =x*exp(t) − t*x − x + 1。

2．微分方程组的求解

微分方程组通过 dsolve()函数进行求解，格式为：

　　　r = dsolve('eq1,eq2,...', 'cond1,cond2,...', 'v')

该语句求解由参数 eq1、eq2 等指定的方程组成的系统，初值条件为 cond1、cond2 等，v 为自变量。

例 8-8-9 求微分方程组 $\begin{cases} x' = x + y \\ y' = 2x \end{cases}$ 的通解。

解 程序如下：

```
>> syms x y
>> [x, y]=dsolve('Dx=y+x,Dy=2*x')
```

结果为

　　　x = −1/2*C1*exp(−t)+C2*exp(2*t)

y =C1*exp(−t)+C2*exp(2*t)

例 8-8-10 求微分方程组：$\begin{cases} u' = v \\ v' = w \\ w' = -u \end{cases}$，$u(0)=0$，$v(0)=0$，$w(0)=1$ 的结果。

解 程序如下：

```
>> S=dsolve('Du=v,Dv=w,Dw=-u','u(0)=0,v(0)=0,w(0)=1')
```

结果为一个结构：

```
S =
    u: [1x1 sym]
    v: [1x1 sym]
    w: [1x1 sym]
```

可用查询结构成员的方法，查询结果：

```
>> S.u
ans =
1/(3*exp(t)) − (cos((3^(1/2)*t)/2)*exp(t)^(3/2))/(3*exp(t))
    + (3^(1/2)*sin((3^(1/2)*t)/2)*exp(t)^(3/2))/(3*exp(t))
```

例 8-8-11 求解微分方程：$y' = -y + e^{-t} + 1$，$y(0) = 1$，先求解析解，再求数值解，并进行比较。

解 (1) 先求解析解。

```
>> clear;
>> s=dsolve('Dy=-y+exp(-t)+1','y(0)=1','t')
s = (t + exp(t))/exp(t)
>> simplify(s)
ans = t/exp(t) + 1
```

可得解析解为 $y = te^{-t} + 1$。

(2) 求其数值解，先编写 M 文件 odefun.m。

```
%M 函数 odefun.m
function f=odefun(t,y)
f=-y+exp(-t)+1;
>> y0=1;t0=0; tf=1;
>> [tout,yout]=ode45('odefun',[t0,tf],y0);
```

(3) 比较结果，再用下列命令绘制曲线。

```
>> plot(tout,yout);
>> hold on;
>> t=0:0.1:1;
>> y=t.*exp(-t)+1; plot(t,y,'ro');   %解析解的图形
>> xlabel('(t)'),ylabel('y');
```

结果见图 8-1，可见解析解和数值解很好吻合。

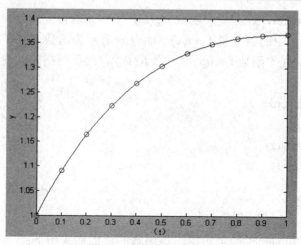

图 8-1 解析解和数值解

8.8.5 复合函数方程

复合函数方程通过函数 compose() 进行求解，该函数的调用格式如下：

(1) compose(f,g)，返回复合函数 f(g(y))，其中 f = f(x)，g = g(y)，x 是 f 的默认自变量，y 是 g 的默认自变量；即将 g=g(y) 代入到 f = f(x)，取代 x。例如：

```
>> syms x y z t u;
>> f = 1/(1 + x^2); g = sin(y); h = x^t; p = exp(-y/u);
>> compose(f,g)
ans =1/(1+sin(y)^2)
```

(2) compose(f,g,z)，返回复合函数 f(g(z))，指定 z 为自变量。例如：

```
>> compose(f,g,t)    %指定 t 为复合函数自变量，即将 g=g(t) 代入到 f = f(x)，取代 x
ans =1/(1+sin(t)^2)
```

(3) compose(f,g,x,z)，返回复合函数 f(g(z))，指定 f 的自变量为 x；z 为复合函数自变量，即将 g = g(z) 代入到 f = f(x)，取代 x。例如：

```
>> compose(h,g,x,z)    %指定 x 为 h 的独立变量，z 为复合函数自变量，
                       将 g=g(z) 代入到 h = h(x)，取代 x

ans =sin(z)^t

>> compose(h,g,t,z)    %指定 t 为 h 的独立变量，z 为复合函数自变量，
                       将 g=g(z) 代入到 h = h(t)，取代 t

ans =x^sin(z)

>> compose(f,g,x,z)    %指定 x 为 f 的独立变量，z 为复合函数自变量，
                       将 g=g(z) 代入到 f = f(x)，取代 x

ans =1/(1+sin(z)^2)

>> compose(f,g,t,z)    %指定 t 为 f 的独立变量，z 为复合函数自变量，将 g=g(z) 代入到
                       f = f(t)，取代 t。f 中没有 t，所以结果不变

ans =1/(1+x^2)
```

(4) compose(f,g,x,y,z)，返回复合函数 f(g(z))，f 和 g 的自变量分别指定为 x 和 y。

令变量 x 为函数 f 中的自变量 f = f(x)，而令变量 y 为函数 g 中的自变量 g = g(y)。令 x = g(y)，再将 x = g(y)代入函数 f = f(x)中，得 f(g(y))，最后用指定的变量 z 代替变量 y，得 f(g(z))。例如：

```
>> compose(h,p,x,y,z)
ans =exp(-z/u)^t
>> compose(h,p,t,u,z)
ans =x^exp(-y/z)
```

8.8.6 反函数方程

反函数方程通过 finverse()函数求得，该函数的调用格式如下：

(1) g = finverse(f)。在函数 f 的反函数存在的情况下，返回函数 f 的反函数 f^{-1}，自变量为默认自变量。

(2) g = finverse(f,v)。在函数 f 的反函数存在的情况下，返回函数 f 的反函数，自变量为 v，v 是一个 sym。

```
>> syms u v;
>> finverse(exp(u-2*v),u)
ans =2*v+log(u)
>> f=x^2+y;
>> finverse(f,y)
ans =-x^2+y
```

8.9 符号积分变换

符号积分变换包括符号傅里叶变换、符号拉普拉斯变换和符号 Z 变换。

8.9.1 符号傅里叶变换

1. 傅里叶变换

傅里叶变换由 fourier()函数实现，该函数的调用格式如下：

(1) X = fourier(x)：实现函数 x 的傅里叶变换，如果 x 的默认自变量为 t，则返回 x 的傅立叶变换结果，默认自变量为ω；如果 x 的默认自变量为 w，则返回结果的默认自变量为 t，其定义为

$$X(\omega) = F[x(t)] = \int_{-\infty}^{\infty} x(t)e^{-j\omega t}dt \tag{8.9.1}$$

(2) X= fourier(x,v)：返回的结果是以 v 为自变量的函数。

(3) X = fourier(x,u,v)：x 的自变量为 u，返回的结果是以 v 为自变量的函数。

例如：f(t) = e^(−t^2)

```
>> syms t;
>>f = exp(−t^2);
>>fourier(f)
ans =pi^(1/2)/exp(w^2/4)
```

即结果为 F(ω) = $\sqrt{\pi}$ e$^{(-\omega^2/4)}$。

例 8-9-1 已知 $f(x) = \dfrac{1}{\pi(1+x^2)}$，求其傅里叶变换 F(ω)。

解 语法如下：
```
>> syms x
>> fx = 1/(pi*(1+x^2));
>> F= fourier(fx)
```
结果为
$$F =((pi*heaviside(w))/exp(w) + pi*heaviside(-w)*exp(w))/pi$$
展开化简：
```
>> F = expand(F)
```
结果为
$$F = heaviside(w)/exp(w) + heaviside(-w)*exp(w)$$
```
>> ezplot(F)
```
绘制出傅里叶变换 F(ω)的图形，如图 8-2 所示。

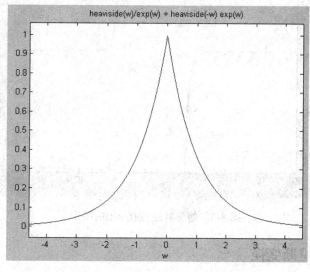

图 8-2 傅里叶变换 F(ω)的图形

2．傅里叶逆变换

傅里叶逆变换由函数 ifourier 实现，该函数的调用格式如下：

（1） x = ifourier(X)。实现函数 X 的傅里叶逆变换，如果 X 的默认自变量为 w，则返回结果 x 的默认自变量为 t，如果 X 的自变量为 w，则返回结果 x 的自变量为 t；其定义为

$$x(t) = F^{-1}[X(\omega)] = \frac{1}{2\pi}\int_{-\infty}^{\infty} X(\omega)e^{j\omega t}d\omega \tag{8.9.2}$$

(2) x= ifourier(X,u)。实现函数 X 的傅里叶逆变换，返回结果 x 是以 u 为自变量的函数。

(3) x= ifourier(X,v,u)。实现函数 X 的傅里叶逆变换，X 的自变量为 v，返回结果 x 是以 u 为自变量的函数。

例 8-9-2 已知 $X(j\omega) = -j\dfrac{2\omega}{4+\omega^2}$，求其傅里叶逆变换 x(t)。

解 语法如下：

```
syms t w X;
X = -i*2*w/(4+w^2);
x = ifourier(X,w,t);
xt=simple(x);
xt
ezplot(xt, [-20,20]);
```

结果为

$$xt = heaviside(t)/exp(2*t) - heaviside(-t)*exp(2*t)$$

绘制出傅里叶逆变换 x(t)的图形，如图 8-3 所示。

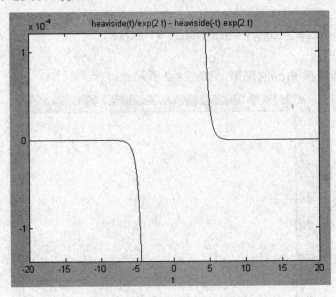

图 8-3　傅里叶逆变换 x(t)的图形

8.9.2　符号拉普拉斯变换

1. 拉普拉斯变换

拉普拉斯变换的定义为

$$L(s) = L[f(x)] = \int_0^{\infty} f(x)e^{-sx}dx \tag{8.9.3}$$

拉普拉斯变换用途广泛，包括求解普通微分方程、初值问题等。laplace()函数实现符号函数的拉普拉斯变换。该函数的调用格式如下：

(1) laplace(f)。实现函数 f 的拉普拉斯变换，如果 f 的默认自变量为 t，返回结果的默认自变量为 s；如果 f 的默认自变量为 s，则返回结果为 t 的函数。

(2) laplace(f,t)。返回函数的自变量为 t。

(3) laplace(f,w,z)。指定 f 的自变量为 w，返回结果为 z 的函数。

例 8-9-3 已知信号为 $x(t)=e^{-at}$，求 x(t)的复频谱函数的表达式。

解 对该函数进行拉普拉斯变换。

```
>> syms t a ;
>> x = exp(-a*t);
>> Xs=laplace(x)
Xs =1/(a + s)
```

2．拉普拉斯逆变换

拉普拉斯逆变换的定义为

$$f(x) = L^{-1}[F(s)] = \frac{1}{2\pi j}\int_{\sigma-j\infty}^{\sigma+j\infty}F(s)e^{sx}ds \tag{8.9.4}$$

拉普拉斯逆变换由函数 ilaplace()实现，该函数的调用格式如下：

(1) f = ilaplace(F)。实现函数 F 的拉普拉斯逆变换，如果 F 的自变量为 s，则返回结果为 t 的函数，如果 F 的自变量为 t，则返回结果为 x 的函数。

(2) f = ilaplace(F,y)。返回结果为 y 的函数。

(3) f = ilaplace(F,y,x)。指定 F 的自变量为 y，返回结果为 x 的函数。

例 8-9-4 已知信号 x(t)的复频谱函数为 $X(s) = \dfrac{s^2}{s^2+3s+4}$，求该信号的表达式。

解 对该复频谱函数进行拉普拉斯逆变换。

```
>> syms s;
>> X=s^2/(s^2+3*s+2);
>> x=ilaplace(X)
```

结果为

$$x =1/\exp(t) - 4/\exp(2*t) + dirac(t)$$

例 8-9-5 在如图 8-4 所示的 RLC 电路中，令 R_j 为阻抗(ohms)、I_j 为电流(A)，j = 1、2、3。L 为电感(H)、C 为电容(F)，E(t)为交流正弦波电源，Q(t)为 C 的充电电荷。

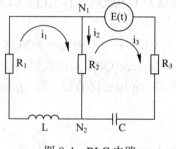

图 8-4 RLC 电路

根据基尔霍夫定律、欧姆定律和法拉第定律，可得出下列微分方程：

$$\frac{dI_1}{dt} + \frac{R_2}{L} \cdot \frac{dQ}{dt} = \frac{R_1 - R_2}{L} I_1, \quad I_1(0) = I_0$$

$$\frac{dQ}{dt} = \frac{1}{R_3 + R_2}\left[E(t) - \frac{1}{C}Q(t)\right] + \frac{R_2}{R_3 + R_2} I_1, \quad Q(0) = Q_0$$

解 （1）写出微分方程：

>> syms R1 R2 R3 L C real

>> dI1 = sym('diff(I1(t),t)'); dQ = sym('diff(Q(t),t)');

>> I1 = sym('I1(t)'); Q = sym('Q(t)');

>> syms t s

>> E = sin(t);   % Voltage

>> eq1 = dI1 + R2*dQ/L – (R2 – R1)*I1/L;

>> eq2 = dQ – (E – Q/C)/(R2 + R3) – R2*I1/(R2 + R3);

（2）用拉普拉斯函数写出拉普拉斯方程：

>> L1 = laplace(eq1,t,s)

L2 = laplace(eq2,t,s)

得出结果为

L1 = s*laplace(I1(t), t, s) – I1(0) + ((R1 – R2)*laplace(I1(t), t, s))/L – (R2*(Q(0) – s*laplace(Q(t), t, s)))/L

L2 = s*laplace(Q(t), t, s) – Q(0) – (R2*laplace(I1(t), t, s))/(R2 + R3) – (C/(s^2 + 1) – laplace(Q(t), t, s))/(C*(R2 + R3))

（3）现在，我们需要用 laplace(I1(t),t,s) 和 laplace(Q(t),t,s)，求解方程系统 L1 = 0、L2 = 0。分别求解 I1 和 Q 的拉普拉斯变换，为此，我们要进行一系列的替换：R1 = 4 Ω、R2 = 2 Ω、R3=3 Ω、C=1/4 F、L=1.6 H、I1(0)=15A 和 Q(0)=2A/s。

在方程 L1 中替换这些值：

>> syms LI1 LQ

>> NI1 = subs(L1,{R1,R2,R3,L,C,'I1(0)','Q(0)'}, ...
{ 4, 2, 3, 1.6,1/4,15, 2})

结果为

NI1 =s*laplace(I1(t), t, s) + (5*s*laplace(Q(t), t, s))/4 + (5*laplace(I1(t), t, s))/4 – 35/2

在方程 L2 中替换这些值：

>> NQ = subs(L2,{R1,R2,R3,L,C,'I1(0)','Q(0)'},{4,2,3,1.6,1/4,15,2})

结果为

NQ =s*laplace(Q(t), t, s) – 1/(5*(s^2 + 1)) + (4*laplace(Q(t), t, s))/5 – (2*laplace(I1(t), t, s))/5 – 2

（4）为求解 laplace(I1(t),t,s)和 laplace(Q(t),t,s)，我们需要作最后的一次替换：用 syms LI1 和 LQ 替换字符串 'laplace(I1(t),t,s)' 和 'laplace(Q(t),t,s)'。

在方程 NI1 中替换这些值：

>> NI1 =...
subs(NI1,{'laplace(I1(t),t,s)','laplace(Q(t),t,s)'},{LI1,LQ})

结果为

NI1 = (5*LI1)/4 + LI1*s + (5*LQ*s)/4 − 35/2

合并多项式：

>> NI1 = collect(NI1,LI1)

结果为

NI1 = (s + 5/4)*LI1 + (5*LQ*s)/4 − 35/2

用类似方法在方程 NQ 中替换这些值：

>> NQ = ...
subs(NQ,{'laplace(I1(t),t,s)','laplace(Q(t),t,s)'},{LI1,LQ})

结果为

NQ = (4*LQ)/5 − (2*LI1)/5 + LQ*s − 1/(5*(s^2 + 1)) − 2

>> NQ = collect(NQ,LQ)

合并结果为：

NQ = (s + 4/5)*LQ − (2*LI1)/5 − 1/(5*(s^2 + 1)) − 2

(5) 求解 LI1 和 LQ。

>> [LI1, LQ] = solve(NI1, NQ, LI1, LQ)

结果为

LI1 = (300*s^3 + 280*s^2 + 295*s + 280)/(20*s^4 + 51*s^3 + 40*s^2 + 51*s + 20)

LQ = (40*s^3 + 190*s^2 + 44*s + 195)/(20*s^4 + 51*s^3 + 40*s^2 + 51*s + 20)

(6) 要用 LI1 恢复 I1 和 Q，我们要计算 LI1 和 LQ 的拉普拉斯逆变换。

>> I1 = ilaplace(LI1, s, t)

I1=(15*(cosh((1001^(1/2)*t)/40) − (293*1001^(1/2)*sinh((1001^(1/2)*t)/40))/21879)/exp((51*t)/40) − (5*sin(t))/51

>> Q = ilaplace(LQ, s, t)

Q =(4*sin(t))/51 − (5*cos(t))/51 + (107*(cosh((1001^(1/2)*t)/40)
    + (2039*1001^(1/2)*sinh((1001^(1/2)*t)/40))/15301))/(51*exp((51*t)/40))

(7) 以两个不同的时间域 $0 \leq t \leq 20$、$5 \leq t \leq 50$，绘制电流 I1(t)和电容充电函数 Q(t)的曲线。程序如下：

>> subplot(2,2,1); ezplot(I1,[0,20]);

title('Current'); ylabel('I1(t)'); grid

subplot(2,2,2); ezplot(Q,[0,20]);

title('Charge'); ylabel('Q(t)'); grid

subplot(2,2,3); ezplot(I1,[5,50]);

title('Current'); ylabel('I1(t)'); grid

text(7,0.25,'Transient'); text(16,0.125,'Steady State');

subplot(2,2,4); ezplot(Q,[5,50]);

title('Charge'); ylabel('Q(t)'); grid

text(7,0.25,'Transient'); text(15,0.16,'Steady State');

绘制出电流 I1(t)和电容充电函数 Q(t)的曲线，如图 8-5 所示。

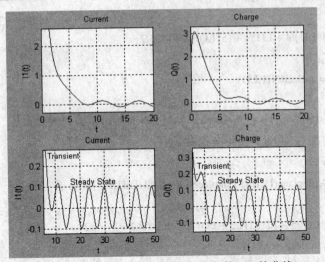

图 8-5　绘制电流 $I_1(t)$ 和电容充电函数 $Q(t)$ 的曲线

8.9.3　符号 Z 变换

1．Z 变换的 ztrans() 函数

如果离散序列 $x(n)$ 可以用符号表达式，可以直接用 MATLAB 的 ztrans() 函数来求离散序列的单边 Z 变换。该函数的用法如下：

(1) X = ztrans(x)：返回 x 以默认独立变量 n 为自变量的 Z 变换函数 X。如果 x 为函数 z 的函数，则返回结果为 w 的函数。该 Z 变换的定义为

$$X(z) = \sum_{n=0}^{\infty} x(n) z^{-n} \tag{8.9.5}$$

(2) X = ztrans(x,w)：指定变量 w 代替 z 作为 Z 变换函数 X 的自变量。该 Z 变换的定义为

$$X(\omega) = \sum_{n=0}^{\infty} x(n) \omega^{-n} \tag{8.9.6}$$

(3) X = ztrans(x,k,w)：指定时域函数 x 的自变量为符号变量 k，返回结果为 w 的函数。该 Z 变换的定义为

$$X(\omega) = \sum_{k=0}^{\infty} x(k) \omega^{-k} \tag{8.9.7}$$

例 8-9-6　已知 $g(n) = a^n$，求其 Z 变换。

解　程序如下：

```
>> syms n a z ;
>> g=a^n;
>> simplify(ztrans(g))
ans =-z/(-z+a)
```

即 $G(z) = Z[g(n)] = \dfrac{z}{z-a}$。

2．Z 逆变换函数 iztrans()

用 MATLAB 的 iztrans()函数来求 Z 逆变换，其使用格式如下：

(1) x= iztrans(X)。返回以默认独立变量 n 为自变量的序列 x，函数 X 的默认自变量为 z。该 Z 逆变换的定义为

$$x(n) = \dfrac{1}{2\pi j} \oint_{|z|=R} X(z) z^{n-1} dz \qquad (8.9.8)$$

R 是一个正整数，函数 X(z)在以 R 为半径的圆外有解析值，|z| = R，即 x(n)是一个右边序列。

(2) x = iztrans(X,k)。指定变量 k 代替 n 作为 Z 逆变换函数 x 的自变量。

(3) x=iztrans(X, w ,k)。指定频域函数 X 的自变量为符号变量 w，时域函数 x 的自变量为符号变量 k。例：

```
>> syms n a z ;
>> F = z/(z−a)
>> iztrans(F)
    ans =a^n
```

8.10 符号函数图形绘制

MATLAB 中，ezplot()函数和 ezplot3()函数分别用于实现符号函数二维和三维曲线的绘制。

8.10.1 符号函数二维绘图函数 ezplot()

ezplot()函数既可以绘制显函数的图形，也可以绘制隐函数的图形，以及绘制参数方程的图形。

1．显函数的调用

对于显函数，其调用格式如下：

(1) ezplot(f)。绘制函数 f 在区间($-2\pi \leqslant x \leqslant 2\pi$)内的图形，f 可以是函数句柄或串。

(2) ezplot(f,[min,max])。绘制函数 f 在指定区间[min, max]内的图形。该函数打开标签为 Figure No.1 的图形窗口，并显示图像。如果已经存在图形窗口，在该函数在标签数最大的窗口中显示图形。

(3) ezplot(f,[xmin xmax],fign)。在指定的窗口 fign 中绘制函数的图像。

2．隐函数的调用

隐函数定义为 fun2(x,y)，ezplot()函数的调用格式如下：

(1) ezplot(fun2)：绘制函数 fun2(x,y)=0 在区间($-2\pi \leqslant x \leqslant 2\pi$)的图形。

(2) ezplot(fun2,[xmin,xmax,ymin,ymax])：绘制函数 fun2(x,y)=0，在 xmin < x < xmax、

ymin < y < ymax 范围内的图形。

(3) ezplot(fun2,[min,max])：绘制函数 fun2(x,y)=0，在 min < x < max、min < y < max 范围内的图形。

例 8-10-1 MATLAB 中符号计算中提供单位阶跃函数 heaviside(t–a)、斜坡可以使用阶跃和直线方程构成。

解 （1）绘制 a=4 时的阶跃函数。

>> f=@(t)heaviside(t–4);

>> ezplot(f,[0 5]) %

(2) 在 t=1 时发生转折斜率为 1 的斜坡可以表示为

>> f=@(t)t.*heaviside(t–1)–heaviside(t–1);

>> ezplot(f,[0 3])

绘制出斜坡函数曲线，如图 8-6 所示。

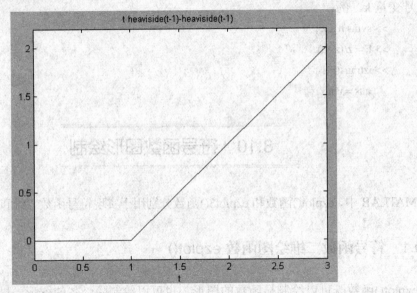

图 8-6　绘制出斜坡函数曲线

3．参数方程的调用

对于参数方程，ezplot()函数的调用格式有：

(1) ezplot(x,y)：绘制参数方程 x = x(t)、y = y(t)在(0 < t < 2π 的曲线。

(2) ezplot(x,y,[tmin,tmax])：绘制参数方程 x = x(t)、y = y(t)在 tmin < t < tmax 的曲线。

8.10.2　符号函数三维绘图函数 ezplot3()

ezplot3()函数用于绘制三维参数曲线。该函数的调用格式如下：

(1) ezplot3(x,y,z)。在默认区间(0<t <2π 内绘制参数方程 x = x(t)、y = y(t)、z = z(t)的图像。

(2) ezplot3(x,y,z,[tmin,tmax])。在区间 tmin<t<tmax 内绘制参数方程 x = x(t)、y = y(t)、z = z(t) 的图像。

(3) ezplot3(...,'animate')。生成空间曲线的动态轨迹。

例 8-10-2 绘制空间曲线的动态轨迹。

解 程序如下：

>> x= sin(t);y= cos(t);z=t;

>> ezplot3(x,y,z,[0,6*pi], 'animate')

生成空间曲线的动态轨迹，如图 8-7 所示。

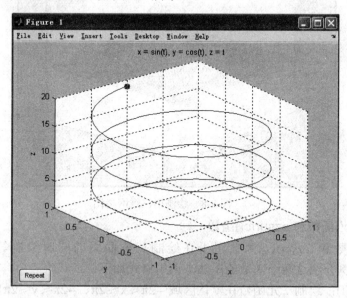

图 8-7 生成空间曲线的动态轨迹

8.10.3 符号函数曲面网格图及表面图的绘制

在 MATLAB 中，函数 ezmesh()、ezmeshc()、ezsurf()及 ezsurfc()用于实现三维曲面的绘制。

1. ezmesh()、ezsurf()函数

ezmesh()、ezsurf()函数分别用于绘制三维网格图和三维表面图。这两个函数的用法相同，下面以函数 ezmesh()函数为例介绍三维曲面的绘制。该函数的调用格式如下：

(1) ezmesh(f)：绘制函数 f(x,y)在默认区域$-2\pi \leq x \leq 2\pi$、$-2\pi \leq y \leq 2\pi$内的图像。

(2) ezmesh(f,domain)：在 domain 指定区域绘制函数 f(x,y)的图像；

(3) ezmesh(x,y,z)：在默认区域$-2\pi \leq s \leq 2\pi$、$-2\pi \leq t \leq 2\pi$内，绘制三维参数方程 x = x(s,t)，y = y(s,t)，and z = z(s,t)的图形。

(4) ezmesh(x,y,z,[smin,smax,tmin,tmax])或 ezmesh(x,y,z,[min,max])：在指定区域绘制三维参数方程的图像。

例 8-10-3 已知函数 $f(x, y) = xe^{-x^2-y^2}$，绘制三维网格图。

解 程序如下：

>> fh = @(x,y) x.*exp(-x.^2-y.^2);

>> ezmesh(fh,40)

>> colormap([0 0 1])

绘制出的三维网格图如图 8-8 所示。

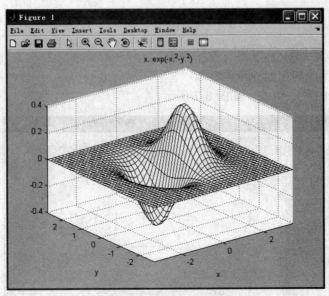

图 8-8 绘制出三维网格图

2. ezmeshc()函数和 ezsurfc()函数

ezmeshc()函数和 ezsurfc()函数用于在绘制三维曲面的同时绘制等值线。下面以 ezmeshc()函数为例介绍这两个函数的用法。调用格式如下：

(1) ezmeshc(f)：绘制二元函数在默认区域 $-2\pi \leqslant x \leqslant 2\pi$、$-2\pi \leqslant y \leqslant 2\pi$ 内的图形。

(2) ezmeshc(f,domain)：绘制函数在指定区域的图形，绘图区域由 domain 指定，其中，domain 为 4*1 数组或者 2*1 数组，如[xmin, xmax, ymin, ymax]表示 min < x < max,，min < y < max，[min, max]表示 min < x < max，min < y < max。

(3) ezmeshc(x,y,z)：绘制参数方程 x = x(s,t)、y = y(s,t)、z = z(s,t)在默认区域$-2\pi \leqslant s \leqslant 2\pi$、$-2\pi \leqslant t \leqslant 2\pi$ 内的图形。

(4) ezmeshc(x,y,z,[smin,smax,tmin,tmax])、ezmeshc(x,y,z,[min,max])：绘制参数方程在指定区域的图形，指定的方法与 domain 相同。

(5) ezmeshc(...,n)：指定绘图的网格数，默认值为 60。

(6) ezmeshc(...,'circ')：在以指定区域中心为中心的圆盘上绘制图像。

8.10.4 等值线的绘制

在 MATLAB 中，用于绘制符号函数等值线的函数有 ezcontour()和 ezcontourf()，这两个函数分别用于绘制等值线和带有区域填充的等值线。下面以 ezcontour()函数为例介绍这两个函数的用法。该函数的调用格式如下：

(1) ezcontour(f)：绘制符号二元函数 f(x,y)在默认区域$-2\pi \leqslant x \leqslant 2\pi$、$-2\pi \leqslant y \leqslant 2\pi$ 内的等值线图。

(2) ezcontour(f,domain)：绘制符号二元函数 f(x,y)在 domain 指定区域内的等值线图。

(3) ezcontour(...,n)：绘制等值线图，并指定等值线的数目。

思考与练习

8.1 创建符号变量的方法有几种？

8.2 下面三种表示方法分别有什么含义？

(1) f = 3 * x^2 + 5 * x + 2;

(2) f = '3 * x^2 + 5 * x + 2';

(3) x = sym('x')
    f = 3 * x^2 + 5 * x + 2。

8.3 用符号函数法求解方程 $at^2+b*t+c=0$。

8.4 用符号计算验证三角等式：$\sin(\varphi_1)\cos(\varphi_2)-\cos(\varphi_1)\sin(\varphi_2) = \sin(\varphi_1-\varphi_2)$。

8.5 求矩阵 $A=\begin{bmatrix} a_{11} & a_{12} \\ a_{21} & a_{22} \end{bmatrix}$ 的行列式值、逆和特征根。

8.6 分解因式：$x^4 - 5x^3 + 5x^2 + 5x - 6$。

8.7 $f = \begin{bmatrix} a & x^2 & 1/x \\ e^{ax} & \log(x) & \sin(x) \end{bmatrix}$，用符号微分求 df/dx。

8.8 求代数方程组 $\begin{cases} ax^2 + by + c = 0 \\ x + y = 0 \end{cases}$ 关于 x、y 的解。

8.9 符号函数绘图法绘制函数 $x = \sin(3t)\cos(t)$、$y = \sin(3t)\sin(t)$ 的图形，t 的变化范围为 $[0, 2\pi]$。

8.10 绘制极坐标下 $\sin(3t)\cos(t)$ 的图形。

8.11 求下列微分方程的解析解：

(1) y' = ay + b；

(2) y" = sin(2x)-y，y(0) = 0，y'(0) = 1；

(3) f' = f + g，g' = g-f，f'(0) = 1，g'(0) = 1。

8.12 求 $\int x^2 \arctan x \, dx$ 和 $\int_0^1 (x - x^2) dx$ 的值。

8.13 求微分方程 $y''-2y' + 5y = e^x \cos 2x$ 的通解。

8.14 利用 int 函数计算：

(1) $\int \dfrac{1}{(x^2 + 1)(x^2 + x)} dx$；

(2) $\iint (x + y)e^{-xy} dx dy$。

8.15 对下列的函数 f(t) 进行 Laplace 变换。

(1) $f_a(t) = \dfrac{\sin at}{t}$;

(2) $f_b(t) = t^5 \sin at$;

(3) $f_c(t) = t^8 \cos at$。

8.16 对下面的 F(s) 式进行 Laplace 反变换。

(1) $F_a(s) = \dfrac{1}{s^2(s^2 - a^2)(s + b)}$;

(2) $F_b(s) = \sqrt{s-a} - \sqrt{s-b}$;

(3) $F_c(s) = \ln \dfrac{s-a}{s-b}$。

8.17 试求出下面函数的 Fourier 变换，对得出的结果再进行 Fourier 反变换，观察是否能得出原来函数。

(1) $f(x) = x^2(3\pi - 2|x|)$, $0 \leqslant x \leqslant 2\pi$;

(2) $f(x) = t^2(t - 2\pi)^2$, $0 \leqslant t \leqslant 2\pi$。

8.18 请将下述时域序列函数 f(kT) 进行 Z 变换，并对结果进行反变换检验。

(1) $f_a(kT) = \cos(kaT)$;

(2) $f_b(kT) = (kT)^2 e^{-akT}$;

(3) $f_c(kT) = \dfrac{1}{a}(akT - 1 + e^{-akT})$。

第 9 章 句柄图形与 GUI 设计

句柄图形使用户可以自定义 MATLAB 的信息显示方式。图形用户接口(GUI)使用句柄图形完成高级绘图功能。GUI 是一个整合了窗口、图标、按钮、菜单和文本等图形对象的用户接口，是用户与计算机或程序与计算机之间进行通信的界面和交互的方法。

9.1 句柄图形对象

MATLAB 的图形系统是面向对象的，图形的输出就是建立图形对象。通常用户不必关心这些高级 MATLAB 命令包含的对象。然而有时为了某些特殊应用，调整对象也要用一些低层的 MATLAB 命令。

句柄图形是对底层图形例程集合的总称，它进行生成图形的实际工作。这些细节通常隐藏在图形 M 文件的内部，如果想使用它们，则通过图形句柄也是可得到的。图形对象是 MATLAB 显示数据的基本绘图元素，每个对象拥有一个唯一的标志，即句柄。通过句柄可以对已有的图形对象进行操作，控制其属性。句柄图形使用户可以自定义 MATLAB 的信息显示方式。

一个图形是由许多的图形对象组成的，这些对象是以层次顺序保存的。图形对象包括：
- 根对象。
- 绘制图形的图形框架窗口对象(即 Figure 窗口)。
- 核心(Core)对象。
- 绘图(Plot)对象。
- 注释对象。

MATLAB 中这些对象的组织形式为层次结构，如图 9-1 所示。

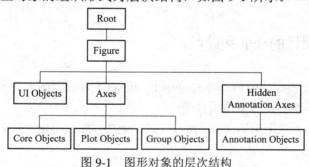

图 9-1 图形对象的层次结构

Root对象即根对象,位于MATLAB层次结构的最上层,因此在MATLAB中创建图形对象时,只能创建唯一的一个Root对象,而其他的所有对象都从属于该对象。根对象是由系统在启动MATLAB时自动创建的,用户可以对根对象的属性进行设置,从而改变图形的显示效果。

图形框架窗口对象Figure是MATLAB显示图形的窗口,其中包含菜单栏、工具栏、用户接口对象(交互式对象)、右键菜单(弹出式菜单)、坐标系及坐标轴的子对象等。MATLAB允许用户同时创建多个图形窗口。

在MATLAB中,图形框架窗口对象有两个特殊的作用:
- 包含数据图形;
- 包含图形用户界面操作GUI。

MATLAB对一次打开的图形数目没有限制,用户的计算机系统可能会做出限制。如果当前尚未创建图形对象(即Figure窗口),则调用任意一个绘图函数或图像显示函数,如plot()函数和imshow()函数等,均可以自动创建一个图形窗口。如果当前根对象已经包含了一个或多个图形窗口,则总有一个窗口为当前窗口,且该窗口为所有当前绘图函数的输出窗口。

对于每一个对象都可以修改它的一些属性。例如,可以改变图形窗口的位置和图形对象的背景色。对于一个轴对象,可以改变它在图形区域内的刻度大小和位置。线条对象可以变得更细,或改变成另一种颜色,或另一种线型,等等。因为是层次结构,所以某个对象改变时,会影响到这个结构中它以下的所有对象。如果使用鼠标改变图形对象的屏幕位置,线条和轴对象也会跟着变。但是如果改变右边轴对象的轴刻度,那只影响这个轴上的线条。

图形对象是MATLAB显示数据的基本绘图元素,每个对象拥有一个唯一的标志,即句柄。通过句柄可以对已有的图形对象进行操作,控制其属性。能够实现句柄访问的函数,如表9-1所示。

表9-1 实现句柄访问的函数

函数名	功能描述
gca()	获得当前坐标轴对象的句柄
gcbf()	获得当前正在执行调用的图形对象的句柄
gcbo()	获得当前正在执行调用的对象的句柄
gcf()	获得当前图形对象的句柄
gco()	获得当前对象的句柄

9.1.1 图形对象属性的获取和设置

MATLAB用两个通用的低级基本命令get()和set()来处理图形对象。通过使用这两个命令,可以给出或修改所有对象的属性值。

figure()函数可以生成图形对象的句柄,通过set()函数可设定figure的属性,以控制图形的外观和显示特点。

1. set()函数

在 MATLAB 中，使用 set()函数可以设置对象的属性值，其通常的调用格式如下：

set(H,'PropertyName',PropertyValue,...)：设置由句柄 H 指定的图形窗口的属性，属性名由'PropertyName' 指定，其属性值为 PropertyValue。H 可以为向量，此时将 H 中指定的所有窗口的 PropertyName 属性设置为 PropertyValue。

例如：set(gca,'YAxisLocation','right')

通过 set()函数可以查看一个对象的所有可设置属性的所有可能的值。

```
>> set(axes)
ActivePositionProperty: [ position | {outerposition} ]
ALim
ALimMode: [ {auto} | manual ]
AmbientLightColor
Box: [ on | {off} ]
```

2. get()函数

在 MATLAB 中，使用 get()函数可以得到对象的属性及其属性的当前值，其调用格式如下：

(1) get(h)：返回由句柄 h 指定的图形窗口的所有属性值。

(2) get(h,'PropertyName')：返回属性 'PropertyName' 的值。

除了函数 set()和 get()外，MATLAB 还提供了另外两个函数来操作对象和它们的属性。任意一个对象和它们的子对象可以用 delete(handle)来删除。同样，reset(handle)将与句柄有关的全部对象属性(除了 'Position' 属性)重新设置为该对象类型的缺省值。

9.1.2 图形对象句柄的访问

句柄图形提供了对图形对象的访问途径，并且允许用函数 get()和 set()定制图形。

1. 当前图形句柄

在 MATLAB 中，句柄图形有一个重要概念，即当前性(BeingCurrent)。当前的图形对象即为最后创建的图形对象，或最后被鼠标点中的图形对象。

在通常情况下，MATLAB 保存三个"当前句柄"，三个句柄为层次关系。这些属性能够使得用户方便地获取这些关键对象的句柄，其方法如下：

- get(0,'CurrentFigure')：获取当前图形窗口对象的句柄。
- get(gcf,'CurrentAxes')：获取当前图形窗口对象中当前坐标轴对象的句柄。
- get(gcf,'CurrentObject')：获取当前图形窗口对象中当前对象的句柄。

2. 查找对象

句柄图形提供了对图形对象的访问途径，并且允许用函数 get()和 set()定制图形。如果用户忘记保存句柄或图形对象的句柄，或者当变量被覆盖时，如果要改变对象的属性，不知道它们的句柄怎么办呢？这时就必须进行对象句柄的查找，MATLAB 提供了查找对象的函数 gcf、gca、gco()和 findobj()等。

MATLAB 的 findobj()函数可以用于快速遍历对象从属关系表，并获取具有特定属性值的对象句柄。如果用户没有指定起始对象，那么 findobj()函数从根对象开始查找。该函数的调用格式如下：

- h = findobj：返回根对象及其所有的从属句柄，返回值为一个列向量。
- h = findobj('PropertyName',PropertyValue,...)：返回满足'PropertyName'属性的值为 PropertyValue 的所有句柄，可以同时设置多个条件。
- h = findobj(objhandles,'flat','PropertyName',PropertyValue,...)：限制查找范围，仅查找 objhandles 指定的句柄，而不查找其子句柄。

9.1.3 图形对象的复制与删除

通过 copyobj()函数可以实现将对象从一个父对象移动至另一个父对象中。新对象与原对象的差别在于其 Parent 属性值不同，并且其句柄不同。在 MATLAB 中，可以向一个新的父对象中复制多个子对象，也可以将一个子对象复制到多个父对象中。复制对象需要注意的是，子对象和父对象之间的类型必须匹配。

在复制对象时，如果被复制的对象包含子对象，MATLAB 同时复制所有的子对象。

copyobj()函数的用法：

  new_handle = copyobj(h,p)

该语句复制 h 指定的图形对象至 p 指定的对象中，成为 p 的子对象。h 和 p 的取值可以有下面三种情况：

- h 和 p 均为向量。此时 h 和 p 长度必须相同，返回值 new_handle 为长度相同的向量。在这种情况下，new_handle(i)是 h(i)的副本，其父对象为 p(i)；
- h 为标量，p 为向量。此时将 h 复制到 p 指定的所有对象中，返回结果 new_handle 为与 p 长度相等的向量，每个 new_handle(i)是 h 的副本，其父对象为 p(i)；
- h 为向量，p 为标量。此时将 h 指定的所有对象复制到 p 中，返回结果 new_handle 为与 h 长度相等的向量，每个 new_handle(i)是 h(i)的副本，其父对象为 p。

在 MATLAB 中，利用 delete()函数可以删除图形对象，其格式为 delete(h)。该语句删除 h 所指定的对象。

9.2 GUI 的设计

用户界面(或接口)是指人与机器(或程序)之间交互作用的工具和方法，如键盘、鼠标、跟踪球、话筒等都可成为与计算机交换信息的接口。

图形用户接口，即 GUI(Graphical User Interface)，是一个整合了窗口、图标、按钮、菜单和文本等图形对象的用户接口，是用户与计算机或程序与计算机之间进行通信和交互的方法。MATLAB 中的 GUI 程序为事件驱动的程序，事件包括按下按钮、单击鼠标等。GUI 中的每个控件与用户定义的语句相关。当在界面上执行某项操作时，则开始执行相关的语句，激活这些图形对象，使计算机产生某种动作或变化，比如实现计算、绘图等。

MATLAB 提供了两种创建图形用户接口的方法：通过 GUI 向导(GUIDE)创建的方法和

编程创建 GUI 的方法。用户可以根据需要，选择适当的方法创建图形用户接口。通常可以参考下面的建议：

- 如果创建对话框，可以选择编程创建 GUI 的方法。MATLAB 中提供了一系列标准对话框，可以通过一个函数简单创建对话框。
- 只包含少量控件的 GUI，可以采用程序方法创建，每个控件可以由一个函数调用实现。
- 复杂的 GUI 通过向导创建比通过程序创建更简单一些，但是对于大型的 GUI，或者由不同的 GUI 之间相互调用的大型程序，用程序创建更容易一些。

9.2.1 启动 GUI 开发环境

本节通过 GUI 向导，即 GUIDE(Graphical User Interface Development Environment，用户图形界面开发环境)，创建一个简单的 GUI，该 GUI 实现三维图形的绘制。界面中包含一个绘图区域；一个面板，其中包含三个绘图按钮，分别实现表面图、网格图和等值线的绘制；一个弹出菜单，用以选择数据类型，并且用静态文本进行说明。

GUIDE 包含了大量创建 GUI 的工具，这些工具简化了创建 GUI 的过程。通过向导创建 GUI 直观、简单，便于用户快速开发 GUI。GUIDE 自动生成包含控制操作的 MATLAB 函数的程序文件，它提供初始化 GUI 的代码和包含 GUI 回调函数(响应函数)的框架，用户可以向函数中添加代码实现自己的操作。

(1) 启动 GUI 操作界面。GUIDE 可以通过四种方法启动：

- 可以在 MATLAB 主窗口命令行中键入 GUIde 命令来启动 GUIDE；
- 在 MATLAB 主窗口左下角的"开始"菜单中选择"MATLAB | GUIDE (GUI Builder)"；
- 在 MATLAB 主窗口的 File 菜单中选择"New | GUI"；
- 点击 MATLAB 主窗口工具栏中的 GUIDE 图标。

启动 GUIDE 后，系统打开 GUI 快速启动向导界面，界面上有"打开已有 GUI(Open Existing GUI)"和"新建 GUI(Create New GUI)"两个标签，用户可以根据需要进行选择。

(2) 选择新建 GUI 标签，打开新建 GUI 对话框，如图 9-2 所示。

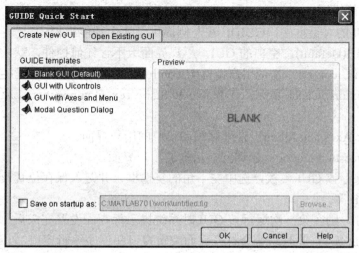

图 9-2　GUI 向导界面

9.2.2 GUI 的可选控件和模板

1. GUI 可选的控件

GUI 可选的控件有以下几种：

- **Push Button**：普通按钮，当按钮按下时则产生操作，如按下 OK 按钮时进行相应操作并关闭对话框。
- **Toggle Button**：开关按钮。该按钮包含两个状态，第一次按下按钮时按钮状态为"开"，再次按下时将其状态改变为"关"。状态为"开"时进行相应的操作。
- **Radio Button**：单选按钮。该按钮用于在一组选项中选择一个并且每次只能选择一个。用鼠标点击选项即可选中相应的选项，选择新的选项时原来的选项自动取消。
- **Button Group**：按钮组控件。该按钮将按钮集合进行成组管理。
- **Check Box**：复选框。该按钮用于同时选中多个选项。当需要向用户提供多个互相独立的选项时，可以使用复选框。
- **List Box**：列表框控件。该按钮将项目进行列表，用于在一组选项中选择一个或多个。
- **Edit Text**：文本编辑框，用户可以在其中输入或修改文本字符串。程序以文本为输入时使用该工具。
- **Static Text**：静态文本。控制文本行的显示，用于向用户显示程序使用说明、显示滑动条的相关数据等。用户不能修改静态文本的内容。
- **Edit Text**：编辑框控件。该按钮用于文本行的编辑、显示，用户可以修改文本的内容。
- **Slider**：滑动条，通过滑动条的方式指定参数。指定数据的方式可以有拖动滑动条、点击滑动槽的空白处，或者点击按钮。滑动条的位置显示的为指定数据范围的百分比。
- **Popup Menu**：弹出式菜单控件，单击下拉箭头后列出项目供选择，类似于列表框控件。
- **Axes**：坐标轴控件，建立坐标系。
- **Panel**：面板控件，是装载其他控件的容器。

2. GUI 功能模板

在新建 GUI 的对话框中，GUIDE 在左侧提供了 4 个功能模板：

- **Blank GUI(Default)**：空白的 GUI，用户界面上不含任何控件，默认为空 GUI。
- **GUI with Uicontrols**：是带用户控件(Uicontrols)的用户界面。该界面包括 Push Button、Slider、Radio Button、Check Boxes、Editable 和 Static Text Components、List Boxes 和 Toggle Button 等组件。
- **GUI with Axes and Menu**：带坐标轴和菜单的用户界面。
- **Modal Question Dialog**：带询问对话框的用户界面。

用户可以保存该 GUI 模板，选中左下角的复选框，并键入保存位置及名称，例如：输入"simples_gui1"。

如果不保存，则在第一次运行该 GUI 时系统提示保存。设置完成后，单击 OK 按钮进入 GUI 的 Layout 编辑。此时系统会打开界面编辑窗口和程序编辑窗口，如果不保存该 GUI，则只有界面编辑窗口。

9.2.3 GUI 窗口的布局与 Layout 编辑器

1. 创建 GUI 对象

选择新建空的 GUI 用户界面窗口，选中下面的保存选项，并输入文件名，单击 OK 按钮，打开 Layout 编辑器窗口，如图 9-3 所示。

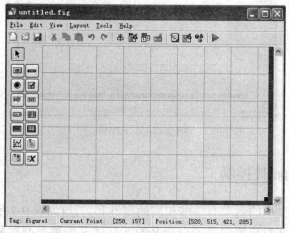

图 9-3　Layout(布局)编辑器窗口

该窗口中包括菜单栏、控制工具栏、GUI 控件面板、GUI 编辑区域等，在 GUI 编辑区域右下脚，可以通过鼠标拖曳的方式改变 GUI 界面的大小。

当用户在 GUIDE 中打开一个 GUI 时，该 GUI 将显示在 Layout 编辑器中，Layout 编辑器是所有 GUIDE 工具的控制面板。在 Layout 编辑视图，可以使用如下工具：

- Layout Editor：布局编辑器；
- Alignment Tool：对齐工具；
- Property Inspector：对象属性观察器；
- Object Browser：对象浏览器；
- Menu Editor：菜单编辑器。

2. 控件的添加和对齐

向 GUI 中添加控件包括添加、设置控件属性，设置控件显示文本等。

用户可以使用鼠标把模板左边的控件，如按钮、坐标轴、单选按钮等，拖动到中间的布局区域。

(1) 首先向界面中添加按钮。用鼠标点击"Push Button"，并拖曳至 GUI 编辑区。

(2) 在该按钮上点击右键，选择"Duplicate"，将该按钮复制两次，并移动到合适的位置。

(3) 然后将这三个按钮添加到面板中。在编辑区的右侧添加面板，并将三个按钮移动到面板中。

(4) 继续向其中添加静态文本、弹出菜单和绘图区，所得到的结果如图 9-4 所示。

3. 改变 GUI 窗口的大小

在布局编辑器中可以很方便地改变 GUI 中网格区域的大小，只需单击网格区域的右下角，当鼠标变为箭头形式时，拖动鼠标，即可适当改变窗口的大小。

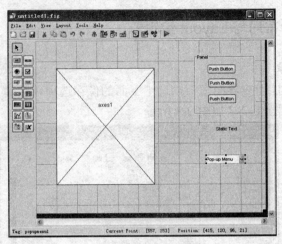

图 9-4 添加控件

9.2.4 GUI 控件的属性控制

由于继承对所有类型的对象有一些相同的属性和方法(如表 9-2 所示)，然而这其中有一部分属性和方法对某些对象来说是没有意义的，具体见每种类型对象的方法，可查阅具体对象的帮助文件。

表 9-2 共有属性和方法

属性和方法	作　用
ButtonDownFcn	当对象被鼠标选择时，返回 MATLAB 回调字符串
Children	对象的所有子对象句柄的向量
Clipping	数据限幅模式有以下两种： ● on(缺省值)：只显示在坐标轴界限内的部分图形对象； ● off：没有这个限制，也显示坐标轴外的部分
CreateFcn	决定用什么样的 M 文件或者 MATLAB 命令来创建对象。这必须用缺省值，例如创建一个图形对象： set(0, 'DefaultFigureCreateFcn', function)，其中，字符串 function 是 M 文件名或者 MATLAB 命令
DeleteFcn	决定删除对象时运行的 M 文件或者 MATLAB 命令
BusyAction	MATLAB 处理对象的回调函数中断方式。如果将 Interruptible 设置为 off，BusyAction 可以有下面几种情况： ● queue(缺省值)：将回调函数的中断请求放入一个挂起队列中直到对象的回调函数完成； ● cancel：忽略其他回调函数所有可能的中断
HandleVisibility	对象的子对象列表中的对象句柄是否可访问： ● on (缺省值)：总是可访问； ● callback：只有回调函数或者调用回调函数的函数可以访问，这样防止用户从命令行中对对象进行修改； ● off：不可访问

续表

属性和方法	作 用
HitTest	对象是否被鼠标选中，也就是这个对象是否为当前对象。HitTest 可以设置为 on (缺省值)或者 off
Interruptible	指定对象回调字符串是否可中断。如果 Interruptible 是 on (缺省值)，则该对象回调函数可以被其他回调中断；如果 Interruptible 是 off，则该对象回调函数不能被其他回调中断
Selected	对象是否被选中，值可以为 on (缺省值)或者 off
SelectionHighlight	当在屏幕上选中的对象是否有四个边句柄和四个点句柄。值可以为 on(缺省值)或者 off
Tag	用户用来标识对象的字符串，在建立图形接口时这很有用
Type	只读对象类型的字符串
UserData	是一个矩阵，包含有用户要在对象中保存的数据。矩阵不被对象本身使用
UIContextMenu	与对象相联的快捷菜单句柄。当在对象上按下鼠标右键时，MATLAB 显示出快捷菜单
Visible	控制对象在屏幕是否可见，值可以为 on(缺省值)或者 off

1．属性查看器

用户可以使用如下三种方式打开属性查看器来观察和修改属性：

- 在布局窗口中双击某个控件。
- 在"View"菜单中选择"Property Inspector"选项。
- 右击某个控件并从弹出的快捷菜单中选择"Inspect Properties"项。

每一个控件都有自己的属性，常规属性有：

(1) 控件风格和外观属性：

- BackgroundColor：设置控件背景颜色，使用[R G B]或颜色定义。
- CData：在控件上显示的真彩色图像，使用矩阵表示。
- ForegroundColor：文本颜色。
- String：控件上的文本，以及列表框和弹出菜单的选项。
- Visible：控件是否可见。

(2) 对象的常规信息属性：

- Enable 属性：表示此控件的使能状态。当将其设置为"on"时，表示可选；设置为"off"时，则表示不可选。
- Style：控件对象类型。
- Tag：用户定义的控件表示。
- TooltipString 属性：提示信息显示。当鼠标指针位于此控件上时，显示提示信息。
- UserData：用户指定数据。
- Position：控件对象的尺寸和位置。
- Units：设置控件的位置及大小的单位。
- 有关字体的属性：如 FontAngle、FontName 等。

(3) 控件当前状态信息属性：

- ListboxTop：在列表框中显示的最顶层的字符串的索引。

- Max：最大值。
- Min：最小值。
- Value：控件的当前值。

(4) 控件回调函数的执行属性：
- BusyAction：处理回调函数的中断。有两种选项，即 Cancel(取消中断事件)和 queue(排队(默认设置))。
- ButtonDownFcn 属性：按钮按下时的处理函数。
- CallBack 属性：是连接程序界面整个程序系统的实质性功能的纽带。该属性值应该为一个可以直接求值的字符串，在该对象被选中和改变时，系统将自动地对字符串进行求值。
- CreateFcn：在对象产生过程中执行的回调函数。
- DeleteFcn：删除对象过程中执行的回调函数。
- Interruptible 属性：指定当前的回调函数在执行时是否允许中断，去执行其他的函数。

2．设置控件属性

1) 设置控件标志属性

控件标志用于 M 文件中识别控件。通过设置控件的标签，为每个控件指定一个标志。同一个 GUI 中每个控件的标志应是唯一的。控件创建时系统会为其指定一个默认标志，用户应在保存前修改该标志为具有实际意义的字符串，该字符串应能反应该控件的基本信息。

点击工具栏中 Property Inspector 项，或双击某个控件打开属性编辑器，设置该控件的属性，如设置按钮的标志属性，标签名 Tag 属性为 surf_pushbutton。

2) 设置控件显示文本

多数控件具有标签、列表或显示文本，用以和其他控件区分。设置控件的显示文本可以通过设置该控件的属性完成。打开属性编辑器，选择需要编辑的控件或者双击激活属性编辑器，编辑该控件的属性，如图 9-5 所示。

不同类型控件的显示文本如下：

- Push Button、Toggle Button、Radio Button、Check Box：这些控件具有标签，可以通过其 String 属性修改其显示文本，例如设置第一个按钮的显示文字，即将 String 属性设为 Surf。

- Pop-Up Menu：弹出菜单具有多个显示文本，在设置时，点击 String 后面的按钮，弹出编辑器。在编辑器中输入需要显示的字符串，每行一个，完成后点击确认。

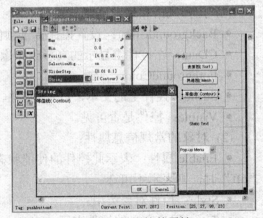

图 9-5 设置控件属性

- Edit Text：文本编辑框用于向用户提供输入和修改文本的界面。程序设计时可以选择初始文本。文本编辑框中文本设置与弹出菜单基本相同。需要注意的是，文本编辑框通常只接受一行文本，如果需要显示或接受多行文本，则需要设置属性中的 Max 和 Min，使其差值大于 1。

- Static Text：当静态文本只有一行时，可以通过 String 后面的输入框直接输入，当文本有多行时，激活编辑器进行设置。

- List Box：列表框用于向用户显示一个或多个项目。在 String 编辑框中输入要显示的列表，点击 OK。当列表框不足以显示其中的项目时，可以通过 ListBoxTop 属性设置优先显示的项。
- Panel、Button Group：面板和按钮组用于将其他控件分组。面板和按钮组可以有标题，在其属性 String 中输入目标文本即可。另外，标题可以显示在面板的任何位置，可以通过 TitlePosition 的值设置标题的位置。默认情况下，标题位于顶部。

MATLAB 中没有为 Slider、Axes、ActiveX Control 等控件提供文本显示，不过用户可以通过静态文本为这些控件设置标题或说明。对于图形坐标系(Axes)，用户还可以通过图形标注函数进行设置，如 xlable、ylable 等。

3) 用同样方法设置其他按钮和其他控件的属性

添加控件后，用户可以通过鼠标拖曳、属性编辑器等改变控件的位置，或者通过工具栏中的对齐工具对控件进行统一规划。

9.3 编写响应函数

9.3.1 响应函数的定义及类型

1. 响应函数(回调函数)的定义及类型

在创建 GUI 界面时，系统已经为其自动生成了所需要的文件，一个 GUI 通常包含两个文件，一个 FIG 文件和一个 M 文件。

FIG 文件的扩展名为(.fig)，是一种 MATLAB 文件，其中包含 GUI 的布局及其中包含的所有控件的相关信息。FIG 文件为二进制文件，只能通过 GUI 向导进行修改。

M 文件中包含该 GUI 中控件对应的响应函数及系统函数等，它们包含 GUI 的初始代码及相关响应函数的模板。但这些函数的初始代码并不包括具体的操作动作，用户需要根据自己的要求为界面中的控件编写响应函数的具体内容，这些函数决定当事件发生时的具体操作。

M 文件通常包含一个与文件同名的主函数，各个控件对应的响应函数，这些响应函数为主函数的子函数。响应函数的类型如表 9-3 所示。

表 9-3 响应函数的类型

类 型	描 述
注释	程序注释。当在命令行调用 help 时显示
初始化代码	GUI 向导的初始任务
Opening()函数	在用户访问 GUI 之前进行初始化任务
Output()函数	在控制权由 Opening()函数向命令行转移过程中向命令行返回输出结果
响应函数	这些函数决定控件的操作的结果。GUI 为事件驱动的程序，当事件发生时，系统调用相应的函数进行执行

2. 访问响应函数

通常情况下，在保存 GUI 时，向导会自动向 M 文件中添加响应函数。另外，用户也可以向 M 文件中添加其他的响应函数。

通过向导，用户可以以下面两种方式向 M 文件中添加响应函数。

(1) 在 GUIDE 窗口中，在一个控件上点击右键，在弹出的菜单的 View callbacks 中选择需要添加的响应函数类型，向导自动将其添加到 M 文件中，并在文本编辑器中打开该函数，用户便可对其进行编辑。如果该函数已经存在，则打开该函数。

(2) 在 View 菜单中，选择 View callbacks 中需要添加的响应函数类型。也可以在 View 菜单中，选择 M-file Editor，在文本编辑器中打开该函数：

- 点击编辑器中的函数查看工具(f 图标)，显示该 GUI 中包含的函数，包括各控件的响应函数。
- 选择一个响应函数。

响应函数与特定的 GUI 对象关联，或与 GUI 图形关联。当事件发生时，MATLAB 调用该事件所激发的响应函数。

GUI 图形及各种类型的控件有不同的响应函数类型。每个控件可以拥有的响应函数定义为该控件的属性，例如，一个按钮可以拥有五种响应函数属性：ButtonDownFcn、Callback、CreateFcn、DeleteFcn 和 KeyPressFcn。用户可以同时为每个属性创建响应函数。GUI 图形本身也可以拥有特定类型的响应函数。

每一种类型的响应函数都有其触发机制或者事件，MATLAB 中的响应函数属性、对应的触发事件及可以应用的控件，如表 9-4 所示。

表 9-4 各种响应函数的事件

响应函数属性	触 发 事 件	可 用 控 件
ButtonDownFcn	用户在其对应控件 5 个像素范围内按下鼠标	坐标系、图形、按钮组、面板、用户接口控件
Callback	控制操作，用户按下按钮或选中一个菜单项	右键菜单、菜单、用户接口控件
CloseRequestFcn	关闭图形时执行	图形
CreateFcn	创建控件时初始化控件，初始化后显示该控件	坐标系、图形、按钮组、右键菜单、菜单、面板、用户接口控件
DeleteFcn	在控件图形关闭前清除该对象	坐标系、图形、按钮组、右键菜单、菜单、面板、用户接口控件
KeyPressFcn	用户按下控件或图形对应的键盘	图形、用户接口控件
ResizeFcn	用户改变面板、按钮组或图形的大小，这些控件的 Resize 属性需处于 On 状态	按钮组、面板、图形
SelectionChangeFcn	用户在一个按钮组内部选择不同的按钮，或改变开关按钮的状态	按钮组
WindowButtonDownFcn	在图形窗口内部按下鼠标	图形
WindowButtonMotionFcn	在图形窗口内部移动鼠标	图形
WindowButtonUpFcn	松开鼠标按钮	图形

9.3.2 响应函数的语法、参数与关联

MATLAB 中对响应函数的语法和参数有一些约定,在 GUI 向导创建响应函数并写入 M 文件时便遵守这些约定。如下面为按钮的响应函数模板：

```
% --- Executes on button press in surf_pushbutton.
function surf_pushbutton_Callback(hObject, eventdata, handles)
% hObject       handle to surf_pushbutton (see GCBO)
% eventdata     reserved - to be defined in a future version of MATLAB
% handles       structure with handles and user data (seeGUIDATA)
```

用户可以在这里输入函数的其他内容。

1. 函数的名称

GUI 向导创建函数模板时,函数的名称：控件标签(Tag 属性) + 下划线 + 函数属性。如上面的模板中,Tag 属性为 surf_pushbutton,响应函数的属性为 Callback,因此函数名为 surf_pushbutton_Callback。

每个控件都有几种回调函数：

- CreateFcn：是在控件对象创建的时候发生(一般为初始化样式,颜色,初始值等)。
- DeleteFcn：是在空间对象被清除时发生。
- ButtonDownFcn 和 KeyPressFcn：分别为鼠标点击和按键事件的 Callback。
- CallBack：为一般回调函数,因不同的控件而异。例如按钮被按下时发生,下拉框改变值时发生,sliderbar 拖动时发生,等等。

2. 响应函数包含的参数

在添加控件后第一次保存 GUI 时,向导向 M 文件中添加相应的响应函数,函数名由当前 Tag 属性的当前值确定。因此,如果需要改变 Tag 属性的默认值,请在保存 GUI 前进行。

响应函数包含如下参数：

- hObject：对象句柄,发生事件的源控件,如触发该函数的控件的句柄；
- eventdata：保留参数；
- handles：为传入的对象句柄它是为一个结构体,包含图形中所有对象的句柄,如：

```
handles =
        figure1: 160.0011
        edit1: 9.0020
        uipanel1: 8.0017
        popupmenu1: 7.0018
        pushbutton1: 161.0011
        output: 160.0011
```

其中,包含了文本编辑框、面板、弹出菜单和按钮。

GUI 向导创建 handles 结构体,并且在整个程序运行中保持其值不变。所有的响应函数使用该结构体作为输入参数。

3. 响应函数的关联

一个 GUI 中包含多个控件，GUIDE 中提供了一种方法，用于指定每个控件所对应的响应函数。

GUIDE 通过每个控件的响应属性将控件与对应的响应函数相关联。在默认情况下，GUIDE 将每个控件的最常用的响应属性，如将 Callback 设置为%automatic。

如每个按钮有五个响应属性，即 ButtonDownFcn、Callback、CreateFcn、DeleteFcn 和 KeyPressFcn，用户可以通过属性编辑器将其他响应属性设置为%automatic。

当再次保存 GUI 时，GUIDE 将%automatic 替换为响应函数的名称，该函数的名称由该控件 Tag 属性及响应函数的名称组成。

9.3.3 初始化响应函数

GUI 的初始化函数包括 opening()函数和 output()函数。

1. OPening()函数

打开函数(Opening function)在 GUI 出现之前实施操作。

在每个 GUIM 文件中，opening 函数是第一个调用的函数。该函数在所有控件创建完成后，GUI 显示之前运行。用户可以通过 opening()函数设置程序的初始任务，如创建数据、读入数据等。

通常，Opening()函数的名称为"M 文件名 + _OpeningFcn"，如下面的初始模板：

```
% --- Executes just before exGUIplot is made visible.
function exGUIplot_OpeningFcn(hObject, eventdata, handles, varargin)
% This function has no output args, see OutputFcn.
% hObject      handle to figure
% eventdata    reserved - to be defined in a future version of MATLAB
% handles      structure with handles and user data (seeGUIDATA)
% varargin     command line arguments to exGUIplot (see VARARGIN)
% Choose default command line output for exGUIplot


handles.output = hObject;
% Update handles structure
guidata(hObject, handles);
% UIWAIT makes exGUIplot wait for user response (see UIRESUME)
% uiwait(handles.figure1);
```

其中，文件名为 exGUIplot，函数名为 exGUIplot_OpeningFcn。该函数包含四个参数，第四个参数 varargin 允许用户通过命令行向 opening()函数传递参数。Opening()函数将这些参数添加到结构体 handles 中，供响应函数调用。

该函数中包含三行语句：

● handles.output = hObject：向结构体 handles 中添加新元素 output，并将其值赋为输入参数 hObject，即 GUI 的句柄。该句柄供 output()函数调用。

- guidata(hObject,handles)：保存 handles。用户必须通过 GUIdata 保存结构体 handles 的任何改变。
- uiwait(handles.figure1)：在初始情况下，该语句并不执行。该语句用于中断 GUI 执行等待用户反应或 GUI 被删除。如果需要运行该语句，删除前面的"%"即可。

打开函数包含在 GUI 可见之前进行操作的代码，用户可以在打开函数中访问 GUI 的所有控件，因为所有 GUI 中的对象都在调用打开函数之前就已经创建。如果用户需要在访问 GUI 之前实现某些操作，如创建数据或图形，那么可以通过在打开函数中增添代码、添加数据来加以实现。

编写 opening()的数据生成函数：

(1) 在 GUI 向导中点击 M-file Editor，打开 M 文件编辑器。打开的编辑器中为该 GUI 对应的 M 文件。

(2) 点击编辑器中的"f_0"图标，打开函数查看工具，显示该 GUI 中包含的函数，包括各控件的响应函数，选择 OpeningFcn()函数，该函数前面部分是该 GUI 保存的文件名。对于一个文件名为"exGUIplot"的 GUI 来说，它的打开函数名为"simples_gui1_OpeningFcn"。如图 9-6 所示。

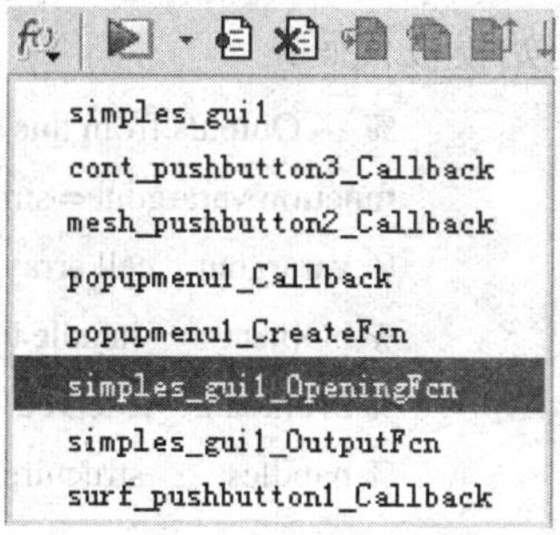

图 9-6 选择 OpeningFcn()函数

该函数中已有部分初始的默认内容，可以在打开函数中增添自己需要的操作代码和数据来实现自己需要的功能。例如希望该函数在 GUI 出现之前运行生成三维表面图形，在 GUI 出现时显示该图形。可在 opening()函数中添加以下代码(黑色部分)：

```
function simples_gui1_OpeningFcn(hObject, eventdata, handles, varargin)
% This function has no output args, see OutputFcn.
% hObject       handle to figure
% eventdata     reserved - to be defined in a future version of MATLAB
% handles       structure with handles and user data (seeGUIDATA)
% varargin      command line arguments to simples_gui1 (see VARARGIN)
% Choose default command line output for simples_gui1
handles.output = hObject;
handles.peaks=peaks(35);
handles.membrane=membrane;
[x,y] = meshgrid(-8:.5:8);
r = sqrt(x.^2+y.^2) + eps;
sinc = sin(r)./r;
handles.sinc = sinc;
% Set the current data value.
handles.current_data = handles. peaks;
contour(handles.current_data)
% Choose default command line output forGUIPlot
handles.output = hObject;
```

该函数在 GUI 运行时首先生成三组数据，并设置初始化时的当前数据为 peaks，并且初始图形为等值线。

2. output()函数

输出函数(output function)在必要的时候向命令行输出数据。用于向命令行返回 GUI 运行过程中产生的输出结果，这一点在用户需要将某个变量传递给另一个 GUI 时尤其实用。该函数在 opening()函数返回控制权和控制权返回至命令行之间运行。因此，输出参数必须在 opening()函数中生成，或者在 opening()函数中调用 uiwait()函数中断 output()的执行，等待其他响应函数生成输出参数。

output()函数的函数名为"M 文件名+_OutputFcn"，如 GUIDE 在输出函数中生成如下初始模板代码：

```
% --- Outputs from this function are returned to the command line.
function varargout = simples_gui1_OutputFcn(hObject, eventdata, handles)
% varargout   cell array for returning output args (see VARARGOUT);
% hObject     handle to figure
% eventdata   reserved - to be defined in a future version of MATLAB
% handles     structure with handles and user data (seeGUIDATA)

% Get default command line output from handles structure
varargout{1} = handles.output;
```

该函数的函数名为 exGUIplot_OutputFcn()。output()函数有一个输出参数 varargout。在默认情况下，output()函数将 handles.output 的值赋予 varargout，因此 output()的默认输出为 GUI 的句柄。用户可以通过改变 handles.output 的值改变函数输出结果。

9.3.4 添加响应函数

响应函数(Callbacks)是在用户激活 GUI 中的相应控件时所实施的操作代码。用户可以给 GUI 的 M 文件的如下部分增加程序代码。

1. 按钮的响应函数

(1) 用户可以按上述方法，通过 M 文件编辑器中的函数查看工具查找相应函数，或者使用右键弹出菜单查找相应函数。

在 GUI 编辑器中右键点击相应控件，例如"表面图"按钮，在弹出菜单中选择菜单命令"View Callbacks | Callback"，系统自动打开 M 文件编辑器，并且光标位于相应的函数处。

该函数中已有部分默认内容，可以在其中添加如下程序生成该按钮的响应函数。

```
% --- Executes on button press in surf_pushbutton.
function surf_pushbutton1_Callback(hObject, eventdata, handles)
% hObject    handle to surf_pushbutton1 (see GCBO)
% eventdata  reserved - to be defined in a future version of MATLAB
% handles    structure with handles and user data (seeGUIDATA)
surf(handles.current_data);
guidata(hObject, handles);
```

一般，Callback 回调函数都以 guidata(hObject, handles)语句结束以更新数据。

(2) 用同样方法为其他按钮添加等值线、网格图的响应函数。

2．弹出菜单的响应函数

弹出菜单的响应函数首先取得弹出菜单的 String 属性和 Value 属性，后来通过分支语句选择数据。弹出菜单的响应函数如下：

```
% --- Executes on selection change in data_pop_up.
function data_pop_up_Callback(hObject, eventdata, handles)
% hObject      handle to data_pop_up (see GCBO)
% eventdata    reserved - to be defined in a future version of MATLAB
% handles      structure with handles and user data (seeGUIDATA)
% Determine the selected data set.
str = get(hObject, 'String');
val = get(hObject,'Value');
% Set current data to the selected data set.
switch str{val};
case 'Peaks' % User selects peaks
    handles.current_data = handles.peaks;
case 'Membrane' % User selects membrane
    handles.current_data = handles.membrane;
case 'Sinc' % User selects sinc
    handles.current_data = handles.sinc;
end
% Save the handles structure.
guidata(hObject,handles)
% Hints: contents = get(hObject,'String') returns data_pop_up contents as cell array
%        contents{get(hObject,'Value')} returns selected item from data_pop_up
```

9.3.5 运行 GUI

单击工具栏最右边的绿色箭头按钮，即运行当前的 GUI 窗口，结果如图 9-7 所示。

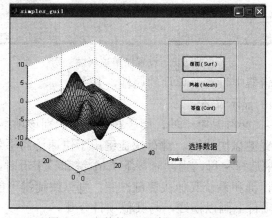

图 9-7　当前的 GUI 窗口运行结果

9.3.6 创建菜单栏

当使用 GUIDE 生成 GUI 时，默认情况是不生成菜单栏和工具条的，如果需要的话，可以创建。在 MATLAB 中可以创建两种菜单：菜单栏(主菜单)和右键弹出式菜单，两种菜单都可以通过菜单编辑器创建。

在 GUIDE 窗口中，选择"Tools"菜单中"Menu Editor…"选项激活菜单编辑器，或者选择工具栏中的菜单编辑器图标。

该界面中包含两个标签，即 Menu Bar 和 Context Menus，分别用于创建菜单栏和右键菜单。工具栏中包含三组工具，分别为新建工具、编辑工具及删除。编辑菜单项目时，右侧显示该项目的属性。

(1) 选择菜单栏的"Menu Bar"标签，此时工具栏中的新建菜单栏选项为激活状态，而新建右键菜单选项为灰色。

(2) 点击"New Menu"项，新建菜单，默认名称为 Untitled 1。

(3) 菜单属性的设置。新建后用鼠标点击菜单名，在窗口右侧显示该菜单的属性，可以对其进行以下编辑。单击图中的菜单标题 Untitled 1，将在菜单编辑器的右边显示该菜单的属性提供给用户进行编辑，如 Label、Tag、Accelerator、Separator 和 Checked 等属性，如图 9-8 所示。

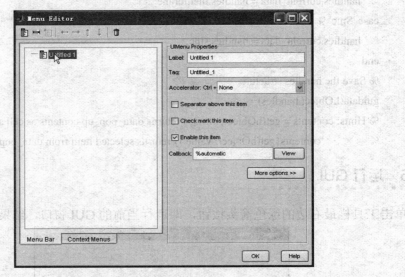

图 9-8 设置菜单项属性

可以在右侧属性编辑器中设置菜单项的属性，其中：

- Label：该菜单项的显示文本；
- Tag：该项的标签，必须是唯一的，用于在代码中识别该项；
- Accelerator：设置键盘快捷键。键盘快捷键用于快速访问不包含子菜单的菜单项。在 Ctrl+ 后面的输入框中选择字母，当同时按下 Ctrl 键和该字母时，则访问该菜单项。需要注意的是，如果该快捷键和系统其他快捷键冲突，则该快捷键可能失效。
- Separator：在该项目上画以横线，与其他项目分开。

- Checked：选中该选项后，在第一次访问该项目后会在该项目后进行标记。
- Enable this item：选中该选项，则在第一次打开菜单时该项目可用。如果取消该选项，则在第一次打开菜单时，该项目显示为灰色。
- More options：用于打开属性编辑器，可以对该项目进行更多编辑。

（4）添加新的菜单项。创建菜单栏后向其中添加新的菜单项目，点击工具栏中的"New Menu"图标新建菜单项。

（5）添加新的子菜单项。创建菜单项后向其中添加新的子菜单项目，选择菜单项，点击工具栏中的"New Menu Item"图标新建子菜单项，如图9-9所示。

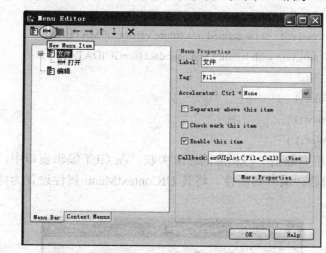

图9-9 添加子菜单项

（6）在 Callback 文本框中选择子菜单项的响应函数，如为打开文件子菜单项响应函数添加以下代码：

```
function open_Callback(hObject, eventdata, handles)
% hObject      handle to open (see GCBO)
% eventdata    reserved - to be defined in a future version of MATLAB
% handles      structure with handles and user data (seeGUIDATA)
  file = uigetfile('*.m');
    if ~isequal(file, 0)
        open(file);
    end
```

9.3.7 创建右键弹出式菜单

右键弹出式菜单也叫上下文菜单，是指当用户在关联的对象上点击右键时才会显示内容，创建弹出式右键菜单方法如下：

（1）选择编辑器中的"Context Menus"标签。此时 New Context Menu 菜单处于激活状态，其他标签为灰色。

（2）单击"New Context Menu"项，为右键菜单添加父菜单项，一个临时编号命名的菜单项 Untitled_1 出现在 Tag 文本框中，为父菜单项命名，例如：axes_context_menu。

（3）选择父菜单项，然后点击工具栏中的"New Menu Item"图标新建子菜单项，一个临时编号命名的菜单项 Untitled_1 出现在 Label、Tag 文本框中。

为子菜单项命名，例如设置 Label 为 Blue background color，设置 Tag 为 blue_background，单击文本框外面的其他地方，完成更改。

（4）在 Callback 文本框中选择子菜单项的响应函数，如更改坐标系背景颜色为蓝色的子菜单项，为响应函数添加以下代码：

```
function blue_background_Callback(hObject, eventdata, handles)
% hObject    handle to blue_background (see GCBO)
% eventdata  reserved - to be defined in a future version of MATLAB
% handles    structure with handles and user data (seeGUIDATA)
set(gca,'Color','b',...
        'XColor','k',...
        'YColor','k',...
        'ZColor','k')
```

（5）最后，需要将右键菜单与相应的对象关联。在 GUI 编辑窗口中，选择需要关联的对象，打开属性编辑器，编辑其属性。将其 UIContextMenu 属性设置为待关联的右键菜单名，如图 9-10 所示。

图 9-10　对象与右键菜单关联

9.3.8　创建工具条

在 GUIDE 窗口中，选择 Tools 菜单中的"Toolbar Editor…"工具条编辑器或者单击工具栏中的工具条编辑器图标，为 GUI 添加工具条。

（1）在工具条编辑器中双击工具条命令图标，或单击选择图标，然后点击"ADD"按钮，将图标添加到工具条上，如图 9-11 所示。

第 9 章 句柄图形与 GUI 设计

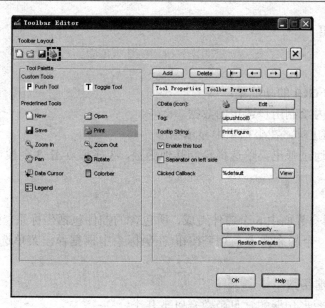

图 9-11　添加工具条图标

(2) 工具栏上的图标是预定义的工具，代表了标准的 MATLAB 的工具集。它们的行为、动作是内建的，回调函数(callback)决定这些预定义工具的行为，在工具栏的预设工具与菜单栏的菜单项调用同一个的函数，如标准工具(打开文件、保存数据、更改模式，等等)，预定义工具都以%default 显示。用户可以更改默认设置%default，通过调用其他函数来自定义其他一些工具。

自定义工具。在工具面板(Tool Palette)选项组上部的两个图标(P 或 T)创建 pushtools 和 toggletools，参阅图 9-11。这些自定义工具都没有内置函数，因此单击时，只有开和关两个状态，如果使用这些图标时，需要添加自己的回调函数。

(3) 编辑属性。工具条编辑器右边是工具属性，可以根据自己的需要对以下各项进行编辑和更改。

- CData：工具图标。
- Tag：工具在程序内部使用的名称。
- Enable：使能。决定用户是否可以点击。
- Separator：分割符。
- Clicked Callback：单击时调用回调函数。
- Off Callback (uitoggletool only)：关闭状态时调用回调函数。
- On Callback (uitoggletool only)：打开状态时调用回调函数。

9.4　编程创建 GUI

对于大型的 GUI，或者由不同的 GUI 之间相互调用的大型程序，通过编程创建 GUI 是一种更容易、更方便的方法。本节通过一个实例，介绍编程创建 GUI 的方法。

9.4.1 定义GUI

1. 定义功能

本节要创建的GUI的功能是：

(1) 在坐标系内绘制用户选定的数据。

(2) 打开该GUI时，在坐标系中显示图形。

(3) 用户可以通过弹出菜单选择绘制其他函数，选择后点击3个按钮之一绘制网格图、面图或等值图形。

2. 选择控件

该例的图形用户界面由6个控件组成，所包含的控件包括坐标系、弹出菜单(其中包含3个绘图选项)、1个静态文本、3个按钮(在坐标系中根据弹出菜单选择的数据内容绘制图形)。

3. 选择、创建函数

(1) 可以创建图形句柄的常见函数有以下几个：
- figure()函数：创建一个新的图形对象。
- newplot()函数：做好开始画新图形对象的准备。
- axes()函数：创建坐标轴图形对象。
- line()函数：画线。
- patch()函数：填充多边形。
- surface()函数：绘制三维曲面。
- image()函数：显示图片对象。
- uicontrol()函数：生成用户控制图形对象。
- uimenu()函数：生成图形窗口的菜单中层次菜单与下一级子菜单。

(2) 获取与设置对象属性的常用函数有以下几个：
- gcf()函数：获得当前图形窗口的句柄。
- gca()函数：获得当前坐标轴的句柄。
- gco()函数：获得当前对象的句柄。
- gcbo()函数：获得当前正在执行调用的对象的句柄。
- gcbf()函数：获取包括正在执行调用的对象的图形句柄。
- delete()函数：删除句柄所对应的图形对象。
- findobj()函数：查找具有某种属性的图形对象。

(3) 其他可以选择的几个实用的函数有以下几个：
- uigetfile()函数：选择文件对话框。
- uiputfile()函数：保存文件对话框。
- uisetcolor()函数：设置颜色对话框。
- fontsetcolor()函数：设置字体对话框。
- msgbox()函数：消息框。
- warndlg()函数：警告框。

● helpdlg()函数：帮助框。

首先创建一个 GUI 文件。因为该文件将包含函数，它是一个函数文件，而不是一个脚本文件。

(1) 在 MATLAB 提示行键入 edit，打开编辑器。

(2) 在第一行定义函数：function simples_gui2。

(3) 接着函数定义行 function simples_gui2 输入下列帮助文本(用%号打头的是 help 文本)，用于在 MATLAB 中使用 help 命令查询，帮助文本后需要一个空行，MATLAB 根据它确定 help 文本的结束。

  function simples_gui2
  %该例使用弹出菜单选择数据，
  %单击按钮，使用从弹出菜单选择的数据，
  %在坐标轴中绘制网格、面图或等值线图形。

(4) 由于该例使用嵌套函数，因此可在函数的末尾添加 end 语句。

  function simples_gui2
  %该例使用弹出菜单选择数据，
  %单击按钮，使用从弹出菜单选择的数据，
  %在坐标轴中绘制网格、面图或等值线图形。

  end

(5) 保存该文件，并命名为 simples_gui2。

9.4.2 创建 GUI 主界面

在 MATLAB 中，一个 GUI 就是一个 figure，当生成主界面 GUI 时的第一步就是先创建 figure，然后定位它在屏幕中的位置，并且在添加控件和初始化之前，使它不可视，即设置 visible 属性为 off。

设置方法是在 end 语句之前，输入创建主界面的代码如下：

  % Initialize and hide theGUIas it is being constructed.
  f = figure('Visible','off','Position',[360,500,450,285]);

这段函数中的代码的意义如下：

● Figure：创建 GUI 图形窗口，调用 figure()函数使用了两个 property、value 对。

● Visible、off：定义 figure 现在不可视。

● Position 属性是一个 4 元素的向量(离左边距离、离底部距离、宽、高)，指定它在屏幕中的位置和大小，默认单位是像素 pixels。

由于使用了 figure()函数的默认定义，GUI 主界面有标准的菜单项显示，还可以添加下列选项对 GUI 主界面进行定义：

● 'MenuBar','none', ...：隐藏该图形原有的菜单栏；

● 'HandleVisibility','callback', ...：设置该图形只能通过响应函数调用，并且阻止通过命令行向该窗口中写入内容或者删除该窗口；

- 'Color', get(0,'defaultuicontrolbackgroundcolor'))：定义图形的背景色，该语句定义图形的背景与 GUI 控件的默认颜色相同，如按钮的颜色。由于不同的系统会有不同的默认设置，因此，该语句保证 GUI 的背景色与控件的颜色匹配。

如果要设置 Visible 的属性值为 on，则定义 figure 为可视。运行 Run 或单击 F5 按钮，或在命令行输入：

>> simples_gui2

则显示自定义的 GUI 主界面如图 9-12 所示，显示有标准的菜单项和工具条。

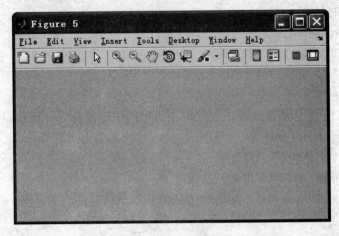

图 9-12 自定义的 GUI 主界面

9.4.3 添加控件

该例的图形用户界面由 6 个控件组成：3 个按钮、1 个静态文本、1 个弹出式菜单、1 个坐标轴。程序启动时，首先用下列语句向 GUI 添加这些组件。使用 uicontrol() 函数创建按钮、静态文本和弹出菜单，使用 axes() 函数创建坐标轴。

1. 添加按钮

在 end 语句之前，输入创建按钮的代码如下：

```
% Construct the components.
hsurf    = uicontrol('Style','pushbutton',...
           'String','Surf','Position',[315,220,70,25]);
hmesh    = uicontrol('Style','pushbutton',...
           'String','Mesh','Position',[315,180,70,25]);
hcontour = uicontrol('Style','pushbutton',...
           'String','Countour','Position',[315,135,70,25]);
```

代码中语句的含义如下：

- uicontrol：创建用户控件。
- Style：定义控件的类型，pushbutton 指定该控件是一个按钮。
- String：指定每个按钮上的文字：Surf、Mesh、Contour。

- Position：是一个 4 元素的向量(离左边距离、离底部距离、宽、高)，指定按钮在 GUI 中的位置和大小，默认单位是像素 pixels。

每次调用该控件时都返回该控件的句柄。

2．创建弹出菜单和静态文本

使用 uicontrol 函数创建弹出菜单(下拉列表菜单)和静态文本，弹出菜单的 String 属性使用了 3 个元素的单元数组指定菜单项：Peaks、Membrane 和 Sinc。静态文本作为弹出菜单的标签，String 属性告诉用户 Select Data。

在 end 语句之前，输入创建弹出菜单和静态文本的代码如下：

```
hpopup = uicontrol('Style','popupmenu',...
                   'String',{'Peaks','Membrane','Sinc'},...
                   'Position',[300,50,100,25]);
htext   = uicontrol('Style','text','String','Select Data',...
                    'Position',[325,90,60,15]);
```

代码中语句的含义如下：

- uicontrol：创建用户控件(弹出菜单、文本)。
- Style：定义控件的类型，Style 值设置为 popupmenu 用于创建弹出菜单，text 用于创建静态文本控件。
- String：用于设置菜单中显示的内容，这里显示 3 个函数的名称。
- Position：定义控件的位置。

3．创建坐标系

在 end 语句之前，输入创建坐标系的代码如下：

```
% Axes for plotting the selected plot
ha = axes('Units','pixels','Position',[50,60,200,185]);
align([hsurf,hmesh,hcontour,htext,hpopup],'Center','None');
```

代码中语句的含义如下：

- axes，创建坐标系；
- Units：定义单位为像素。
- Position：定义坐标系的位置及大小。
- align：除了坐标轴之外，使所有控件按照自己的中心对齐。

9.4.4 设置 GUI 可视

在 end 语句之前，输入下列代码来设置 GUI 可视：

```
set(f,'Visible','on')
```

现在的程序代码如下：

```
function simples_gui2
%该例使用弹出菜单选择数据
%单击按钮，使用从弹出菜单选择的数据
%在坐标轴中绘制网格、面图或等值线图形
```

```
%   Create and hide theGUIas it is being constructed.
f = figure('Visible','off','Position',[360,500,450,285]);


%   Construct the components.
hsurf = uicontrol('Style','pushbutton','String','Surf',...
          'Position',[315,220,70,25]);
hmesh = uicontrol('Style','pushbutton','String','Mesh',...
          'Position',[315,180,70,25]);
hcontour = uicontrol('Style','pushbutton',...
          'String','Countour',...
          'Position',[315,135,70,25]);
htext = uicontrol('Style','text','String','Select Data',...
          'Position',[325,90,60,15]);
hpopup = uicontrol('Style','popupmenu',...
          'String',{'Peaks','Membrane','Sinc'},...
          'Position',[300,50,100,25]);
ha = axes('Units','Pixels','Position',[50,60,200,185]);
align([hsurf,hmesh,hcontour,htext,hpopup],'Center','None');


%Make theGUIvisible.
set(f,'Visible','on')
end
```

运行该程序，就可以显示 GUI，按钮和弹出菜单都可以使用，但没有效果，因为还没有添加操作代码。如果在命令行键入 help 命令，则可以显示帮助文本：

```
>> help simples_gui2
    该例使用弹出菜单选择数据，
    单击按钮，使用从弹出菜单选择的数据，
    在坐标轴中绘制网格、面图或等值线图形。
```

9.4.5 初始化 GUI

在程序初始化中可以完成以下操作：

- 改变控件和 figure 的单位为 normalized，当 GUI 尺寸改变时，控件自动调节大小。Normalized 定义 figure 窗口为左下角(0, 0)到右上角(1.0, 1.0)。
- 产生数据用于绘制，该例有三种数据：peaks_data、membrane_data 和 sinc_data，都是弹出菜单的菜单项。
- 在坐标系中绘制一个初始化的图形。
- 为 GUI 赋值一个名称，并显示在窗口的 title 栏。
- 把 GUI 移动到屏幕中心。

在 end 语句之前，输入下列代码设置初始化程序：

```
% Initialize theGUI.
% Change units to normalized so components resize automatically.
set([f,hsurf,hmesh,hcontour,htext,hpopup],'Units','normalized');
% Generate the data to plot.
peaks_data = peaks(35);
membrane_data = membrane;
[x,y] = meshgrid(-8:.5:8);
r = sqrt(x.^2+y.^2) + eps;
sinc_data = sin(r)./r;
% Create a plot in the axes.
current_data = peaks_data;
surf(current_data);
% Assign theGUIa name to appear in the window title.
set(f,'Name','SimpleGUI')
% Move theGUIto the center of the screen.
movegui(f,'center')
% Make theGUIvisible.
set(f,'Visible','on');

end
```

9.4.6 弹出菜单的响应程序

弹出菜单让用户选择绘图的数据，当用户在 GUI 中选择一个数据时，MATLAB 设置弹出菜单 Value 属性值为所选定 string 的索引值，弹出菜单的 callback 函数读取 Value 属性值确定当前显示的菜单项，并设置为 current_data。

在 end 语句之前，输入下列代码设置弹出菜单的响应程序：

```
    % Pop-up menu callback. Read the pop-up menu Value property to
    % determine which item is currently displayed and make it the
    % current data. This callback automatically has access to
    % current_data because this function is nested at a lower level.
    function popup_menu_Callback(source,eventdata)
        % Determine the selected data set.
        str = get(source, 'String');
        val = get(source,'Value');
        % Set current data to the selected data set.
        switch str{val};
        case 'Peaks' % User selects Peaks.
```

```
                current_data = peaks_data;
            case 'Membrane' % User selects Membrane.
                current_data = membrane_data;
            case 'Sinc' % User selects Sinc.
                current_data = sinc_data;
        end
    end
```

9.4.7 按钮的响应程序

每个按钮都可以使用弹出菜单选择的数据绘制一个不同类型的图形，按钮的 callbacks() 函数自动访问 current_data，并使用 current_data 绘制。

在 end 语句之前，输入下列代码用于设置三个按钮的响应程序：

```
    % Push button callbacks. Each callback plots current_data in the
    % specified plot type.

    function surfbutton_Callback(source,eventdata)
    % Display surf plot of the currently selected data.
        surf(current_data);
    end

    function meshbutton_Callback(source,eventdata)
    % Display mesh plot of the currently selected data.
        mesh(current_data);
    end

    function contourbutton_Callback(source,eventdata)
    % Display contour plot of the currently selected data.
        contour(current_data);
    end
```

9.4.8 控件与 Callbacks 函数关联

当用户从 GUI 的弹出式菜单中选择所设置的数据或者点击一个按钮时，MATLAB 执行与该事件相关联的回调函数 callback()。但如何知道执行哪一个回调函数？这就需要使用每个控件的 Callback 属性指定与它相关联的回调函数 callback() 的名称。

在 uicontrol 定义 Surf 按钮的语句中添加下列 property、value 对：

'Callback',{@surfbutton_Callback}

其中："surfbutton_Callback"为该按钮的响应函数，原来定义该按钮的语句：

```
hsurf = uicontrol('Style','pushbutton',...
         'String','Surf','Position',[315,220,70,25]);
```

现在改为：

```
hsurf = uicontrol('Style','pushbutton','String','Surf',...
         'Position',[315,220,70,25],...
         'Callback',{@surfbutton_Callback});
```

同样，在 uicontrol 定义 Mesh、Contour 按钮和弹出菜单的语句中添加下列 property、value 对：

```
'Callback',{@meshbutton_Callback}
'Callback',{@contourbutton_Callback}
'Callback',{@popup_menu_Callback}
```

到此为止，完成了该 GUI 的程序设计，单击 F5 键运行该程序，最终界面如图 9-13 所示。

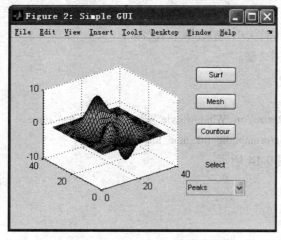

图 9-13 simples_gui2 的最终界面

9.5 标准对话框

9.5.1 输入对话框 inputdlg()

inputdlg()函数用于产生和打开标准输入对话框，其语法格式如下：

(1) answer = inputdlg(prompt)：创建一个模式对话框，并返回单元数组 prompt 中的多个提示的用户输入值。模式对话框可以阻止用户在响应之前与其他窗口进行交互，提示 prompt 是一个包含提示字符串的单元格数组。

(2) answer = inputdlg(prompt,dlg_title)：dlg_title 指定对话框的标题。

(3) answer = inputdlg(prompt,dlg_title,num_lines)：num_lines 指定每个输入值的行数。num_lines 可以为标量、列向量或矩阵。

• 如果 num_lines 是标量，它适用于所有提示。例如，num_lines=2，则所有提示均为 2 行。

- 如果 num_lines 是列向量，每个元素为一个提示指定一个输入的行数。
- 如果 num_lines 是矩阵，大小应该是 m×2，其中 m 是提示对话框上的编号。每个行指向一个提示。第一列为输入提示指定的行数，第二列中的字符指定字段的宽度。

(4) answer = inputdlg(prompt,dlg_title,num_lines,defAns)：defAns 指定要显示的每个提示的默认值。作为提示，defAns 必须包含相同的元素数，所有元素必须都是字符串。

(5) answer = inputdlg(prompt,dlg_title,num_lines,defAns,options)：如果 options 是字符串"on"，对话框在水平方向可调整大小，如果选项 options 是一结构，那么可按下列字段内容显示：

- Resize：可以是"on"或"off"(默认)，如果是"on"，窗口在水平方向可调整大小。
- WindowStyle：可以是"normal"(普通窗口)或"modal"(默认，模式窗口)。
- Interpreter：可以是"none"(默认)或"tex"。tex：提示串使用 LaTeX 提交。

例 9-5-1 创建输入对话框。

解 程序如下：

```
prompt = {'输入矩阵大小','输入色彩格式名称'};
dlg_title = '输入对话框';
num_lines = 2;
def = {'20','RGB'};
options=struct('Resize','on','WindowStyle','normal','Interpreter',' none ');
answer = inputdlg(prompt,dlg_title,num_lines,def,options);
```

程序运行结果如图 9-14 所示。

```
>> answer
answer =
        '20'
        'RGB'
```

图 9-14 输入对话框

9.5.2 打开文件

1. uigetfile()函数

uigetfile()函数用于打开一个"打开文件"标准对话框，用法如下：

(1) filename = uigetfile：显示一个模态对话框，列出当前文件夹中的文件，并允许用户选择或输入文件的名称。如果文件名是有效的并且该文件存在，当用户单击"Open"时，uigetfile()函数把文件名作为字符串返回。uigetfile()函数成功执行，并未打开文件，它只返回用户选定的文件名。然后使用 open 命令打开。否则，显示相应的错误消息之后，返回到对话框。用户可以输入另一个文件名或单击"Cancel"取消。如果用户单击"Cancel"或关闭该对话框窗口，则 uigetfile()函数返回 0。

(2) [FileName,PathName,FilterIndex] = uigetfile(FilterSpec)：返回文件名、路径名和过滤器的索引号。如果用户单击"Cancel"或关闭该对话框窗口，则返回[0,0,0]。

FilterSpec 为文件扩展名过滤器,仅显示那些扩展名与 FilterSpec 匹配的文件。"All Files"显示列表中的所有文件。FilterSpec 可以是一个字符串或字符串的单元数组，并且可以包括通配符"*"。

例如，输入以下语法：

>> uigetfile({'*.jpg;*.tif;*.png;*.gif','All Image Files';...

　　　　　　'*.*','All Files' },'我的图片',...

　　　　　　'D:\My Documents\My Pictures\myfile.jpg')

会打开"我的图片"对话框，如图 9-15 所示。

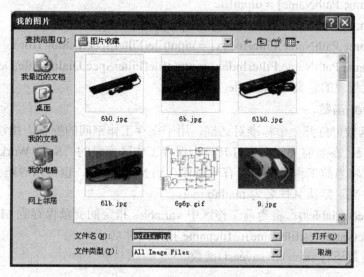

图 9-15　打开"我的图片"对话框

(3) [FileName,PathName,FilterIndex] = uigetfile(FilterSpec,DialogTitle)：DialogTitle 指定对话框标题文本。

(4) [FileName,PathName,FilterIndex] = uigetfile(FilterSpec,DialogTitle,DefaultName)：DefaultName 指定默认的文件名，可以包括目录、路径等。

(5) [FileName,PathName,FilterIndex] = uigetfile(...,'MultiSelect',selectmode)：可以多选，selectmode 指定选择模式。

2．uiopen()函数

uiopen()函数显示一个模态的文件选择对话框，用户可以从中选择要打开的文件。这与从 MATLAB 的文件菜单中选择"Open"的作用是一样的。用法如下：

(1) uiopen、uiopen('MATLAB')：显示"Open"对话框，文件筛选器设置为 MATLAB 的所有文件。

(2) uiopen('LOAD')：显示"Open"对话框，文件筛选器设置为 MATLAB 的 MAT 文件(*.mat)文件。

(3) uiopen('FIGURE')：显示"Open"对话框，文件筛选器设置为 MATLAB 的 figure 文件(*.fig)文件。

(4) uiopen('SIMULINK')：显示"Open"对话框，文件筛选器设置为 MATLAB 的仿真模型(*.mdl)文件。

(5) uiopen('EDITOR')：显示"Open"对话框，文件筛选器设置为除了 MAT 和 figure 外的其他文件，并且都在编辑器中打开。

9.5.3 保存文件

1. uiputfile()函数

uiputfile()函数打开一个"保存文件"标准对话框，用于保存文件。用法如下：
- FileName = uiputfile
- [FileName,PathName] = uiputfile
- [FileName,PathName,FilterIndex] = uiputfile(FilterSpec)
- [FileName,PathName,FilterIndex] = uiputfile(FilterSpec,DialogTitle)
- [FileName,PathName,FilterIndex] = uiputfile(FilterSpec,DialogTitle,DefaultName)

其中，各参数代表的意义与 uigetfile()函数相同。

2. uisave()函数

uisave()函数可打开一个标准对话框，用于保存工作空间的变量。用法如下：

(1) uisave：在当前文件夹中打开一个保存工作区变量的"Save Workspace Variables"对话框，用于将当前工作区中的所有变量保存到 MAT 文件，也可以导航到要保存 MAT 文件的其他文件夹。默认文件名为 matlab.mat。

(2) uisave(variables)：将当前工作区中 variables 指定的变量保存到 MAT 文件。

(3) uisave(variables,filename)：filename 指定文件名。

类似的函数还有 save()和 saveas()函数。

9.5.4 其他对话框

1. 列表框 listdlg()

listdlg()函数产生和打开标准列表对话框，用于选择项目，其语法格式如下：

[Selection,ok] = listdlg('ListString',S)：创建一个模式列表对话框，用于在列表中选择一个或多个项目。各种参数的意义如表 9-5 所示。

表 9-5 各种参数的意义

参 数	意 义
'ListString'	字符串组成的单元数组，指定列表框项目
'SelectionMode'	选择模式：'single'(单选)，'multiple' (多选，默认值)
'ListSize'	2元素向量[width height]，指定列表框的尺寸(像素)，默认值是[160 300]
'InitialValue'	初始选择的项目序号，默认是 1，即第一项
'Name'	字符串，代表列表对话框的标题，默认是空
'PromptString'	提示串的矩阵或单元数组，默认是{}
'OKString'	OK 按钮的文本串，默认是 OK
'CancelString'	Cancel 按钮的文本串，默认是 Cancel
'uh'	Uicontrol 按钮高度，默认是 18 像素
'fus'	框架与 uicontrol 控件之间的空隙，默认是 8 像素
'ffs'	框架与图像之间的空隙，默认是 8 像素

Selection 是选定的项目字符串的索引号向量(在单选模式下,其长度为1)。参数 Selection 是空时,参数 ok 为 0。当用户单击"OK"按钮时,参数 ok 为 0;当用户单击 Cancel 按钮或关闭对话框时,参数 ok 为 0。

在多选模式下,对话框有一个"Select all"按钮,可在此选择列表中的所有项目。当进行多选时,双击某一项或按回车键,与单击 OK 按钮的效果相同。

例 9-5-2 本示例显示一个列表对话框,使用户能够从当前目录中选择一个文件。该函数 listdlg()返回一个向量[s,v],其第一个元素 s 是所选文件的索引值。如果在选择模式,其第二个元素 v 是 1;如果没有选定内容,v 是 0。

```
d = dir;
str = {d.name};
[s,v] = listdlg('PromptString','请选择一个文件：','Name','列表框演示',...
         'SelectionMode','single',...
         'ListString',str)
```

程序运行结果如图 9-16 所示。

2. 问题对话框 questdlg()

questdlg()函数显示一个模式对话框,包含有提出的问题和选择按钮。使用方法如下:

- button = questdlg('qstring')
- button = questdlg('qstring','title')
- button = questdlg('qstring','title',default)
- button = questdlg('qstring','title','str1','str2',default)
- button = questdlg('qstring','title','str1','str2','str3',default)
- button = questdlg('qstring','title', ..., options)
- button = questdlg('qstring','title','str1','str2','str3','str2')

'qstring' 是一个单元数组或字符串,串'qstring'代表提出的问题。该对话框有 Yes、No 和 Cancel 三个默认按钮。如果用户按下这三个按钮之一,按钮设置为该按钮的名称。如果用户不作出选择的情况下按对话框上的 close 按钮关闭对话框,按钮设置为空字符串。如果用户按下回车键,按钮设为 Yes。其中,参数'title' 代表对话框标题文字;default 指定默认按钮,它必须是已有的按钮之一,当用户按下回车键时执行该默认按钮。

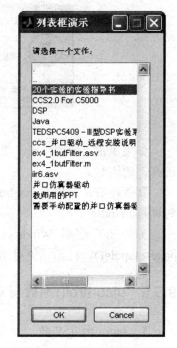

图 9-16 列表框

例 9-5-3 创建请求对话框。

解 程序如下:

```
choice = questdlg('请选择：…','选择项目对话框', ...
     '同意(OK)','不同意(NO)','放弃(CANCEL)','同意(OK)');
% Handle response
switch choice
    case '同意(OK)'
```

```
        disp([choice '是你的选择，谢谢！'])
        dessert = 1;
        break
    case '不同意(NO)'
            disp([choice '是你的选择，谢谢！'])
            dessert = 2;
            break
    case '放弃(CANCEL)'
        disp('再见！.')
        dessert = 0;
end
```

程序运行结果如图 9-17 所示。

图 9-17 问题对话框

如果单击"同意"按钮或直接回车键时执行该默认按钮，则显示："同意(OK)，是你的选择，谢谢！"。

其他还有：信息框 msgbox()、警告对话框 warndlg()、错误提醒对话框 errordlg()、帮助对话框 helpdlg()等。

另外还有使用 Windows 的标准对话框：打印对话框 printdlg()、页面设置对话框 pagesetupdlg()、打印预览对话框 printpreview()等。

9.5.5 uicontrol()函数与 GUI 控件对象

1. uicontrol()函数

uicontrol()函数可创建一个图形对象(用户界面控件)uicontrol。使用方法如下：

(1) handle = uicontrol('PropertyName',PropertyValue,...)：创建一个 uicontrol，并分配指定的属性和值。如果用户未指定任何属性，它将分配属性的默认值，默认的控件是按钮，默认的父图形对象是当前的 figure。

例如：

```
>> h = uicontrol('Style', 'pushbutton', 'String', '清除',...
            'Position', [20 150 100 70], 'Callback', 'cla');
```

设置 uicontrols 的第一对：PropertyName 为 Style(类型)、PropertyValue 为 pushbutton(按钮)；第二对：PropertyName 为 String(标签文本串)、PropertyValue 为 "清除"。按钮的尺寸相对于父窗口位置：[20 150 100 70]，回调函数为 cla，如图 9-18 所示。

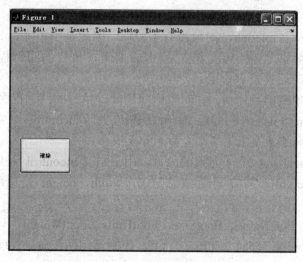

图 9-18 生成按钮

(2) handle = uicontrol(parent,'PropertyName',PropertyValue,...)：在句柄 parent 指定的父对象中创建 uicontrol 对象，parent 可以是 figure、uipanel 或 uibuttongroup 的句柄。如果已经在父对象中指定了不同的属性和值，则父属性的值优先于在该 uicontrol 对象中指定的值。

(3) handle = uicontrol：在当前图形对象 figure 中创建一个按钮，所有属性都将分配以默认值。

(4) uicontrol(uich)：聚焦到句柄 uich 指定的 uicontrol。

选定控件后，大多数的 uicontrol 对象都执行预定义的操作。MATLAB 支持的 uicontrols 的很多类型，每一个适合于不同的目的，包括：复选框、可编辑文本字段、帧、列表框、弹出式菜单、按钮、单选按钮、滑块、静态文本标签和切换按钮。

2．uicontrol()函数的属性

使用 uicontrol()对象可定义 GUI 控件的属性，这通过设置 uicontrol()函数的属性来实现。不同的 GUI 控件具有不同的属性，但都包括在以下属性中。

(1) BackgroundColor、ForegroundColor：设置对象的背景、文本颜色。

(2) BeingDeleted：on | {off}，Read Only。BeingDeleted 属性提供了一种机制，可以使用它来确定对象在程序执行过程中是否被删除。默认是 off，不删除；当对象调用删除回调函数 DeleteFcn 时，设置为 on。删除函数执行后，该对象不再存在。

(3) BusyAction：回调程序中断。

(4) ButtonDownFcn：串或函数句柄，执行按钮按下的回调程序。

(5) Callback：串或函数句柄，控件执行的动作。

(6) Cdata：三维矩阵，显示于控件上的真彩图标。

n×m×3 的 RGB 值数组代表彩色图像显示在控件上，作为定义普通按钮或切换按钮上显示的彩色图像，每个值必须在 0.0～1.0 之间。

在复选框或单选按钮上设置 CData，将替换这些控件的默认值。设置 CData 为[]，将恢复单选按钮和复选框的 CData 默认值。

对于普通按钮、切换按钮，Cdata 与字符串可重叠。对于单选按钮、复选框，CData 优

先于字符串，并根据其大小，决定它可以取代的文本。

(7) Children：子项。uicontrol 对象没有子控件，因此是空矩阵。

(8) CreateFcn：串或函数句柄，在对象生成期间，执行的回调程序。在已经存在的 uicontrol 对象上设置该属性没有作用。

(9) DeleteFcn：串或函数句柄，在对象删除期间，执行的回调程序。

(10) Enable：{on} | inactive | off。激活(默认)或失活 uicontrol 对象。inactive：看起来与激活状态相同，但不能正常操作。

(11) Extent：Extent 是一个 4 元素的向量，用于定义 uicontrol 对象的标签文本的尺寸和位置：[0,0,width,height]，前 2 个元素总是 0，width、height 是矩形框的宽高，单位由 Units 属性设定。

(12) FontAngle、FontName、FontSize、FontUnits、FontWeight：设置字体属性。

(13) HandleVisibility：{on} | callback | off。控制该句柄在命令行或 GUI 中是否可以访问，默认是 on。

(14) HorizontalAlignment：left | {center} | right。标签文本的水平对齐方式，默认是 center，即"居中"方式。

(15) Interruptible：回调函数的中断模式。

(16) ListboxTop：只供列表框使用，当列表框不能完全显示所有条目时，它指定哪个字符串出现在最顶层位置，ListboxTop 是字符串数组中的索引，必须是在 1 和字符串的数目之间的一个值。字符串内容由 String 属性定义。

(17) Max、Min：设置 value 属性的最大值及最小值。

(18) Parent：设置 uicontrol 对象的父对象句柄。

(19) Position：指定 uicontrol 对象的尺寸和相对于父窗口位置的矩形框。[left bottom width height]，left 和 bottom 是 uicontrol 对象左下角相对于父窗口左下角位置的距离，width、height 是 uicontrol 对象的宽度和高度，单位由 Units 属性指定。

(20) Units：设置 Position、Extent 属性的单位：{pixels} | normalized | inches | centimeters | points | characters (GUIDE default: normalized)。

所有单位都相对于父对象的左下角算起：

- Normalized：单位映射(0,0)为父对象的左下角，(1.0,1.0)为父对象的右上角。
- pixels、inches、centimeters 和 points 都是独立单位，1 point = 1/72 inch。
- Character：字符。使用系统的默认字体，一个字符的 width 是一个字母 x 的宽度，一个字符的高度是两行文字基线之间的距离。

(21) Selected：on | {off}，read only，判断对象是否被选择。

SelectionHighlight：{on} | off。设置所选择的对象是否被高亮突出显示，是默认选项，即高亮突出显示。

这两个属性配合使用，当两者都为 on 时，如果对象被选择，则高亮突出显示该控件。

(22) String：uicontrol 对象上的标签文本，也用于列表框和弹出菜单的条目文本。

(23) Style：设置 uicontrols 的类型，这些 uicontrol 对象类型的 Style 属性值设置为下列字符串：

- checkboxe：复选框。

- edit：可编辑文本框。
- text：静态文本框。
- frame：框架。提供一个可视的矩形区域，框架可以是透明或不透明的。frame 没有与其关联的回调程序，只有其他的 uicontrols 对象可以显示在框架内，主要作用是成组 uicontrols 对象，使之容易排列、对齐和控制。如果使用 frame 包含 uicontrols 对象，必须在定义 uicontrols 对象之前，先定义 frame。
- listboxe：列表框。
- popupmenu：弹出菜单。
- pushbutton：普通按钮。
- radiobutton：单选按钮。
- togglebutton：切换按钮。
- slider：滑块。

(24) Tag：字符串，用户指定对象的标签，可以定义 Tag 为任何字符串作为标记。Tag 属性提供了一种以用户指定的标签来标识图形对象的手段，在构建交互式的图形程序时，除了需要定义为全局变量的对象句柄之外，或将它们作为参数在回调程序之间传递时，该属性特别有用。

(25) TooltipString：提示串内容。当指针位于控件上方时，显示提示的文本。

(26) Type：字符串，只读。代表图形对象的类，对于 uicontrol 对象，Type 总是串 'uicontrol'。

(27) UIContextMenu：句柄。代表与 uicontrol 对象关联的上下文菜单。

(28) UserData：与 uicontrol 对象关联的用户数据。要访问这些数据，可使用 set 和 get 命令。

(29) Visible：设置 uicontrol 对象可视与否：{on} | off。

(30) Value：标量或向量。设置 uicontrol 对象的当前值，其内容由 style 属性指定的控件类型所决定：
- 复选框 Check boxes：设置 Value 为 Max 或 Min。
- 列表框 List boxes：设置 Value 为一个向量，指示列表框中被选择的条目号，1 对应于第一个条目。
- 弹出菜单 Pop-up menus：设置 Value 为选择的条目的索引，1 对应于第一个条目。
- 单选按钮 Radio：设置 Value 为 Max 和 Min。
- 滑块 Sliders：设置 Value 为滑块条的指示数。
- 切换按钮 Toggle：设置 Value 为 Max 和 Min。
- 编辑文本框 Editable text、普通按钮 push buttons 和静态文本框：一般不设置该属性。

注意：当一个图形对象 figure 的工具栏属性设置为自动(Toolbar：'auto'，这是默认值)时，figure 中添加 uicontrol 对象将删除原来的标准工具栏。要防止这种情况的发生，可设置工具栏属性为 'figure'。从 figure 的视图菜单 View 中勾选 "Figure Toolbar" 忽略此属性设置，用户可以还原工具栏。

uicontrol()函数接受 "property name/property value" 对、结构和单元数组作为输入参数，并可以自由选择是否返回所创建的对象的句柄。也可以在设置、查询属性后，使用 set()、 get()函数创建对象。

uicontrol 对象是 figure、uipanel 或 uibuttongroup 的子项,因此在 figure、uipanel 或 uibuttongroup 中放置这些 uicontrol 对象时不需要必须存在轴坐标系。

图形用户界面 GUI 的 frame 中已经存在的大多数组件,现在可以被 uicontrol 对象的面板(uipanel)或按钮组(uibuttongroup)替代。GUIDE 继续支持 frame 包含这些组件,但 frame 组件不会在 GUIDE 的 Layout Editor 中显示。

9.6 菜单设计

9.6.1 标准主菜单与自定义菜单

1. 标准主菜单

使用 figure()函数的 MenuBar 属性的 figure 值来设置显示或隐藏 MATLAB 标准菜单栏上面的菜单项。将 MenuBar 设置为 figure 显示标准菜单(默认值)、设置为 none,将其隐藏:

```
set(fh,'MenuBar','figure');     % Display standard menu bar menus.
set(fh,'MenuBar','none');       % Hide standard menu bar menus.
```

fh 是图形窗口 figure 的句柄。如果使用标准菜单栏的菜单,可以把自己创建的菜单项添加进去。如果选择不显示标准菜单栏菜单,则菜单栏只包含用户创建的菜单。如果既不显示标准菜单,又不显示自己创建的菜单,则没有菜单栏显示。

2. uimenu()函数与自定义菜单

使用 uimenu()函数在图形窗口创建菜单,将菜单栏添加到 GUI 中。在 Microsoft Windows 系统下,菜单条位于图形窗口的顶部。每个图形窗口有自己的菜单条,它包含 File、Edit、Window 和 Help 标题。由 uimenu()函数所加的菜单标题放在 Help 之后,可以使用 Set 命令从菜单条中删去或恢复所有的标准菜单。

使用 uimenu()函数的语法如下:

- mh = uimenu(parent,'PropertyName',PropertyValue,...)
- mh= uimenu(parent,'PropertyName',PropertyValue,...)

mh 是返回的菜单或菜单项句柄,parent 是父图形窗口的句柄。

uimenu()函数常用的重要属性名 PropertyName 和属性值 PropertyValue 设置如下:

(1) Label:字符串,指定菜单项的文本标签。可以使用'&'字符指定标签的助记键,在'&' 字符后面的字符带下划线,当用户键入 Alt +该字符时选择该菜单项,并显示该菜单项。'&'符号不显示,如果要显示'&'符号,可使用两个'&'符号。例如:

```
mh = uimenu(fh,'Label','&Open selection');
mh = uimenu(fh,'Label','Save && Go');
```

(2) Callback:串或函数句柄。定义菜单执行的回调函数。

(3) Checked:被选择的指示标记,on | {off}。默认为 off,当设置为 on 时,在被选择

的菜单项上出现一个标记。可以使用此功能，创建菜单特定选项的状态指示。例如，假定有一个菜单项 Show，让显示轴在可视与不可视之间切换。在 Show 回调函数中添加以下代码，当轴显示时，用户可以选择菜单项，然后变为不可视：

```
if strcmp(get(gcbo, 'Checked'),'on')
    set(gcbo, 'Checked', 'off');
else
    set(gcbo, 'Checked', 'on');
end
```

(4) parent：父句柄。当 parent 是图形窗口 figure 时，uimenu 是子菜单。

(5) Position：标量，指定菜单在图形窗口主菜单栏中的相对位置。1 为最左边，依次排列。例如：mh = uimenu(fh,'Label','My menu','Position',3)，自定义菜单 My menu 排列在主菜单栏的第 3 位。

(6) Separator：设置分割符号，on | {off}。

(7) Tag：字符串，用户指定对象的标签，可以定义 Tag 为任何字符串作为标记。Tag 属性提供了一种以用户指定的标签来标识图形对象的手段，在构建交互式的图形程序时，除了需要定义为全局变量的对象句柄之外，或将它们作为参数在回调程序之间传递时，该属性特别有用。

(8) Type：字符串，只读。代表图形对象的类。对于 uimenu 对象，Type 总是串 'uimenu'。

(9) UserData：矩阵，用户指定的数据。要访问这些数据，使用 set 和 get 命令。

(10) Visible：设置菜单可视与否：{on} | off。

注意：① 改变对象 uimenu 的 'Enable' 值或 'Visible' 属性，都可使菜单项暂时去能，但两者不同之处如下：

• Enable 属性可用来将不用的菜单选择去能。'Enable' 属性通常设为 'on'。当'Enable'属性设为 'off ' 时，标志字符串变灰，菜单项去能。在这种状态下，菜单项保持可见但不能被选择。

• 而 Visible 性质可以用来暂时地撤消一个菜单。设定'Visible'属性为 'off '，可将菜单项完全隐藏。菜单项象是从屏幕中消失，而其他菜单项改变了在显示器上的位置以填补由当前不可见菜单造成的空隙。然而，不可见的菜单仍然存在，而且 uimenu 对象的 'Position' 属性值也不改变。当属性 'Visible'又重新设为 'on' 时，菜单项重新出现在正常的位置。

② ' Callback ' 属性必须是字符串，MATLAB 将它传给函数 eval 并在命令窗口工作空间执行，它对于函数 M 文件有重要的隐含意义。所以在字符号内多重 MATLAB 命令、后续行以及字符串都会使必需的句法变得十分复杂。

• 如果有不止一个命令要执行，多重命令可输入到同一命令行中，命令间必须用逗号或分号适当地分隔开来。

• 在已引用的字符串内，用两个单引号来表示单引号。

例如：

>> uimenu('Label'，'Test'，'CallBack'，'grid on，set(gca，' ' Box ' ' ，' ' on ' ') ');

把一个字符串传给 eval，使命令执行，注意字符串 'grid on' 含有所需的逗号以分隔两个命令："grid on，set(gca，' Box '，' on ')"。

如果使用了续行号，上述命令可写为

```
>> uimenu('Label','Test',...
          'CallBack',[...
          'grid on,',...
          'set(gca,''Box'',''on'')'...
          ]);
```

命令行被分隔，每行的末尾加上了省略号表示命令的继续。注意到上列单行的所有元素都被保留，包括字符串分隔命令的逗号。在 'grid on,…' 行中最后引号后的逗号是可选的；下一行开始的空格起相同的作用。

例如，下面的语句创建具有两个菜单项的菜单栏。

```
fh= figure('Visible','on','Position',[360,500,450,285]);
mh = uimenu(fh,'Label','My menu');
eh1 = uimenu(mh,'Label','Item 1');
eh2 = uimenu(mh,'Label','Item 2','Checked','on');
```

fh 是父图形窗口 figure 的句柄，mh 是父菜单的句柄，eh1、eh2 是自定义菜单项的句柄。Label 属性指定出现在菜单上的文本，Checked 属性指定选择该项目后被显示出来。自定义的菜单和菜单项，如图 9-19 所示。

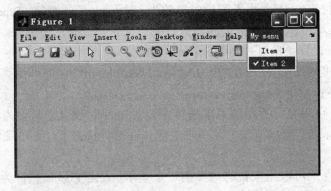

图 9-19　自定义菜单和菜单项

3．menu()函数与菜单项选择

menu()函数产生菜单项选择供用户选择输入。用法如下：

- choice = menu('mtitle','opt1','opt2',…,'optn')
- choice = menu('mtitle',options)

menu()函数返回被选择的菜单项序号，如果用户不作出选择的情况下按对话框上的按钮 close 关闭对话框，则返回 0。

'opt1'、'opt2'、…、'optn'是菜单项字符串。options 是一个 $1 \times n$ 的单元数组，包含菜单项字符串。

例如：

```
>> choice = menu('Choose a color','Red','Blue','Green')
   choice = 2
```

9.6.2 工具条菜单与 uitoolbar()函数

在图形用户界面主菜单下面的工具栏 toolbar 上包含带图标的按钮，它们提供了快速、轻松访问一些重要命令的功能。工具栏按钮可以访问、执行菜单项的所有功能，但不能提供任何额外、附加的功能。

1. uitoolbar()函数与工具栏

uitoolbar()函数在图形用户界面中创建工具栏。语法如下：

(1) ht = uitoolbar('PropertyName1',value1,'PropertyName2',value2,...)：在当前的图形窗口中，创建一个空的工具栏，并返回它的句柄 ht。按指定的属性值进行赋值，并将默认值分配给其余的属性。稍后可以使用 set()函数更改属性值。

键入 get(ht)，可查看 uitoolbar 对象的属性和它们的当前值的列表。

键入 set(ht)，可查看 uitoolbar 对象的属性和设置属性值。

(2) ht = uitoolbar(h,...)：创建一个带有父句柄 h 的工具栏，h 必须是图形用户界面 figure 的句柄。例如下面语句创建一个图形用户界面和空白工具栏：

　　h = figure('ToolBar','none');

　　ht = uitoolbar(h);

2. uipushtool()函数与工具栏按钮

使用 uipushtool()函数可在工具栏生成按钮。语法如下：

(1) hpt = uipushtool：在当前图形窗口顶部的工具栏 uitoolbar 上创建按钮并将其所有的属性都设置为默认值，并返回该工具的句柄 hpt。uitoolbar 是 uipushtool 的父项。使用返回的句柄 hpt 来设置工具的属性。回调函数 ClickedCallback 将句柄作为第一个参数传递。该按钮没有图标，但当用户使用鼠标光标悬停在它上面时，其边框高亮突出显示，可通过设置 Cdata 属性为该工具添加图标。如图 9-20 所示。

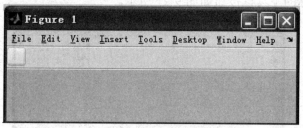

图 9-20　生成工具栏按钮

(2) hpt = uipushtool('PropertyName1',value1,'PropertyName2',value2,...)：创建 uipushtool，并返回它的句柄。uipushtool 分配指定的属性值，并将默认值分配给其余的属性。以后可以使用 set 函数更改属性值，可以使用"参数名称/值"对、包含参数名和值的单元数组或结构(字段包含参数名称和值作为输入参数)指定属性。

工具按钮有两个重要属性：

● Cdata：三维数组。n×m×3 的 RGB 值数组代表彩色图像显示在控件上，作为定义普通按钮或切换按钮上显示的彩色图像，每个值必须在 0.0~1.0 之间。

如果 CData 数组的第一或第二维度(n 或 m)大于 16，它可能会被裁剪或造成其他不良的影响。如果数组被裁剪，只有该数组中心的 16×16 部分被使用。

- ClickedCallback：串或函数句柄，单击按钮时的响应函数。键入 get(hpt)，可查看 uipushtool 对象的属性和它们的当前值的列表；键入 set(hpt)，可查看 uipushtool 对象的属性和设置属性值。

(3) hpt = uipushtool(ht,...)：创建一个带有父句柄 ht 的工具栏按钮，ht 必须是 uitoolbar 的句柄。

例 9-6-1 该例使用 figure()函数创建一个不带工具条的空白图形窗口，然后使用 uitoolbar()函数创建一个不带工具按钮的空白工具条。

解 读取一个图片，并转换为真彩的 CData 数组 icon。

使用 uipushtool()函数创建一个工具条按钮，设置 Cdata 属性，把 icon 作为按钮的图标；设置 TooltipString 属性，按钮提示文字串为 uipushtool；设置 ClickedCallback 属性，单击按钮时的响应动作是在命令空间显示文字：Hello World!。

```
h  = figure('ToolBar','none');
ht = uitoolbar(h);
% Use aMATLABicon for the tool
[X map] = imread(fullfile(...
    matlabroot,'toolbox','matlab','icons','matlabicon.gif'));
% Convert indexed image and colormap to truecolor
icon = ind2rgb(X,map);
% Create a uipushtool in the toolbar
hpt = uipushtool(ht,'CData',icon,...
    'TooltipString','uipushtool',...
    'ClickedCallback','disp("Hello World!")');
```

所生成的带图标的工具栏按钮如图 9-21 所示。

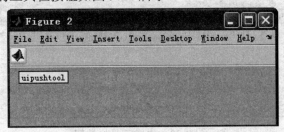

图 9-21 生成带图标的工具栏按钮

思考与练习

9.1 思考、问答题。

(1) 什么是句柄图形？简述句柄图形的意义以及句柄图形之间的父子关系。

(2) 简述在 MATLAB 中使用 GUIDE 创建图形用户接口(GUI)的步骤。

(3) 简述 GUI 控件的种类及各自的功能。

(4) 什么是 callbackfunction？其作用是什么？

9.2 GUI 开发环境中提供了哪些方便的工具？各有什么用途？

9.3 新建一个 GUI 图形窗口，设置其标题为"对数函数的图像"，添加一个按钮，单击按钮后，在绘图窗口中绘制对数函数 f = lg(x) 在 0 < x < 10 的图像。

9.4 使用 GUIDE 创建一个 GUI，使用一个弹出式下拉菜单控件，单击菜单项选择该控件的背景颜色分别为红、绿和黄色。

9.5 创建一个 GUI，绘制抛物线 $y = ax^2 + bx + c$ 的图像，其中，参数 a、b、c 及绘图范围等由界面文本编辑框输入。

9.6 做一个滑条(滚动条)界面，图形窗口标题设置为 GUI Demo: Slider，并关闭图形窗口的菜单条。功能：通过移动中间的滑块选择不同的取值并显示在数字框中，如果在数字框中输入指定范围内的数字，滑块将移动到相应的位置。

9.7 建立三个输入窗口的"信息输入"输入对话框，其对话框标题为："信息登记"、窗口标题为："输入姓名"、"输入年龄"和"输入职业"，如图 9-22 所示。

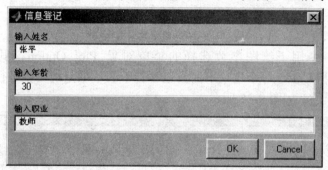

图 9-22 "信息登记"窗口

9.8 用单选框作一个如图 9-23 所示的界面，通过选择不同的单选框来决定使用不同的色彩图。

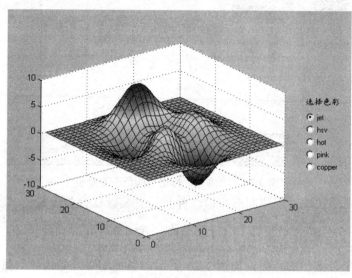

图 9-23 界面色彩选择

9.9 制作一个曲面光照效果的演示界面，如图 9-24 所示，三个弹出式菜单分别用于选择曲面形式、色彩图、光照模式和反射模式，三个滚动条用于确定光源的位置，一个按钮用于退出演示。

图 9-24　光照效果演示

9.10 创建一个用于绘图参数选择的菜单对象 Plot Option，其中包含三个选项 LineStyle、Marker 和 Color，每个选项下面又包含若干的子项分别可以进行选择图线的类型、标记点的类型和颜色，如图 9-25 所示。

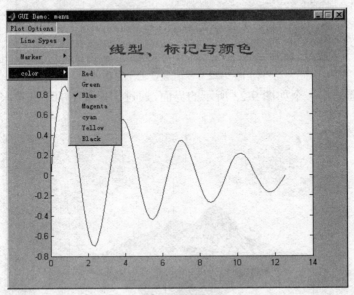

图 9-25　"线型、标记与颜色"对话框

9.11 编写程序实现：创建图形窗口，并且设置其默认背景为黄色，默认线宽为 4 个像素，在该窗口中绘制椭圆 $\dfrac{x^2}{a^2}+\dfrac{y^2}{b^2}=1$ 的图像，其中的 a 和 b 任选。

9.12 作一个带按钮的界面，如图 9-26 所示，当按动"开始播放"按钮时，用计算机声卡播放一段音乐。

第 9 章　句柄图形与 GUI 设计

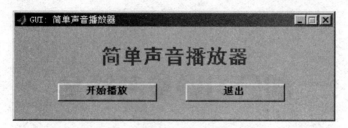

图 9-26　"简单声音播放器"对话框

9.13　编写 MATLAB 程序，绘制下面的函数：

$$\begin{cases} x(t) = \cos\left(\dfrac{t}{\pi}\right) \\ y(t) = 2\sin\left(\dfrac{t}{2\pi}\right) \end{cases}, \text{其中} -2 \leqslant t \leqslant 2$$

该程序在绘制图形之后等待用户的鼠标输入，每单击其中一条曲线，就随机修改该曲线的颜色，包括红色、绿色、蓝色、黑色和黄色。

部分习题参考答案

第 1 章

1.1 MATLAB 具有功能强大、使用方便、输入简捷、库函数丰富、开放性强等特点。

1.2 MATLAB 系统主要由开发环境、MATLAB 数学函数库、MATLAB 语言、图形功能和应用程序接口五个部分组成。

1.3 在 MATLAB 操作桌面上有五个窗口，在每个窗口的右上角有两个小按钮，一个是关闭窗口的 Close 按钮，一个是可以使窗口成为独立窗口的 Undock 按钮，点击 Undock 按钮就可以使该窗口脱离桌面成为独立窗口，在独立窗口的 view 菜单中选择 Dock ……菜单项就可以将独立的窗口重新放置在桌面上。

1.4 存储在工作空间的数组可以通过数组编辑器进行编辑：在工作空间浏览器中双击要编辑的数组名打开数组编辑器，再选中要修改的数据单元，输入修改内容即可。

1.5 命令历史窗口除了用于查询以前键入的命令外，还可以直接执行命令历史窗口中选定的内容、将选定的内容拷贝到剪贴板中、将选定内容直接拷贝到 M 文件中。

1.6 当前目录可以在当前目录浏览器窗口左上方的输入栏中设置，搜索路径可以通过选择操作桌面的 file 菜单中的 Set Path 菜单项来完成。在没有特别说明的情况下，只有当前目录和搜索路径上的函数和文件能够被 MATLAB 运行和调用，如果在当前目录上有与搜索路径上相同文件名的文件时则优先执行当前目录上的文件，如果没有特别说明，数据文件将存储在当前目录上。

1.7 在 MATLAB 中有多种获得帮助的途径：

- 帮助浏览器：选择 Help 菜单中的 MATLAB Help 菜单项可以打开帮助浏览器；
- help 命令：在命令窗口键入"help"命令可以列出帮助主题，键入"help 函数名"可以得到指定函数的在线帮助信息；
- lookfor 命令：在命令窗口键入"lookfor"关键词可以搜索出一系列与给定关键词相关的命令和函数；
- 模糊查询：输入命令的前几个字母，然后按 Tab 键，就可以列出所有以这几个字母开始的命令和函数。

1.8

逻辑表达式	结果
(a) ~v1	0
(b) v1 | v2	1
(c) v1 & v2	0
(d) v1 & v2 | v3	1
(e) v1 & (v2 | v3)	1
(f) ~(v1 & v3)	0

(f)中的括号是必须的,因为~运算在其他的逻辑运算之前进行,如果去掉括号,(f)表达式将等价于(~v1)&v3。

1.9　(1)1 (2) 0 (3) 0 (4) 0　(5) 0 (6) 1

1.10　(1) 0 (2)1 (3) 0

1.11　(1) 0 (2) 1 (3) 1 (4) 0

1.13　(1) ans = 30.0000 –15.0000i；(2) ans = 3.6841e+003 +1.6860e+003i

1.16　六种关系运算的结果如下：

```
>> a=[1 2 3;4 5 6];
>> b=[8 –7 4;3 6 2];
>> a>b
ans =
     0     1     0
     1     0     1
>> a>=b
ans =
     0     1     0
     1     0     1
>> a<b
ans =
     1     0     1
     0     1     0
>> a<=b
ans =
     1     0     1
     0     1     0
>> a==b
ans =
     0     0     0
     0     0     0
>> a~=b
ans =
     1     1     1
     1     1     1
```

1.17　解　(1) 采用相量法的求解步骤：

$$Z = Z_c + R_2 + \frac{R_1 Z_{L1}}{R_1 + Z_{L1}}, \quad \dot{I}_s = \dot{U}_s / Z, \quad \tilde{S} = \dot{U}_s \dot{I}_s^* = P + jQ$$

(2) MATLAB 程序：

```
Us=40;   w=10000;   R1=40;   R2=60;   C=1e-6;   L=0.1e-3;
ZC=1/(j*w*C);              %C1 容抗
ZL=j*w*L;                  %L1 感抗
```

```
    ZP=R1*ZL/(R1+ZL);              %R1，L1 并联阻抗
    ZT=ZC+ZP+R2;                   %总阻抗
    Is=Us/ZT;
    Sg=0.5*Us*conj(Is);            %复功率
    averagePower=real(Sg)          %平均功率
    reactivePower=imag(Sg)         %无功功率
    apparentPower=Us*abs(Is)/2     %视在功率
```
(3) 运行结果：
averagePower = 3.5825；reactivePower=-5.9087；apparentPower = 6.9099

第 2 章

2.2 答：一般可以用四种方法建立矩阵：
① 直接输入法，如 a=[2 5 7 3]，优点是输入方法方便、简捷；
② 通过 M 文件建立矩阵，该方法适用于建立尺寸较大的矩阵，并且易于修改；
③ 由函数建立，如 y=sin(x)，可以由 MATLAB 的内部函数建立一些特殊矩阵；
④ 通过数据文件建立，该方法可以调用由其他软件产生数据。

2.3 答：进行数组运算的两个数组必须有相同的尺寸。进行矩阵运算的两个矩阵必须满足矩阵运算规则，如矩阵 a 与 b 相乘(a×b)时必须满足 a 的列数等于 b 的行数。

在加、减运算时，数组运算与矩阵运算的运算符相同；乘、除和乘方运算时，在矩阵运算的运算符前加一个"点"即为数组运算，如 a*b 为矩阵乘，a.*b 为数组乘。

2.5 程序如下：

(1)
```
>> a=[5 3 5;3 7 4;7 9 8]; b=[2 4 2;6 7 9;8 3 6];
>> a+b
ans =
     7     7     7
     9    14    13
    15    12    14
>> a*b 或 mtimes(a,b)
ans =
    68    56    67
    80    73    93
   132   115   143
```
(2)
```
>> times(a,b)或 a.*b

ans =
    10    12    10
```

18	49	36
56	27	48

2.6 程序如下：

>> x=[4+8i 3+5i 2−7i 1+4i 7−5i;3+2i 7−6i 9+4i 3−9i 4+4i];

>> x'

ans =

    4.0000 − 8.0000i   3.0000 − 2.0000i

    3.0000 − 5.0000i   7.0000 + 6.0000i

    2.0000 + 7.0000i   9.0000 − 4.0000i

    1.0000 − 4.0000i   3.0000 + 9.0000i

    7.0000 + 5.0000i   4.0000 − 4.0000i

2.7 在通常情况下，左除 x=a\b 是 a*x=b 的解，右除 x=b/a 是 x*a=b 的解，一般情况下，a\b≠b/a。

2.8 程序如下：

>> a = 2;b = [1 −2;0 10];c =[0 1;2 0];d = [−2 1 2;0 1 0];

(1) ans =

    0   0

    0   1

(2) ans =

    1   0

    0   1

(3) ??? Error using ==> le

    Matrix dimensions must agree.

(4) ans =

    1   0

    0   1

2.9 程序如下：

>> A=[4 9 2;7 6 4;3 5 7];

>> B=[37 26 28]';

>> X=A\B

X =

    −0.5118

    4.0427

    1.3318

2.10 程序如下：

>> a=[1 2 3;4 5 6;7 8 9];

>> a.^2

ans =

    1   4   9

   16   25   36

```
             49       64       81
>> a^2
ans =
             30       36       42
             66       81       96
            102      126      150
```

2.12　相当于 a=[1 1 0 1 1]。

2.13　在 sin(x) 运算中，x 是弧度，MATLAB 规定所有的三角函数运算都是按弧度进行运算。

2.14　程序如下：

```
>> x=[30 45 60];
>> x1=x/180*pi;
>> sin(x1)
ans =
        0.5000      0.7071      0.8660
>> cos(x1)
ans =
        0.8660      0.7071      0.5000
>> tan(x1)
ans =
        0.5774      1.0000      1.7321
>> cot(x1)
ans =
        1.7321      1.0000      0.5774
```

2.15　程序如下：

```
>> A = cell(2,2);
>> A(1,1) = {'北京'};
>> A(1,2) = {'上海'};
>> A(2,1) = {uint8(5)};
>> A(2,2) = {[5,9;6,2]};
```

2.16　程序如下：

```
>> a=[4 2;5 7];
>> b=[7 1;8 3];
>> c=[5 9;6 2];
```

(1)
```
>> d=[a(:) b(:) c(:)]
d =
        4       7       5
        5       8       6
```

```
            2    1    9
            7    3    2
```

(2)
```
>> e=[a(:);b(:);c(:)]'
e =
     4  5  2  7  7  8  1  3  5  6  9  2
```

或利用(1)中产生的 d
```
>> e=reshape(d,1,12)
ans =
     4  5  2  7  7  8  1  3  5  6  9  2
```

2.17 程序如下：
(4) M*sin(L)*inv(M)
(5) funm(A, @sin)

2.18 程序如下：
```
>> A=[-4, -2,0,2,4; -3, -1,1,3,5];  %创建矩阵 A
>> L=abs(A)>3%建立矩阵 L
>> islogical(L)%判断 L 中是否有逻辑 1
>> X=A(L)%指出 A 中绝对值大于 3 的元素
```

第 3 章

3.2 38.0 与 39.0 都满足 temp > 36.5 的条件，因此后两条判断不会执行，应加以限制：
```
temp = input('输入人的体温值：temp=  ');
if temp < 36.5
    disp('体温偏低！');
elseif temp > 36.5 & temp<=38.0
    disp('体温正常。');
elseif temp > 38.0 & temp<=39.0
    disp('体温偏高！');
elseif temp > 39.0
    disp('体温高！！');
end
```

3.4 程序如下：
```
x = input('输入 x 值：x=  ');
y = input('输入 y 值：y=  ');
if x>=0 & y>=0
    fun = x + y;
elseif x>=0 & y<0
    fun = x + y^2;
```

```
elseif x<0 & y>=0
    fun = x^2 + y;
else
    fun = x^2 + y^2;
end
disp(['计算结果为：' num2str(fun)]);
```

3.5 程序如下：

```
Name=['王英','张一帆','刘利','李星民','陈露','杨勇','于娜','黄宏','郭达','赵磊'];
Marks=[72,83,56,94,100,88,96,68,54,65];
% 划分区域：满分(100)，优秀(90~99)，良好(80~89)，及格(60~79)，不及格(<60)。
n=length(Marks);
for i=1:n
    a{i}=89+i;
    b{i}=79+i;
    c{i}=69+i;
    d{i}=59+i;
end;
c=[d,c];
% 根据学生的分数，求出相应的等级。
for i=1:n
    switch Marks(i)
        case 100                          %得分为100时
            Rank(i,:)=' 满分';
        case a                            %得分在90~99之间
            Rank(i,:)=' 优秀';
        case b                            %得分在80~89之间
            Rank(i,:)=' 良好';
        case c                            %得分在60~79之间
            Rank(i,:)=' 及格';
        otherwise                         %得分低于60。
            Rank(i,:)='不及格';
    end
end
% 将学生姓名，得分，等级信息打印出来。
disp(' ')
disp(['学生姓名   ','  得分   ','   等级']);
disp('--------------------------')
for i=1:10;
    disp(['   ',Name(i),'       ',num2str(Marks(i)),'          ',Rank(i,:)]);
```

end
3.6 程序如下：
```
k=input('选择转换方式(1--摄氏转换为华氏，2--华氏转换为摄氏)：');
    if k~=1 & k~=2
        disp('请指定转换方式')
        break
    end
    tin=input('输入待转变的温度(允许输入数组)：');
    if k==1
        tout=tin*9/5+32;        %摄氏转换为华氏
        k1=2;
    elseif k==2
        tout=(tin−32)*5/9;      %华氏转换为摄氏
        k1=1;
    end
    str=[' C';' F'];
    disp(['转换前的温度', '      ', '转换后的温度'])
    disp([' ',num2str(tin),str(k,:),'      ', num2str(tout),str(k1,:)])
```
3.7 使用 for 循环，程序如下：
```
k=input('输入一个结束值：');
    x=0;
    for   i=1:k
        y=1;
        for   j=1:i
            y=y*j;
        end;
        x=x+y;
    end;
disp('级数值为：'), x
```
3.8 使用 for 循环，程序如下：
```
A=[];
for   i=1:5
    for   j=1:5
        if i==j
            A(i,i)=5;
        elseif abs(i-j)==1
            A(i,j)=1;
        else A(i,j)=0;
        end
```

```
            end
        end
```
这种方法在任何标准的程序设计语言中都是一样的。还有一种更简单的方法如下：
```
A=zeros(5);
for   i=1:4
    A(i,i)=5;
    A(i,i+1)=1;
    A(i+1,i)=1;
end
```

3.9　使用 for 循环，程序如下：
```
r=[];s=[];
for   x=-2.0:0.25: -0.75
y=1+1/x;
r=[r x];s=[s y];
end
[r;s]'
ans =
    -2.0000    0.5000
    -1.7500    0.4286
    -1.5000    0.3333
    -1.2500    0.2000
    -1.0000         0
    -0.7500   -0.3333
```

3.10　使用 while 循环，程序如下：
```
lnsum=0;n=1;x=0.5;
while abs((x^n)/n)>=eps
lnsum=lnsum+((-1)^(n+1))*(x^n)/n;
n=n+1;
end
disp(['结果 lnsum = ',num2str(lnsum),'   ','循环次数  n= ',num2str(n)])
```
结果 lnsum = 0.40547   循环次数 n= 47

检验这个结果：
```
>> log(1.5)
ans = 0.4055
```

3.11　(1) 使用 while 循环，程序如下：
```
myeps=1;
while myeps+1>1
myeps=myeps/2;
end
```

```
        myeps=myeps*2;
        disp(['计算机的最小正数 myeps= ',num2str(myeps)])
```
(2) 使用 for 循环，程序如下：
```
        myeps=1;
        for i=1:1000
        myeps=myeps/2;
            if myeps+1<=1
                break;
            end
        end
        myeps=myeps*2;
        disp(['计算机的最小正数 myeps= ',num2str(myeps)])
```
计算机的最小正数 myeps= 2.2204e–016

第 4 章

4.1 答：(1) 采用调试器界面调试程序。在操作桌面上选择"建立新文件"或"打开文件"操作时，M 文件编辑/调试器将被启动。

(2) 采用命令行调试程序。在命令窗口中键入 edit 命令时也可以启动 M 文件编辑/调试器。

4.2 答：MATLAB 程序的 M 文件又分为 M 脚本文件(M-Script)和 M 函数(M-function)，它们均是普通的 ASCII 码构成的文件。

命令文件与函数文件的主要区别：

(1) 命令文件是一系列命令的组合，函数文件的第一行必须用 function 说明；

(2) 命令文件没有输入参数，也不用返回参数，函数文件可以接受输入参数，也可以返回参数；

(3) 命令文件处理的变量为工作空间变量，函数文件处理的变量为函数内部的局部变量，也可以处理全局变量。

4.3 答：用关键字 global 可以把一个变量定义为全局变量，在 M 文件中定义全局变量时，如果在当前工作空间已经存在了相同的变量，系统将会给出警告，说明由于将该变量定义为全局变量，可能会使变量的值发生改变，为避免发生这种情况，应该在使用变量前先将其定义为全局变量。

4.4 答：内联函数是用户用来自定义函数的一种形式，一般用于定义一些比较简单的数学函数。用命令 inline 定义，因此叫内联函数。调用格式为 fun=inline(expr, arglist)。

匿名函数提供了一种创建简单程序的方法，使用它的话，用户可以不必每次都编写 M 文件。用户可以在 MATLAB 的命令窗口或是其他任意 M 文件和脚本文件中使用匿名函数。匿名函数的格式为：fhandle = @(arglist) expr。

4.5 答：用 length()函数求数据长度，用 sum()函数求合计数，合计数除以数据长度即为算术平均数，程序如下：

```
function [averages,sums,n]=avg(a)
n=length(a);
sums=sum(a);
averages=sums/n;
disp('平均数，合计数，长度为： ');averages,sums,n
```

在 MATLAB 命令窗口调用该函数：

```
>> a=[1 2 3 4];
>> avg(a)
```

返回结果：

平均值，合计数，长度为

averages = 2.5000

sums = 10

n = 4

4.6 程序如下：

(1)

```
>> P+Q    %或 plus(P,Q)
    ans = 5*x^4 + 1.8*x^3 − 2*x^2 + 6*x + 4
>> P-Q
    ans = −3*x^4 − 4.2*x^3 + 8*x^2 − 6*x − 16
>> P*Q
    ans =
    4*x^8 − 1.8*x^7 + 3.4*x^6 + 21*x^5 − 36.2*x^4 − 12*x^3 + 60*x^2 − 36*x − 60
```

(2) 略。

(3)

```
>> X=P^2
    X =
        x^8 − 2.4*x^7 + 7.44*x^6 − 7.2*x^5 − 3*x^4 + 14.4*x^3 − 36*x^2 + 36
```

4.7 程序如下：

```
y=polyval(X,[1 2 3 4 5 6])
    y =
        1.0e+006 *
          0.0000    0.0002    0.0048    0.0489    0.2959    1.2969
```

4.8 程序如下：

```
>> diff(P)
    ans = 4*x^3 − 3.6*x^2 + 6*x
>> roots(P)
    ans =
        0.4458 + 1.9917i
```

0.4458 – 1.9917i

    1.3642

    –1.0559

  4.9 程序如下：

    >> plot(P)

绘制出多项式 P = x^4 – 1.2*x^3 + 3*x^2 – 6 的图形。

  4.10 程序如下：

    a=input('请输入密码：');

    while (a~=498)

     a=input('密码错误，重新输入！');

    end

  4.11 程序如下：

    function tiji

    r=input('输入底面半径');

    h=input('输入高度');

    v=r^2*pi*h;

    disp(v);

    >> tiji

输入底面半径 7

输入高度 9

    1.3854e+003

  4.12 程序如下：

    function pingjun

    sum=0;sum3=0;n=0;

    a=input('请输入数字：');

    while (a~=0)

    sum=sum+a;

     sum3=sum3+a^3;

    n=n+1;

    a=input('请输入数字：');

    end

    if n~=0

     aver=sum/n;

    end

    disp('输入数字个数数为：');n

    disp('平均数为：');disp(aver);

    disp('立方和为：');disp(sum3);

第 5 章

5.1 程序如下：

(1)
```
>> x=-5:0.2:5;
>> y=x.^3+x+1;
>> plot(x,y)
```

(2)
```
>> x=linspace(0,2*pi,101);
>> y=cos(x)*(0.5+(1+x.^2)\3*sin(x));
>> plot(x,y,'r')
```

5.2 程序如下：
```
>> t=0:0.5:10;
>> y1=exp(-0.1*t);
>> y2=exp(-0.2*t);
>> y3=exp(-0.5*t);
>> plot(t,y1,'-ob',t,y2,':*r',t,y3,'-.^g')
```

5.3 程序如下：
```
>> title('\ity\rm=e^{-\itat}')
>> title('\ity\rm=e^{-\itat}','FontSize',12)
>> text(t(6),y1(6),'\leftarrow\ita\rm=0.1','FontSize',11)
>> text(t(6),y2(6),'\leftarrow\ita\rm=0.2','FontSize',11)
>> text(t(6),y3(6),'\leftarrow\ita\rm=0.5','FontSize',11)
```

5.4 程序如下：
```
>> title('\ity\rm=e^{-\itat}','FontSize',12)
>> legend('a=0.1','a=0.2','a=0.5')
```

5.5 程序如下：

(1)
```
>> y=[3 6 9 6;6 7 7 4;7 3 2 3;4 2 5 2;2 4 8 7;8 7 4 4];
>> bar(y)
```

(2)
```
>> bar(y,'stack')
```

5.6 程序如下：
```
>> x=[66 49 71 56 38];
>> L=[0 0 0 0 1];
>> pie(x,L)
```

5.7 程序如下：
```
>> [x,y]=meshgrid([-2:.2:2]);
```

```
>> z=x.*exp(-x.^2-y.^2);
>> mesh(x,y,z)
>> subplot(2,2,1),    plot3(x,y,z)
>> title('plot3 (x,y,z)')
>> subplot(2,2,2),    mesh(x,y,z)
>> title('mesh (x,y,z)')
>> subplot(2,2,3),    surf(x,y,z)
>> title('surf (x,y,z)')
>> subplot(2,2,4),    surf(x,y,z), shading interp
>> title('surf (x,y,z), shading interp')
```

5.8 程序如下：

(1)
```
>> surf(peaks(30));
```

(2)
```
>> colormap(hot)
```

(3)
```
>> colormap(cool)
```

(4)
```
>> colormap(lines)
```

5.9 程序如下：

(1)
```
>> [x,y,z]=sphere(30);
>> mesh(x,y,z)
```

(2)
```
>> mesh(x,y,z),hidden off
```

(3)
```
>> surf(x,y,z)
```

(4)
```
>> z(18:30,1:5)=NaN*ones(13,5);
>> surf(x,y,z)
```

5.10 程序如下：
axis square
axis off

5.11 程序如下：
```
>> t=linspace(0,10);
>> r1=2;
>> x1=(r1*cos(t)+3*t);
>> y1=r1*sin(t)+3;
>> r2=3;
```

```
>> x2=(r2*cos(t)+3*t);
>> y2=r2*sin(t)+3;
>> r3=4;
>> x3=(r3*cos(t)+3*t);
>> y3=r3*sin(t)+3;
>> plot(x1,y1,'r',x2,y2,'b',x3,y3,'m')
```

5.12 程序如下:
(1)
```
for i=1:10
    plot(i,i.^2,'.');
    hold on
        plot(i.^2,4*i.^2+i.^3,'.');
end
```
(2)
```
x=1:10;
y=x.^2;
plot(x,y);hold on
plot(x.^2,4*x.^2+x.^3);
axis([0,105,0,1450])
```

5.13 解: (1) 等效电路模型如下:

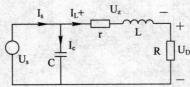

$$Us = 220$$

$$Ic = j\omega C \cdot Us = j100\pi * 5 * 10^{-6} * 220 = j0.3456$$

$$I_L = \frac{Us}{R+r+j\omega L} = \frac{220}{250+10+j100*\pi*1.5} = 0.1975 - j0.3579$$

$$Is = Ic + I_L = 0.1975 - j0.0123$$

$$Uz = I_L(r+j\omega L) = 170.63 + j89.491$$

$$U_D = Us - Uz = 49.37 - j89.491$$

(2) 程序如下:
```
Us=220;R=250;r=10;L=1.5;C=5*10^(-6);w=2*pi*50;
Ic=j*w*C*Us;
IL=Us/(R+r+j*w*L);
Is=Ic+IL;
Uz=IL*(r+j*w*L);
Ud=Us-Uz;
```

```
subplot(2,2,1);
compass([Us,Uz,Ud]);title('电压罗盘向量图')
subplot(2,2,2);
compass([Ic,IL,Is]);title('电流罗盘向量图')
t=0:1e-3:0.1;
w=2*pi*50;
us=220*sin(w*t);
uz=abs(Uz)*sin(w*t+angle(Uz));
ud=abs(Ud)*sin(w*t+angle(Ud));
ic=abs(Ic)*sin(w*t+angle(Ic));
iL=abs(IL)*sin(w*t+angle(IL));
is=abs(Is)*sin(w*t+angle(Is));
subplot(2,2,3);
plot(t,us,t,uz,t,ud);title('电压波形图')
subplot(2,2,4);
plot(t,is,t,ic,t,iL);title('电流波形图')
```

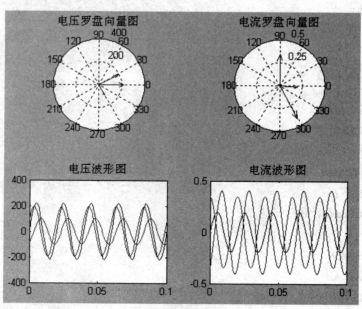

第 6 章

6.1 程序如下：

```
str=input('输入一个字符串：',',s');
disp('输入字符串为： ');disp(str);
 disp('小写字母个数为：');
sum(str>='a' & str<= 'z')
j=size(str);
```

```
            if j(2)>2
                ans2=str(3:end);
                disp(ans2);
                ans1=fliplr(ans2);
                disp(ans1);
            else
                disp('字符少于 3 个！');
            end
```

6.2 程序如下：
```
>> TFN = strcmp(S1,S2)
TFN =      0
>> TFY = strcmpi(S1,S2)
TFY =      1
```

6.3 程序如下：
```
>>   strncmp(S1,S2,7)
    ans =     0
>> strncmpi(S1,S2,7)
    ans =    1
>> s1=S1(1:7)
s1 =
    我喜欢 MATL
>> s2=S2(1:7)
s2 =
    我喜欢 Matl
```

6.4 程序如下：
```
>> n= strfind (S1,'M')
n =     4
>> str=S1(4:9)
str = MATLAB
```

6.5 程序如下：

(1)
```
>> A=[12 13;21 2];
>> mat2str(A)
  ans =[12 13;21 2]
```

(2)
```
>> pi=3.14;
>> num2str(pi)
    ans =3.14
```

6.6 程序如下：

(1)

>> str=input('输入一个字符串：',',s');

输入一个字符串：MATLAB is a high-performance language for technical computing.

>> STR=upper(str)

STR = MATLAB IS A HIGH-PERFORMANCE LANGUAGE FOR TECHNICAL COMPUTING.

(2)

>> strfind(STR,'A')

ans = 2   5   11   25   31   35   50

(3)

>> strrep(STR,'A','a')

ans = MaTLaB IS a HIGH-PERFORMaNCE LaNGUaGE FOR TECHNICaL COMPUTING.

6.7 程序如下：

>> x = 0:.1:1;

y = [x; exp(x)];

fid = fopen('exp.txt','w');

fprintf(fid,'%6.2f %12.8f\n',y);

fclose(fid);

>> type exp.txt

6.8 程序如下：

a = 2*pi;

b=100;c='中国人民';

fid = fopen('tx.txt','w');

fprintf(fid,'%s%d %g \n',a,b,c);

fclose(fid);

>> type tx.txt

6.28319 100 中国人民

第 7 章

7.1 解：(1) 使用 sum()函数。ans = 3025。

(2) 使用 prod()函数。ans = 3.4721e+088。

7.2 ans =

6.1449

2.2816

−1.4265

7.3 解：(1) 使用 poly(r)函数展开：

>> c =poly(r)

c =   1   −2   −56   192

即展开为系数多项式的形式：$c = x^3 - 2x^2 - 56x + 192$

(2) 使用 polyval()函数：

>> polyval(c,8)

ans = 128

7.4 解：使用 c=conv(a , b)函数计算多项式乘法。

$c = (x^4 + 2x^3 - 42x^2 + 20x + 8)$

7.5 解：使用 deconv()函数计算：

$b = 3x^2 + x + 2$

7.6 解：使用 residue(b,a)函数：

r =

  1.1274 + 1.1513i

  1.1274 − 1.1513i

  −0.0232 − 0.0722i

  −0.0232 + 0.0722i

  0.7916

s =

  −1.7680 + 1.2673i

  −1.7680 − 1.2673i

  0.4176 + 1.1130i

  0.4176 − 1.1130i

  −0.2991

k =

  []

7.7 解：

>> p=[4 −12 −14 5];

(1) 求微分。

>> pder=polyder(p);

>> pders=poly2sym(pder)

pders = 12*x^2−24*x−14

或

>> pders=poly2str(pder,'x')

pders=12 x^2 − 24 x − 14

(2) 积分。

>> pint=polyint(p);

>> pints=poly2sym(pint)

pints = x^4-4*x^3−7*x^2+5*x

或

>> pints=poly2str(pint,'x')

pints = x^4 − 4 x^3 − 7 x^2 + 5 x

7.8 解：

>> a=[2 9 0;3 4 11;2 2 6];

>> b=[13 6 6]';

>> x=a\b

x =

    7.4000

   −0.2000

   −1.4000

7.9 解：

>> a=[2 4 7 4;9 3 5 6];

>> b=[8 5]';

>> x=pinv(a)*b

x =

   −0.2151

    0.4459

    0.7949

    0.2707

7.10 解：

>> x=[1 1.5 2 2.5 3 3.5 4 4.5 5]'

>> y=[−1.4 2.7 3 5.9 8.4 12.2 16.6 18.8 26.2]'

>> e=[ones(size(x))　x.^2]

>> c=e\y

>> x1=[1:0.1:5]';

>> y1=[ones(size(x1)),x1.^2]*c;

>> plot(x,y,'ro',x1,y1,'k')

7.11 解：

>> a=[4 2 −6;7 5 4 ;3 4 9];

>> ad=det(a)

>> ai=inv(a)

ad =

   −64

ai =

   −0.4531   0.6562   −0.5937

    0.7969   −0.8437   0.9062

   −0.2031   0.1562   −0.0937

7.12 解：

>> x=0:0.02*pi:2*pi;

>> y=sin(x);

>> ymax=max(y)

```
>> ymin=min(y)
>> ymean=mean(y)
>> ystd=std(y)
ymax = 1
ymin = −1
ymean = 2.2995e−017
ystd = 0.7071
```

7.13 解：
```
>> x=[1 2 3 4 5];
>> y=[2 4 6 8 10];
>> cx=cov(x)
>> cy=cov(y)
>> cxy=cov(x,y)
cx =
    2.5000
cy =
    10
cxy =
    2.5000    5.0000
    5.0000   10.0000
```

7.14 解：
```
>> x0=0:pi/5:4*pi;
>> y0=sin(x0).*exp(−x0/10);
>> x=0:pi/20:4*pi;
>> y=spline(x0,y0,x);
>> plot(x0,y0,'or',x,y,'b')
```

7.15 解：
```
>>  a=[10 −1 0;  −1 10 −2;0 −2 10];
>> b=[9;7;6];
>> x=a\b
x =
    0.9958
    0.9579
    0.7916
>> linsolve(a,b)
ans =
    0.9958
    0.9579
    0.7916
```

```
>> mldivide(a,b)
ans =
    0.9958
    0.9579
    0.7916
```

7.16 解:
```
>>  a=[3 4 –7 –12;5 –7 4 2;1 8 0 –5; –6 5 –2 10];
>>  b=[4 ;4 ;9 ;4];
>> X=a\b
X =
    2.9447
    1.5512
   –0.6017
    1.2709
```

即 $\begin{cases} x = 2.9447 \\ y = 1.5512 \\ z = -0.6017 \\ w = 1.2709 \end{cases}$

7.17 解:

根据有效值的定义: $I = \sqrt{\dfrac{\int_0^T i(t)^2 dt}{T}} = \sqrt{\dfrac{\int_0^{T/2} (\pi/2)^2 dt}{T}}$

程序如下:
```
    clear;
    T=6.28;
    t=0:1e-3:T/2;              %1e-3 为计算步长;
    it=zeros(1,length(t));     %开设电流向量空间;
    it(:)=pi/2;                %电流向量幅值;
    %求电流均方根, 得有效值
    I=sqrt(trapz(t,it.^2)/T)
```
运行结果: I = 1.1107 (mA)

7.18 解: 求函数 sin(x)和 2x–2 的交集, 也就是求方程 sin x= 2x – 2 的解。

(1) 先定义函数 sinm(x), 将它存放在 M 文件 sinm.m 中, 如下:
```
    function s=sinm(x)
    s=sin(x)– (2.*x-2);
```
(2) 绘制函数曲线。
```
    fplot('sinm',[–10 10]);
    grid on;
```

title('s(x) = sin(x)− (2.*x−2)');
xlabel('(x)');ylabel('s(x)');

绘制函数曲线如下图所示。

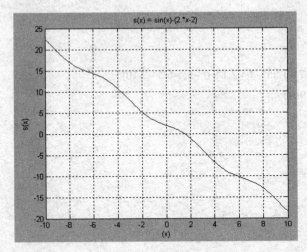

画出曲线是找到初始值的一个好方法，可见 2 是一个可接受的估计值，输入：

>> s0=fzero('sinm',2)

s0 = 1.4987

这就是方程 sin(x)=2x−2 的解。

第 8 章

8.1 答：MATLAB 提供了两种创建符号变量和表达式的函数，即 sym()和 syms()。Sym()用于创建一个符号变量或表达式，syms()用于创建多个符号变量。

8.2 答：(1) f = 3*x^2+5*x+2。表示在给定 x 时，将 3*x^2+5*x+2 的数值运算结果赋值给变量 f，如果没有给定 x 则指示错误信息。

(2) f='3*x^2+5*x+2'。表示将字符串'3*x^2+5*x+2'赋值给字符变量 f，没有任何计算含义，因此也不对字符串中的内容做任何分析。

(3) x=sym('x')。f=3*x^2+5*x+2，表示 x 是一个符号变量，因此算式 f=3*x^2+5*x+2 就具有了符号函数的意义，f 也自然成为符号变量了。

8.3 解：

>> r=solve('a*t^2+b*t+c=0','t')

r =

[1/2/a*(−b+(b^2−4*a*c)^(1/2))]

[1/2/a*(−b− (b^2−4*a*c)^(1/2))]

8.4 解：用符号计算验证三角等式：

>> syms phi1 phi2;

>> y=simple(sin(phi1)*cos(phi2)−cos(phi1)*sin(phi2))

y = sin(phi1−phi2)

8.5 解：程序如下：

```
>> syms a11 a12 a21 a22;
>> A=[a11,a12;a21,a22]
>> AD=det(A)              %行列式
>> AI=inv(A)              %逆
>> AE=eig(A)              %特征值
A =
    [ a11, a12]
    [ a21, a22]
AD =
    a11*a22−a12*a21
AI =
    [−a22/(−a11*a22+a12*a21),    a12/(−a11*a22+a12*a21)]
    [ a21/(−a11*a22+a12*a21),   −a11/(−a11*a22+a12*a21)]
AE =
    [ 1/2*a11+1/2*a22+1/2*(a11^2−2*a11*a22+a22^2+4*a12*a21)^(1/2)]
    [ 1/2*a11+1/2*a22−1/2*(a11^2−2*a11*a22+a22^2+4*a12*a21)^(1/2)]
```

8.6 因式分解，程序如下：

```
>> syms x;
>> f=x^4−5*x^3+5*x^2+5*x−6;
>> factor(f)
ans =
    (x−1)*(x−2)*(x−3)*(x+1)
```

8.7 解：用符号微分求 df/dx，程序如下：

```
>> syms a x;
>> f=[a, x^2, 1/x; exp(a*x), log(x), sin(x)];
>> df=diff(f)
df =
    [       0,        2*x,      −1/x^2]
    [ a*exp(a*x),      1/x,      cos(x)]
```

8.8 解：程序如下：

```
>> S=solve('a*x^2+b*y+c=0','b*x+c=0','x','y');
>> disp('S.x=') , disp(S.x)
>> disp('S.y=') , disp(S.y)
S.x=
    −c/b
S.y=
    −c*(a*c+b^2)/b^3
```

8.9 解：程序如下：
```
>> syms t
>> ezplot(sin(3*t)*cos(t),sin(3*t)*sin(t),[0,2*pi])
```

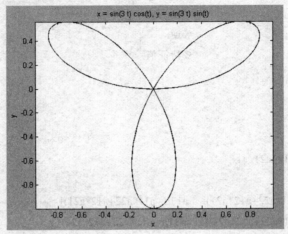

8.10 解：程序如下：
```
>> syms t
>> ezpolar(sin(3*t)*cos(t)
```

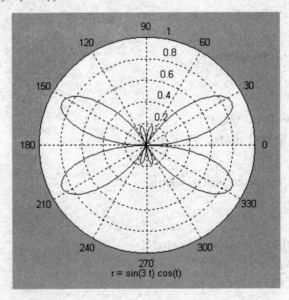

8.11 解：(1) 方程求解的 MATLAB 代码如下：
```
>> clear;
>>s=dsolve('Dy=a*y+b')
```
结果如下：
  s =-b/a+exp(a*t)*C1
(2) 程序如下：
```
>>clear;
>>s=dsolve('D2y=sin(2*x)-y', 'y(0)=0', 'Dy(0)=1', 'x')
```

```
>>simplify(s)    %以最简形式显示 s
```
结果如下：

s =(−1/6*cos(3*x)−1/2*cos(x))*sin(x)+(−1/2*sin(x)+1/6*sin(3*x))*cos(x)+5/3*sin(x)

ans =−2/3*sin(x)*cos(x)+5/3*sin(x)

(3)
```
>>clear;
>>s=dsolve('Df=f+g', 'Dg=g−f', 'f(0)=1', 'g(0)=1')
>>simplify(s.f)    %s 是一个结构
>>simplify(s.g)
```
结果如下：

ans =exp(t)*cos(t)+exp(t)*sin(t)

ans =−exp(t)*sin(t)+exp(t)*cos(t)

8.12 程序如下：

(1)
```
>> syms x;
>> int(x^2*atan(x),'x')
ans =
     1/3*x^3*atan(x)−1/6*x^2+1/6*log(x^2+1)
>> simple(ans)
```
结果如下：

ans =
     1/3*x^3*atan(x)−1/6*x^2+1/6*log(x^2+1)

(2)
```
>> syms x;
>> int(x−x^2,'x',0,1)
```
结果如下：

ans =
     1/6

8.13 程序如下：
```
>> syms x y;
>> dsolve('D2y−2*Dy+5*y=exp(x)*cos(2*x)')
ans =
exp(t)*sin(2*t)*C2+exp(t)*cos(2*t)*C1+1/5*exp(x)*cos(2*x)
```

8.14 解：

(1) $\int \dfrac{1}{(x^2+1)(x^2+x)}dx$，程序如下：
```
>> int(1/((x^2+1)*(x^2+x)))
```
ans =−1/4*log(x^2+1)−1/2*atan(x)+log(x)−1/2*log(x+1)

(2) $\iint (x+y)e^{-xy}dxdy$，程序如下：

```
>> syms x y
>> f=(x+y)*exp(-x*y);
>> F=int(int(f,x),y)
   F =x*Ei(1,x*y)+x*(1/x/y*exp(-x*y)-Ei(1,x*y))+1/x*exp(-x*y)
>> simple(F)
simplify:
exp(-x*y)*(x+y)/x/y
```

8.15 解：

(1) 程序如下：

```
>> syms a t;
>> fa=sin(a*t)/t;
>> Fa=laplace(fa)
   Fa =atan(a/s)
```

(2) 略。

(3) 略。

8.16 解：

(1) 程序如下：

```
>> syms s a b;F=1/(s^2*(s^2-a^2)*(a+b)); ilaplace(F)
   ans =1/(a+b)*(-1/a^2*t+1/a^3*sinh(a*t))
```

(2) 程序如下：

```
>> syms s a b;F=sqrt(s-a)-sqrt(s-b);ilaplace(F)
   ans =1/2/t/(pi*t)^(1/2)*(exp(b*t)-exp(a*t))
```

(3) 程序如下：

```
>> syms s a b;F=log((s-a)/(s-b));ilaplace(F)
   ans =1/t*(exp(b*t)-exp(a*t))
```

8.17 解：

(1) 程序如下：

```
>> syms x;
>> f=x^2*(3*sym(pi)-2*abs(x));
>> F=fourier(f)
   F =-6*(4+pi^2*dirac(2,w)*w^4)/w^4
>> ifourier(F)
   ans =x^2*(-4*x*heaviside(x)+3*pi+2*x)
```

(2) 程序如下：

```
>> syms t;
>> f=t^2*(t-2*sym(pi))^2;
>> F=fourier(f)
   F =2*pi*(4*i*pi*dirac(3,w)+dirac(4,w)-4*pi^2*dirac(2,w))
```

```
>> ifourier(F)
ans =x^2*(-2*pi+x)^2
```

第 9 章

9.2 在 GUI 开发环境中提供了下列五个方便的工具：
(1) 布局编辑器(Layout Editor)：在图形窗口中创建及布置图形对象。
(2) 几何排列工具(Alignment Tool)：调整各对象之间的相互几何关系和位置。
(3) 属性编辑器(Property Inspector)：查询并设置对象的属性值。
(4) 对象浏览器(Object Browser)：获得当前 MATLAB 窗口中图形对象句柄的分级排列。
(5) 菜单编辑器(Menu Editor)：建立和编辑主菜单和图形对象的鼠标右键菜单。

9.3 按钮的回调函数：
```
function pushbutton1_Callback(hObject, eventdata, handles)
% hObject      handle to pushbutton1 (see GCBO)
% eventdata    reserved - to be defined in a future version of MATLAB
% handles      structure with handles and user data (see GUIDATA)
        x=0.1:0.1:9.9;
        f=log10(x);
        plot(x,f);
title('f=log10(x)');
xlabel('(x)');ylabel('f(x)');
```

9.4 提示，在回调函数中设置背景颜色：
```
case 'yellow' % User selects
    set(hObject,'BackgroundColor','yellow');
…
end
```

9.6 提示：(1) 在 figure 的属性浏览器中设置 Name 为 GUI Demo: Slider；
(2) 先建立一个滑条对象，在属性浏览器中设置 Max 为 50，Min 为–50；
(3) 在滑条的两端各放置一个静态文本用于显示最大值和最小值；
(4) 滑条对象的 callback()函数中的内容如下：
```
val=get(handles.slider1,'value');
set(handles.edit1,'string',num2str(val));
```
(5) 在滑条上方放置一个文本框，用于显示滑块的位置所指示的数值，也可以在文本框中直接输入数值，callback()函数中的内容如下：
```
str=get(handles.edit1,'string');
set(handles.slider1,'value',str2num(str));
```

9.7 在命令行或程序中输入命令：
```
prompt={'输入姓名','输入年龄','输入职业'};
title='信息登记';
```

lines=[1 1 1]';
def={'李丽','32','工程师'};
answer=inputdlg(prompt,title,lines,def);

9.8　提示：(1) 建立坐标轴对象，用于显示图形；

(2) 建立五个单选框，用于选择不同的色图；

(3) callback()函数的内容如下：

```
function varargout = radiobutton1_Callback(h, eventdata, handles, varargin)
set(handles.radiobutton1,'value',1)
set(handles.radiobutton2,'value',0)
set(handles.radiobutton3,'value',0)
set(handles.radiobutton4,'value',0)
set(handles.radiobutton5,'value',0)
colormap(jet)

% ------------------------------------------------------------------
function varargout = radiobutton2_Callback(h, eventdata, handles, varargin)
set(handles.radiobutton1,'value',0)
set(handles.radiobutton2,'value',1)
set(handles.radiobutton3,'value',0)
set(handles.radiobutton4,'value',0)
set(handles.radiobutton5,'value',0)
colormap(hsv)

% ------------------------------------------------------------------
function varargout = radiobutton3_Callback(h, eventdata, handles, varargin)
set(handles.radiobutton1,'value',0)
set(handles.radiobutton2,'value',0)
set(handles.radiobutton3,'value',1)
set(handles.radiobutton4,'value',0)
set(handles.radiobutton5,'value',0)
colormap(hot)

% ------------------------------------------------------------------
function varargout = radiobutton4_Callback(h, eventdata, handles, varargin)
set(handles.radiobutton1,'value',0)
set(handles.radiobutton2,'value',0)
set(handles.radiobutton3,'value',0)
set(handles.radiobutton4,'value',1)
set(handles.radiobutton5,'value',0)
```

```
colormap(pink)
% ------------------------------------------------------------------
function varargout = radiobutton5_Callback(h, eventdata, handles, varargin)
set(handles.radiobutton1,'value',0)
set(handles.radiobutton2,'value',0)
set(handles.radiobutton3,'value',0)
set(handles.radiobutton4,'value',0)
set(handles.radiobutton5,'value',1)
colormap(copper)
```

9.9 提示：(1) 建立一个静态文本，用于显示界面的标题：光照效果演示；

(2) 建立坐标轴对象，用于显示图形；

(3) 建立四个下拉菜单，分别用于选择绘图表面的形状、色图、光照模式和反射模式，每个下拉菜单的上方都有一个静态文本用于说明菜单的作用；

(4) 在一个 frame 上建立三个滑条用于确定光源的位置，并在 frame 上方加以说明；

(5) 建立一个按钮用于退出演示；

(6) callback 函数的内容为：

```
function varargout = pushbutton1_Callback(h, eventdata, handles, varargin)
delete(handles.figure1)
% ------------------------------------------------------------------
function varargout = popupmenu1_Callback(h, eventdata, handles, varargin)
val=get(h,'value');
switch val
case 1
    surf(peaks);
case 2
    sphere(30);
case 3
    membrane
case 4
    [x,y]=meshgrid(-4:.1:4);
    r=sqrt(x.^2+y.^2)+eps;
    z=sinc(r);
    surf(x,y,z)
case 5
    [x,y]=meshgrid([-1.5:.3:1.5],[-1:0.2:1]);
    z=sqrt(4-x.^2/9-y.^2/4);
    surf(x,y,z);
case 6
    t=0:pi/12:3*pi;
```

```
        r=abs(exp(-t/4).*sin(t));
        [x,y,z]=cylinder(r,30);
         surf(x,y,z);
end
shading interp
light('Position',[-3 -2 1]);
axis off
% --------------------------------------------------------------
function varargout = radiobutton1_Callback(h, eventdata, handles, varargin)
set(h,'value',1)
set(handles.radiobutton2,'value',0)
set(handles.radiobutton3,'value',0)
set(handles.radiobutton4,'value',0)
lighting flat
% --------------------------------------------------------------
function varargout = radiobutton2_Callback(h, eventdata, handles, varargin)
set(h,'value',1)
set(handles.radiobutton1,'value',0)
set(handles.radiobutton3,'value',0)
set(handles.radiobutton4,'value',0)
lighting gouraud
% --------------------------------------------------------------
function varargout = radiobutton3_Callback(h, eventdata, handles, varargin)
set(h,'value',1)
set(handles.radiobutton1,'value',0)
set(handles.radiobutton2,'value',0)
set(handles.radiobutton4,'value',0)
lighting phong
% --------------------------------------------------------------
function varargout = radiobutton4_Callback(h, eventdata, handles, varargin)
set(h,'value',1)
set(handles.radiobutton1,'value',0)
set(handles.radiobutton3,'value',0)
set(handles.radiobutton3,'value',0)
lighting none
% --------------------------------------------------------------
function varargout = popupmenu2_Callback(h, eventdata, handles, varargin)
val=get(h,'value');
switch val
```

```
case 1
    colormap(jet)
case 2
    colormap(hot)
case 3
    colormap(cool)
case 4
    colormap(copper)
case 5
    colormap(pink)
case 6
    colormap(spring)
case 7
    colormap(summer)
case 8
    colormap(autumn)
case 9
    colormap(winter)
end
% ------------------------------------------------------------------
function varargout = popupmenu3_Callback(h, eventdata, handles, varargin)
val=get(h,'value');
switch val
case 1
    lighting flat
case 2
    lighting gouraud
case 3
    lighting phong
case 4
    lighting none
end
% ------------------------------------------------------------------
function varargout = popupmenu4_Callback(h, eventdata, handles, varargin)
val=get(h,'value');
switch val
case 1
    material shiny
case 2
```

```
            material dull
        case 3
            material metal
        case 4
            material default
    end
% ------------------------------------------------------------------
function varargout = slider1_Callback(h, eventdata, handles, varargin)
val=get(h,'value');
set(handles.edit1,'string',num2str(val));
lx==val;    ly=get(handles.slider2,'value');    ly=get(handles.slider3,'value');
light('Position',[x y z]);
% ------------------------------------------------------------------
function varargout = edit1_Callback(h, eventdata, handles, varargin)
str=get(h,'string');
set(handles.slider1,'value',str2num(str));
lx==str2num(str);    ly=get(handles.slider2,'value');    ly=get(handles.slider3,'value');
light('Position',[x y z]);
% ------------------------------------------------------------------
function varargout = slider2_Callback(h, eventdata, handles, varargin)
val=get(h,'value');
set(handles.edit2,'string',num2str(val));
lx=get(handles.slider1,'value');    lx==val;    ly=get(handles.slider3,'value');
light('Position',[x y z]);
% ------------------------------------------------------------------
function varargout = edit2_Callback(h, eventdata, handles, varargin)
str=get(h,'string');
set(handles.slider2,'value',str2num(str));
% ------------------------------------------------------------------
function varargout = slider3_Callback(h, eventdata, handles, varargin)
val=get(h,'value');
set(handles.edit3,'string',num2str(val));
% ------------------------------------------------------------------
function varargout = edit3_Callback(h, eventdata, handles, varargin)
str=get(h,'string');
set(handles.slider3,'value',str2num(str));
```

9.10 提示：

(1) 打开菜单编辑器，建立第一级菜单项 Plot Option；

(2) 在 Plot Option 菜单项下面建立第二级子菜单项 LineStyle、Marker 和 Color；

(3) 在第二级菜单项下面分别建立第三级子菜单项。

9.12　提示：

(1) 先建立一个静态文本对象，作为界面的标题"简单声音播放器"。

(2) 找一个.wav 文件，将其放在当前工作目录下或搜索路径上。

(3) 建立一个按钮对象"开始播放"用于启动播放器，当按动"开始播放"按钮时调入该.wav 文件并播放，发声功能由 sound 函数完成，具体用法请查阅帮助信息。

callback 函数中的内容：

　　　　[y,f,b]=wavread('loff');　　　%读入声音文件 loff.wav
　　　　　sound(y,f,b)　　　　%由声卡播放声音

(4) 再建立一个用于关闭界面的按钮对象，callback()函数中的内容：

　　　　close(gcbf)